コンピュータやOSの仕組みを理解し、
高速で自由度の高い
プログラムを作るために。

基礎知識から
コンピュータの本質まで

C言語
本格入門

種田元樹
Motoki Taneda

即戦力として欠かせない
必須知識を手厚くカバー

制御構造
関数
配列とポインタ
プリプロセッサ
構造体と共用体
文字列操作
ファイル入出力

多くのプログラミング言語の祖として、
あらゆる分野で使用されているC言語の基本から応用までを、
その背景と豊富なサンプルとともに丁寧に解説。
gccの利用を想定し、Makeを使った実行方法をとっているので、
大規模開発にも対応できます。

技術評論社

●免責

　本書に記載された内容は、情報の提供のみを目的としています。したがって、本書を用いた運用は、必ずお客様自身の責任と判断によって行ってください。これらの情報の運用の結果について、技術評論社および著者はいかなる責任も負いません。

　本書記載の情報は、2018年1月29日現在のものを掲載していますので、ご利用時には、変更されている場合もあります。

　また、ソフトウェアはバージョンアップされる場合があり、本書での説明とは機能内容や画面図などが異なってしまうこともあり得ます。本書ご購入の前に、必ずバージョン番号をご確認ください。

　以上の注意事項をご承諾いただいた上で、本書をご利用願います。これらの注意事項をお読みいただかずに、お問い合わせいただいても、技術評論社および著者は対処しかねます。あらかじめ、ご承知おきください。

●商標、登録商標について

　本文中に記載されている製品の名称は、一般に関係各社の商標または登録商標です。なお、本文中では ™、® などのマークを省略しています。

まえがき

　数あるＣ言語の入門書の中から、本書を手に取っていただきありがとうございます。

　本書は、筆者自身がプログラミングに興味をもちはじめた当時、勉強をはじめたもののなかなか身につかず、焦ったり悩んだりした自分の苦労や経験を踏まえながら、その頃に説明してほしいと願っていたことを思い浮かべながら書きました。

　ですので、まずはＣ言語、それからプログラミングの初心者の方にとって、最初にぶつかる壁を乗り越えられるように配慮した本となっています。

　Ｃ言語は仕様がコンパクトで覚えやすいシンプルな言語である反面、気むずかしいと受け取られてしまうことも少なくなく、他の便利な言語におされて、なかなか学習する機会が少なくなっているかもしれません。しかし、Ｃ言語の気むずかしいところを理解するということは、同時にコンピュータという機械の本当の姿を理解することにもつながり、プログラミングでできることの幅が広がることを意味するのではないかと筆者は考えています。

　また、世に出回っているオープンソースのプログラムの多くはＣ言語で書かれているため、学習しておくことにより得られる恩恵は計り知れません。プログラミング自体がはじめての方も、他のプログラミング言語をある程度習得されている方にも理解できるようにサンプルをたくさん用意し学習に役立てていただけるような内容になっています。

　学習の流れは、「とにかくやってみて」覚えることに主眼を置きました。サンプルソースを入力して実行したら終わりではなく、そこに手を加えたりしながら、覚えていくスタイルになっています。また、単純に「覚えてください」にとどまらず、その背景もできるだけわかりやすく説明したつもりです。最後まで手を動かしながら読み切っていただければ、Ｃ言語の基礎からコンピュータの基礎まで理解が深まることでしょう。

　どうぞ、最後までお付き合いください。

謝辞

　本書は、技術評論社の傳智之様から、以前私が書いたC言語の入門書と同じ内容の本を執筆していただけませんかと、お声をかけていただいたことがきっかけでした。以前書いたものはなかなか良い本になったと本人は割と気に入っていたのですが、残念ながら絶版になってしまっていたので、お誘いを二つ返事で引き受けました。そのとき、「入門書でもきちんとMakefileを使って説明している本はなかなかなくて良い」と言っていただけたのがとても嬉しかったことを今でも覚えています。傳智之様からのお声かけがなければ、本書はありませんでした。ありがとうございます。

　編集を担当していただいた山﨑香様には、なかなか原稿をあげられずご心配をおかけしてしまいましたが、最後まで親身に付き合ってくださったことに感謝いたします。

　楽しいプログラミングの世界への扉を開き、書籍を執筆するという貴重な機会を与えていただいた、勤務先の日本シー・エー・ディー株式会社小俣光之社長には常日頃お世話になっている感謝とともに、この場を借りてあらためて御礼を申し上げたいと思います。また、いつもレベルの高い仕事で切磋琢磨しあえる勤務先のメンバー、特に岡田真也さんには勤務時間外に原稿の校正をお手伝いいただき、大変助けていただきました。ありがとうございます。

　私の勤務先の製品を利用してくださっているお客様、様々なコミュニティを通して関わってくださっている方々、みなさまのおかげで経験できた事柄が、本書の内容に生きています。本当にありがとうございます。

　最後に、数ある入門書の中から本書をお選びくださった読者のみなさまにお礼を申し上げます。少しでも読者のみなさまのお役にたてたのでしたら、この上ない幸せです。

本書の注意点

- macOS／Linux／Windows向けにサンプルプログラムを掲載しています。その他のOSでは、動作しないこともあります。
- Cコンパイラのコマンド名をgccとしておりますが、新しいmacOSやLinuxではclangの場合があります。本書の範囲においては、大きな違いはありませんので、迷った場合はgccというコマンドを使えば問題ありません。
- 開発環境の構築については、OSの種類やバージョンによって本書のとおりできない場合がございます。その際はOSやコンピュータのマニュアルをご参照ください。サポートサイトにて別途ご案内する場合もございます。
- 本書記載のサンプルプログラムは、以下のサポートサイトからダウンロード可能です。
  https://gihyo.jp/book/2018/978-4-7741-9616-9

【第2刷追記】

- p29の1-3節で紹介しているgnupackは大変便利ですが、Windows 10には正式対応しておりません。2021年現在ではMinGWの利用をお勧めします。インストール手順は上記サポートサイトをご確認ください。

目次

まえがき 3
謝辞 4

Chapter 1　イントロダクション　　　　　　　　　　　　11

- 1-1　C言語とは 12
- 1-2　C言語につまづかないこつ 22
- 1-3　開発者ツールを準備する 29
- 1-4　C言語の開発者ツールの役割 34
- 1-5　はじめる前に押さえておきたい基本的事項 48

Chapter 2　データを識別して保持する　　　　　　　　　53

- 2-1　データ型の基本 54
- 2-2　データ型を指定して変数を宣言する 57
- 2-3　文字と文字列 70
- 2-4　記憶クラス 82
- 2-5　キャスト 94

Chapter 3　データを加工して評価する　　99

- 3-1　式と演算子 100
- 3-2　条件式 106
- 3-3　単項演算子と三項演算子 113
- 3-4　少し変わった演算子 125

Chapter 4　プログラムの流れを記述する　　137

- 4-1　制御構造とは 138
- 4-2　逐次実行する 139
- 4-3　条件ごとに分岐する 140
- 4-4　処理を繰り返す 146
- 4-5　複数の条件を振り分ける 162
- 4-6　任意の場所にジャンプする 169

Chapter 5　プログラムを機能でまとめる　　175

- 5-1　関数の基本 176
- 5-2　文字列を表示する 184
- 5-3　文字列を入力する 192
- 5-4　時間を取得する 203
- 5-5　乱数を使用する 208
- 5-6　標準関数が使えないケース 212

Chapter 6　さまざまな前処理を行う　　215

- 6-1　ファイルの内容で置き換える 216
- 6-2　1対1で置き換える 223
- 6-3　defineしたものを無効にする 225
- 6-4　条件でコンパイルする 226
- 6-5　関数のようなマクロ関数 231

Chapter 7　データをまとめて場所を指し示す　　237

- 7-1　配列とは 238
- 7-2　ポインタとは 243
- 7-3　ポインタ変数を関数でやりとりする 268
- 7-4　ポインタとキャスト 277
- 7-5　ダブルポインタ、トリプルポインタ 284
- 7-6　特別なポインタ 296

Chapter 8　異なるデータ型をまとめる　　301

- 8-1　変数をまとめた構造体 302
- 8-2　同じメモリ領域を共用する共用体 321
- 8-3　ビット長を指定したフィールドに分けるビットフィールド 325
- 8-4　値やデータ型に名前を付ける 329

Contents

Chapter 9　文字列を操作し使いこなす　　339

- 9-1　文字列を操作する関数 340
- 9-2　文字列をコピーする 342
- 9-3　文字列の長さを求める 346
- 9-4　文字列を連結する 348
- 9-5　文字列を比較する 352
- 9-6　文字列を検索する 357
- 9-7　文字列を切り出す 363
- 9-8　字関数 368
- 9-9　複雑な文字列操作をかんたんにする 373

Chapter 10　動的メモリでデータの置く場所を自ら作る　　377

- 10-1　動的メモリとは 378
- 10-2　メモリを確保する 379
- 10-3　メモリを解放する 381
- 10-4　メモリのサイズを変更する 385
- 10-5　確保したメモリを使う 391
- 10-6　メモリ領域を操作する標準関数 394
- 10-7　リスト構造 404

Chapter 11　データを保存して読み出す　　413

- **11-1**　ファイル入出力の基本 414
- **11-2**　標準ファイル関数 416
- **11-3**　ファイルの読み書きの例 420
- **11-4**　その他の標準ファイル関数 427

Chapter 12　避けて通れない応用　　437

- **12-1**　C言語のお作法 438
- **12-2**　OSの機能を呼び出すシステムコール 444
- **12-3**　オープンソースを読んでみよう 458

Appendix　　469

- **Appendix 1**　優先順位表 470
- **Appendix 2**　コンパイラオプション一覧 471
- **Appendix 3**　Makefileの書き方 472

あとがき 474

索引 475

Chapter 1

イントロダクション

- 1-1　C言語とは ……………………………………………………………………… 12
- 1-2　C言語につまづかないこつ ……………………………………………………… 22
- 1-3　開発者ツールを準備する ………………………………………………………… 29
- 1-4　C言語の開発者ツールの役割 …………………………………………………… 34
- 1-5　はじめる前に押さえておきたい基本的事項 …………………………………… 48

1-1　C言語とは

　C言語でプログラミングを始める前に、そもそもC言語とはどのような言語なのか、その歴史から説明します。これから学んでいく言語の特徴を詳しく知ることは重要なので、飛ばさずにじっくり理解を深めてください。

　C言語は1973年にAT&Tベル研究所で誕生した、コンパイラ型のプログラミング言語です。昔から使われている言語ですが、特にOSのようなハードウェアと密接な関係にあるプログラムを記述することに向いていると言われています。UnixがC言語で書かれていることから、膨大なソフトウェア資産があり、今でも言語の人気ランキング10位には入っています。

　昨今では優秀で使いやすい言語がたくさんあるので、プログラミング初心者がC言語から入門する必然性はないかもしれません。しかし、多くのオープンソースプログラムはC言語で書かれています。当面使われなくなることは考えられないので、学習するメリットがある言語です。

C言語の歴史

　C言語の誕生は1973年と言われています。コンピュータの進化の速さを考えれば大昔ですが、C言語と同じ高水準言語に分類されるFortran（フォートラン）は1954年、COBOL（コボル）が1959年なので、それらから比べると新しい言語と言えるでしょう。

　C言語が誕生する以前は、Unixに限らず、OSのようなコンピュータのハードウェアと密接に絡んだプログラムは、アセンブリ言語を用いて書かれていました。高水準言語が普及した現代では、アセンブリ言語があまり身近ではないので、順を追ってかんたんに説明しておきます。

■機械語からアセンブリ言語の時代

　コンピュータの頭脳であるCPUは、FortranやCOBOLなどの「言語」を人間のように理解して動いているのではありません。プログラムは、コンピュータの記憶装置内に原始的な命令の状態で存在していて、CPUはその命令を数値化したものの羅列を、機械的に処理しているだけなのです。この命令の羅列を、「機械語」と言います。

　ものすごく頑張れば、言語を直接処理するような回路も作れるかもしれませんが、できたとしても実行効率が悪すぎるので、CPUの命令はシンプルに作られています。コンピュータが2進数を用いた実装になっているのも同様の理由です。電圧がかかっている／かかっていないというスイッチのON／OFFで状態を判断できるような仕組みで作るのが一番シンプルで効率がよいのです。とりあえず、CPUは単純な「機械」なので、その機械のための専用の命令でしか動かないと理解しておきましょう。

1970年代～1980年代にかけて一世を風靡した「Z80」というCPUで1＋1（1足す1）を行う機械語を、例として紹介します。このCPUは、当時多くの8ビットパソコンで採用されました。NECのPC-8001シリーズやPC-8801シリーズ、シャープのMZシリーズなどは名前を聞いたことがある方も多いのではないでしょうか。

それでは、機械語の例を見てみましょう。

```
0011 1110
0000 0001
1000 0111
```

ほとんどの人にはまったく理解できないと思います。

さすがにこれではベテランにとっても辛いので、実際のプログラミングでは、人間が機械語を直接入力することはほとんどありません。代わりに、命令に名前をつけて、読み書きしやすいものを利用します。

この命令に名前をつけたものを「ニーモニック」と呼びます。ニーモニックを利用してプログラミングを行う言語を総称して、アセンブリ言語と言います。

先ほどの数値の羅列は、ニーモニックを用いると、次のように表せます。

```
LD  A,1
ADD A,A
```

このプログラムは、Aというレジスタ（CPUの中の計算を行うための小さな記憶領域）に数値の1を格納（ロード＝Load＝LD）、Aというレジスタの内容にAというレジスタの内容を加算（ADD）した結果を格納という意味で、つまり1＋1を行ったことになります。命令表を見ながら先ほどの数値の羅列に人間が置換していくことを「ハンドアセンブル」、プログラムで一気に置換することを「アセンブル」すると言います。アセンブルするプログラムのことを「アセンブラ」と言います。アセンブルは、組み立てるという意味です。

OSの仕事である、「画面に表示する」「キーボードから文字を入力する」などの処理を実装するためには、画面の画素に対応したメモリ領域にデータを格納したり、キーボードが接続されたI/Oポートからデータを読み出したりする必要があります。このような処理は、1＋1のような式で表せるようなものではないため、CPUに実装された専用の命令を駆使して記述していきます。そのため、ニーモニックがCPUの命令と1対1で対応する、アセンブリ言語が使われてきました。

しかしアセンブリ言語は、人間であれば、1＋1のような3文字で表現できる処理を、いちいちどこに格納してその加算結果を得るなどと、複数行にわたった記述が必要で、あまり直感的ではありません。そのため、OSのような特殊なものを除いて、次第に高水準言語が使われるようになっていきました。

■**高水準言語の登場**

高水準言語の「高水準」とは、価値が高かったり、品質がよかったりということではなく、「より人間の水準（言葉）に近い」という意味です。高級言語と呼ぶこともあります。対してアセンブリ言語は、

C言語、Fortran、COBOLなどを高水準言語とした場合、低水準言語と言われます。

人間の言葉	人間の言葉	↑
C言語など	高水準言語	高水準になるほど人間の言葉に近くなる
アセンブリ言語	低水準言語	低水準になるほど機械の言葉に近くなる
キカイの言葉	機械語	↓

●図1-1　言語の水準

　Fortranは、Formula Translatorの略として名付けられました。Formulaとは、自動車レースのことではなく、「式」や「公式」を意味し、Translatorは「訳者」や「通訳」という意味です。2つの単語を組み合わせると、式の通訳という意味になります。Fortranは、主に科学技術計算に用いられてきました。

　COBOLはというと、COmmon Business Oriented Languageの略として名付けられました。こちらは、直訳すると「共通商業志向言語」となり、事務処理を行うために用いられてきました。

　FortranやCOBOLなどの高水準言語はコンピュータのために開発された言語ですが、CPUは直接言語を理解することができません。では、なぜこれらの言語で書かれたプログラムを実行することができるのでしょうか。これは、FortranやCOBOLで書かれたプログラムを、「コンパイラ」というプログラムで、機械語に変換しているからです。この変換のことを「コンパイル[※1]」と言います。

※1　「コンパイル」には「編纂する」といった意味があります。

　当時は、あまりコンピュータが一般的ではなかったので、コンピュータの専門家がアセンブリ言語でOSなどを作り、利用する人はそれぞれの目的に合った高級言語でプログラムを作るということが一般的でした。現在の感覚でいうと、ワープロソフトや表計算ソフトを使う感覚で、FortranやCOBOLが利用されていた感じです。そのため、高級言語はその目的に特化されたものになっていて、Fortranでは通常CPUが扱えない複素数型の変数を利用できます[※2]し、COBOLは英語で文章を書くような感じでプログラミングができるようになっています。

※2　一般的にCPUが扱えるデータ型は、整数および浮動小数点だけで、それ以外のデータ型はプログラマがプログラムを書いて対応するか、コンパイラが対応している必要があります。

■C言語の登場

　1969年に、AT&Tベル研究所のKen Thompson（ケン・トンプソン）という技術者によってUnixというOSが、アセンブリ言語を用いて作られていました。Unix（とその仲間）は主に、パソコンより少し高級なワークステーションと呼ばれるコンピュータで人気が出て、現在ではパソコンやスマートフォンでも利用されているOSです。Version 7くらいからさまざまなメーカーのワークステーションに採用され、独自に発展していきました。実際の製品名は、IBMであればAIX、OracleであればSolarisなどと違う名前がついているので、少しなじみが薄いかもしれません。しかし、大人気のApple macOSや、iPhoneのiOSはUnixベースですし、Microsoft Windows上でもUnix系のコマンドが使えます。実

はみなさんにもなじみの深いOSなのです。

　本当に最初のバージョンは、Thompsonが1人で作ったようですが（最初はOSというより、ゲームであったという話があります）、UnixをPDP-7というコンピュータに移植するときに、同じくAT&Tベル研究所のDennis Ritchie（デニス・リッチー）という人が開発に参加しました。このRitchieこそC言語の生みの親です。

　では、なぜRitchieはC言語を作ったのでしょうか。それは、Unixの移植性を高めるためだったと言われています。

　アセンブリ言語で用いられているニーモニックはCPUの命令と1対1に対応します。そのため、少しでも違う種類のCPUのためには、まったく違うアセンブリ言語を使う必要が出てしまうのです。少し詳しい方であれば、「C言語やJavaだってコンピュータの機種によって書き方を変えなくてはならないので、アセンブリ言語でもそれくらい仕方がないのでは？」と思うかもしれません。しかし、アセンブリ言語の機種による差違は他の高級言語の違いとは比較になりません。たとえば、高級言語では、値の比較については言語レベルで仕様が決まっているので、同じ言語で値の比較方法まで変更しなくてはならないようなことはありませんが、アセンブリ言語ではそれすら全然違うものになってしまいます。

● リスト1-1　C言語で、値の比較

```
if (n == 1) {
    // nの値が1の時に行う処理
} else {
    // nの値が1以外の時に行う処理
}
```

どんなCPU、どんなOSでもこの文法はC言語を利用している以上は不変です。

● リスト1-2　アセンブリ言語で値の比較 (Z80)

```
LD   A,1
CP   (HL)
JP   Z,LABEL_A
;  nの値(HL)が1以外の時に行う処理
JP   LABEL_B
LABEL_A:
;  nの値(HL)が1の時に行う処理
LABEL_B:
```

リスト1-2はZ80以外では動作しません。

● リスト1-3　アセンブリ言語で値の比較 (ARM)

```
cmp     r3, #1
bne     label_a
;  nの値(r3)が1の時に行う処理
b       label_b
label_a
```

```
;  nの値(r3)が1の以外の時に行う処理
label_b
```

　リスト1-3はARM系（スマートフォンなどで多く使われているCPU）以外では動作しません。

　例をご覧いただくと、同じことをやりたいのにZ80とARMでニーモニックが全然違うことがわかると思います。ニーモニックが違うということは、機械語もまったく違うということです。単なる値の比較で、これだけの違いが出てしまいますので、せっかく作ったプログラムを別のコンピュータで動かそうとしても、移植にものすごく時間がかかってしまいます。また、C言語で書かれたコードは、学習前でもなんとなくやっていることがわかりますが、アセンブリ言語で書かれたコードはCP（HL）やらbneやらで、何をやっているかまったくわからないと思います。

　アセンブリ言語は、CPUの機械としての動きを常に意識しながらプログラムを組み立てるので、人間にとってはかんたんな処理でも、何行にもわたっての記述が必要になってしまい、とても大変です。

　かといって、これまでの高級言語は、名前が性格を表しているように、目的にあまり関係のない機能は言語自体が持っていませんでした。たとえば、OS開発のために必要なメモリにデータを転送する機能は、メモリを変数として使う場合に限定されていますし、ポートへのアクセスなどもありませんでした。そのため、当時主流だった高水準言語はOSを作るような用途には向いていませんでした。

　そこで、Ritchieは高水準言語だけれども、低水準言語のようなこともできるC言語を作ったのでしょう。

　C言語はというと、別に「C」が何か特定の目的を表しているわけではありません[※3]し、数学が得意なわけでも、事務処理が得意なわけでもありません。しかし、1＋1のようなわかりやすい式での記述ができ、尚且つアセンブリ言語のようにメモリへのデータ転送やポートアクセスなども可能なので、OSのようなシステムを記述するのに非常に便利なのです。カーネルやユーティリティプログラムを作るため以外にも、利用されている場面は多岐にわたります。科学技術計算を行うアプリケーションにも使われていますし、事務処理アプリケーションにも使われてきました。

[※3] ちなみに、C言語という名前は、Unix上のアプリケーションを記述するため、Tompsonによって作られたB言語の改良版ということでつけられたそうです。

　このような背景があり、C言語はUnix上のさまざまなアプリケーションを書くためにも使われ、普及していったのです。

　C言語は現在も仕様改定が行われていて、最新の仕様はC11（2011年版という意味）です。

C言語が使われ続けるわけ

　現在は、仮想機械上で実行される、JavaやC#などのC言語に似た文法の言語や、PHPやPythonなどのコンパイルをしなくても実行できるインタプリタ型言語が手軽にプログラミングできるため人気です（手軽＝かんたんではありません）。仮想機械というのは、共通の実行ファイルを動かす枠組みのようなものです。Javaの場合、実行したいプログラムはどんなコンピュータ用であっても共通の実行ファイルになります。コンピュータの機種に合わせてコンパイルをし直すということはありません。対象となるコン

ピュータ用の仮想機械を用意すれば、機種やOSの差異はすべて仮想機械が吸収してくれるのです。JREという仮想機械プログラムをインストールしておけば、WindowsでもmacOSでもLinuxでもまったく同じプログラムを実行できるようになります。

　C#は、Microsoftが開発した言語で、ソースコードをコンパイルするとCIL（共通中間言語）という状態になります。それが、CLR（共通言語ランタイム）という仮想機械上で動作します。CLRは、Windowsのための.NET Frameworkとして配布されています。

　インタプリタ型言語は、プログラムのソースコードを実行時に、インタプリタプログラムが解釈して動作するタイプの言語です。そのため、JavaやC#の仮想機械のように、対象となるコンピュータ用のインタプリタプログラムを用意しておけば、違う機種でもOSでも、ソースコードをほとんど変更せずに動かすことができます。たとえば、Windows用に作ったつもりのPHPのプログラムでも、macOSにPHPインタプリタがインストールされていれば、ほとんど変更せずに動作させることができるのです。最近では、PHPやPythonなどのインタプリタ型言語のことを、コードの作成や修正が容易という観点から「軽量プログラミング言語、Lightweight Language（LL）」と呼びます。

　なお、C#については、Microsoft純正の仮想機械はWindows向けにしかリリースされていませんが、.NET Frameworkの仕様は公開されているので、他の機種やOS用の仮想機械を作ることは可能です。LinuxやmacOS向けには、Monoというフリーの.NET Framework環境があり、C#やVB.NETで作られたプログラムを動作させることができます。

　Webアプリケーションの分野では、ほとんどのプログラムがLLやJava、C#で書かれていると言っても過言ではありません。コンシューマ向けのWebアプリケーションは、機能追加などの更新頻度が高いため、コード作成や修正が容易なこれらの言語がぴったりです。また、パソコン用のアプリケーションも、WindowsでもmacOSでもLinuxでも同じように動かしたいという理由から、Javaで作られたものが結構あります。

　開発者自身のパソコンで作ったものをそのまま公開サーバーにインストールすればすぐ動かせるなどの特徴も、人気の秘訣でしょう。C言語であれば、公開サーバのCPUやOSが違えば再コンパイルが必要になります。

　こうしてみると、JavaやC#、LLはソースコードが作りやすく修正が容易、さまざまな環境でもあまり手直しなく動かすことができて、大変メリットが多く、古いC言語はあまり出番がないように感じてしまいますね。しかし、JavaやC#、LLが普及している現在でも、C言語は多くの場面で使われています。

■**システム密着のプログラミング**

　C言語はそもそもOS自体を作るために生まれた言語です。現在使われているWindowsやmacOS、Linuxなども、C言語、または、そこから派生したC++などで作られています。そのため、それらのシステムと深く結びついた機能については、C言語から利用する場合の相性が非常によいです。他の言語からでもそれらの機能を呼び出すことができますが、実際にはC言語で橋渡しをするようなモジュールを提供する必要があります。

　また、デバイスドライバと呼ばれる周辺ハードウェアを制御するためのモジュールについては、OSと密接に連携して動く必要があるため、仮想機械上で動くJavaやC#、インタプリタ型のLLでは作ること

ができません。デバイスドライバは、自由自在にメモリを操作したり、ハードウェアのI/Oポートを操作したりして動くプログラムのため、C言語のようにアセンブリ言語レベルの記述ができないと都合が悪いのです。

デバイスドライバとまではいかなくても、たとえばネットワークアプリケーションなどでTCP/IPよりも下のレイヤについて扱うプログラミングをしたい場合は、そもそも一般的ではないため、JavaやC#、LLのためのインタフェースが標準では用意されていないことがあります。その場合でも、C言語のインタフェースなら用意されていることが多く、かんたんにプログラミングできたりします。

また、そもそもJavaやLLのほとんどのコンパイラや仮想機械、インタプリタ自体も実はC言語やC++で作られていたりします。

■メモリを自由自在に操るポインタ

OSの開発では、メモリを自由自在に操ることが必須です。たとえば、画面に何かを表示したい場合、画面を司るハードウェアは、メモリの特定の領域に書き込まれた情報に基づいて描画を行います。そのため、プログラムからはピンポイントでそのメモリ領域に情報を書き込まなければなりません。しかし、当時主流の高級言語にとって、メモリは値を一時的に格納しておくための領域という意味合いしかなく、値がメモリのどのあたりに保存されているかなどといったことは意識しないことが一般的でした。

メモリにはそれぞれの領域に、番地が割り振られています。これを、「アドレス」と呼びます。

かんたんな例として、0x0100（16進数[※4]）番地～0x01FF番地まではアプリケーションの変数として利用できて、0x0200番地からは画面の画素に対応するようなコンピュータがあったとします。

※4　C言語では、0xからはじまる数値を16進数として扱うため、本書ではそれに従います。言語によっては、hexadecimal number（16進数）の頭文字を最期に付与して、100hと表記するものもあります。

●図1-2　メモリアドレス

このとき、高級言語では0x0100番地～0x01FF番地までは、変数を宣言することで自由に利用することができます。プログラムは番地を意識せず、Aなどとメモリに名前をつけて（これが第2章で登場する「変数」というものです）、そのメモリにアクセスします。逆に言うと、変数の名前でしかメモリにはアクセスできないので、0x0200番地以降はアクセスすることはできません。

そのため、C言語には「ポインタ」という機能が用意されています。ポインタは、メモリを自由自在に

扱うための機能で、たとえば、

```
int *ptr=0x0200;   ※5
```

と書けば、ptrという変数名を利用して、0x0200番地にアクセスできるようになります。
また、

```
int *ptr=&A;
```

と書けば、変数Aの番地を得ることができます。この図の例でいうと、0x0100という値です。

※5　現在のコンピュータは、仮想メモリを利用しているため、*ptr=0x0200のような使い方は一般的にはできません。あくまでも、わかりやすいたとえとして捉えてください。

　このポインタが使えるため、C言語ではOSの記述すら可能になったと言っても過言ではないでしょう。ポインタは便利な反面、間違った使い方をするとバグの原因になりやすく、初心者にとっては悩みの種でもあります。

■データの内部表現に踏み込んだビット演算

　ハードウェアの制御では、1ビット単位のフラグのON／OFFがよくあります。「フラグ」とは旗のことですが、コンピュータの世界では2値の状態を区別するための値のことを言います。たとえば、ONとOFFや、有効と無効などを表現したものです。
　ものすごくかんたんな例を紹介すると、ある送受信装置の状態を監視する必要があったとします。この送受信装置は、8ビット[※6]の数字の下位2ビットで送信中なのか受信中なのか判断できます。1ビット目がON（＝1）なら送信中、2ビット目がONなら受信中だった場合、装置の状態をどうやって判断すればよいのでしょう。

※6　ビットとは、2進数の1桁を表す単位です。8ビットは、2進数で8桁ということになります。

　ビットに不慣れな方のために、図を示します。一列にON／OFFスイッチが並んでいて、ONが1でOFFが0と考えるとイメージしやすいでしょう。

[1]のところが0なら送信はしていない、1なら送信中
[2]のところが0なら受信はしていない、1なら受信中

●図1-3　ビット

　これを私たちが普段使っている10進数で表すと、以下のようになります。

・00000000（2進数）＝0（10進数）＝送信も受信もしていない

- 00000001（2進数）＝1（10進数）＝送信中
- 00000010（2進数）＝2（10進数）＝受信中
- 00000011（2進数）＝3（10進数）＝送信も受信もしている

　ビット演算ができない高級言語で、Aという変数に状態が入っている場合を考えます。送信を行っているという状態は、Aが1のときと3のときになります。受信を行っているという状態は、Aが2のときと3のときになります。送信、受信という状態を表す値が複数あるのです。

　この例は単純なので、それぞれの値を列挙して分岐するプログラムを書けばよいかもしれませんが、実際のハードウェアはこれよりもずっと複雑なので、列挙していく方法だとプログラムがわかりにくくなり、バグが発生しやすくなってしまいます。

●リスト1-4　送受信装置の例
```
if(A==1||A==3){  //Aが1のときも3のときも送信中
    //送信中
}
if(A==2||A==3){  //Aが2のときも3のときも受信中
    //受信中
}
```

　そこで、通常このようなことを判断するために、「ビット演算」を行います。ビット演算とは、変数の任意のビットについて演算するための仕組みです。先ほどの例に適用すると、立っているビットだけで条件が書けてすっきりとします。

●リスト1-5　ビット演算を使用した例
```
if(A&0x01){
    //送信中
}
if(A&0x02){
    //受信中
}
```

　とても便利なので、今でこそほとんどの言語でビット演算ができますが、当時はこれができる言語はあまりありませんでした（BASICという入門用の言語ではサポートされていました）。ちなみに、Fortranでは1990年、COBOLは2002年の規格でビット演算が追加されたようです。

■仕様がコンパクト
　JavaやC#、LLのソースコードが作りやすいという理由はいくつかあります。後発のため、言語仕様が整理されていて初心者にわかりやすいという理由ももちろんありますが、一番の理由は「ライブラリ」が充実していることでしょう。ライブラリとは、汎用性の高い便利なプログラムの機能をひとまとめにしたものです。

C言語とは

　たいていのプログラミング言語には、データの並べ替えを行う命令や関数が存在していますが、これらは一般的にライブラリとして実装されています。JavaやC#、LLには、おおよそプログラミングに必要とされるライブラリがすべてそろっていて、プログラマは自分が実装しなければならない機能に注力できます。しかし、これらのライブラリは膨大な量に上るので、使わないものでも常にシステム上に存在してディスクの容量を食ってしまいます。最近のパソコンでは、これらはまったく問題になりませんが、メモリやディスクの容量が小さな組み込み向けのシステムでは、頭の痛い問題だったりします。

　その点C言語は、標準のライブラリの量が少なく、実行するために必要な環境を非常にコンパクト化できます。Javaで作られたプログラムを実行するためには、少なくともJava仮想機械とJavaのライブラリが必要になりますが、C言語であればシステムに標準のライブラリだけで済みますので、かなり容量を節約できます。

　また、実行ファイルもコンパクトなので、起動処理などはC言語で書かれたプログラムのほうが速い場合が多い[7]です。

※7　Javaでも特殊な環境にカスタマイズして、コンパクトにしたものがあります。

1-2　C言語につまづかないこつ

「C言語は難しい」とまことしやかに言われています。なぜ多くの人がC言語でつまづいてしまったり、難しいと感じるのでしょうか。おぼろげにでも難しそうなポイントを知っておき、あらかじめ障壁を取り去ってしまいましょう。

学習前としては、少し踏み込んだ内容となりますので、現時点では「よくわからないけど、そういうことがあるのか」と気軽に読むだけでかまいません。

C言語と他の言語の違いを知る

まずは次のサンプルプログラムをご覧ください。このサンプルプログラムは、すべて画面に「hello, world」と表示するだけ[8]のとてもかんたんなものです。内容を理解する必要はありませんので、プログラムから醸し出される雰囲気を感じ取ってみてください。

※8　MS-DOSプロンプト、コマンドプロンプト、ターミナルなどで実行すると、hello, worldを表示して改行するという意味です。

◉リスト1-6　hello, worldの表示
● C言語

```c
#include <stdio.h>
int
main(int argc,char *argv[])
{
    printf("hello, world¥n");
    return 0;
}
```

● Java

```java
public class HelloWorld{
    public static void main (String[] args){
        System.out.println("hello, world");
    }
}
```

● C#
```
using System;
class Hello{
    static void Main(){
        System.Console.WriteLine("hello, world");
    }
}
```

● LL (PHP)
```
<?php
printf("hello, world\n");
?>
```

● LL (Python)
```
print("hello, world")
```

　いかがでしょうか。まだ、言語に関する学習をしていないので、細かいことはよくわからないと思いますが、なんとなく文字列の画面への表示については「print〜」という命令が出てきたり、文字列は「"」で括っていたり、何かのまとまり（ブロック）は「{}」で囲ってあったりと、どの言語にも何となく共通点があるように感じませんでしょうか。実は、ここで紹介した言語はすべてＣ言語の影響を受けた言語なのです。ですから、プログラム内で使われている記号や、構造などに共通点があって、雰囲気が似ているのです。実用レベルのプログラムになってくると、かなり雰囲気も変わってくるのですが、このレベルだと違いのほうが少ないくらいですね。

　参考までに、Ｃ言語の影響を受けていない言語についても紹介しておきます。先ほどとは違って、幾分か雰囲気が変わってきます。

● **リスト1-7　Ｃ言語の影響を受けていないhello, world**

● Haskel
```
main = putStrLn "hello, world"
```

● Common Lisp
```
(print "hello world")
```

● 番外編（アセンブリ言語：MS-DOS）
```
ORG 100H
MOV AH,09
MOV DX,OFFSET STR
INT 21H
MOV AX,4C00H
INT 21H
STR DB 'hello, world$'
```

　あまりＣ言語と関係のない例を紹介しても仕方がありませんので、他にももっといろいろな言語で書か

れた「hello, world」を見てみたい方は、是非インターネットの検索サイトで検索してみてください。世の中には、こんなにもたくさんの言語があるのかと、感動できるほど多くのサンプルに出会えるはずです。

こうしてみると、C言語の影響を受けた言語を1つ知っていれば、C言語の理解も速そうに感じるかもしれません。しかし実際にはそうでもありません。それは、C言語の性格がここで紹介した他の言語とは、少し異なっているからなのです。

■C言語はシンプル

C言語はシンプルな言語です。シンプルだったため、コンパイラが作りやすく、多くの人に使われ普及してきました。では、C言語はどれくらいシンプルなのでしょうか。まずは、文法のキーワードの数（予約語と言います）から見てみましょう。比較対象は、よくC言語と難易度の比較に出されるJavaです。

C言語の予約語[※9]は37種類しかありませんが、Javaは53種類以上もあります。単純に約1.5倍の規模です。言語の規模は予約語以外にも、文法の複雑さやライブラリの数など、さまざまな要素があり、単純に予約語の数では比較できませんが、まずは単純な数で比較できる部分で予約語を取り上げたと考えてください。ちなみに、予約語をすべて覚えなくてもプログラミングは可能です。

[※9] その言語固有のキーとなる単語。たとえば第4章で詳しく説明する繰り返しを指示するための「while」や「for」などのことを言います。

予約語の数が少ないということは、覚える必要があることが少ないということで、習得も容易だと感じるかもしれませんが、実際にはそうでもありません。確かに、C言語は規模が小さく、覚えることが少ないので、最初のうちはペースよく学習が進みます。しかし、ある程度の規模のプログラムを作ろうとすると、つまづいてしまうことがあります。それは、シンプルすぎるために、何か処理をしようと思ったとき、その処理を行うための前処理などもすべてプログラマ自身が面倒をみなくてはならないからです。

JavaやC#などの大規模な言語には、言語自体の仕様としてさまざまなライブラリが用意されています。ライブラリとは、汎用性の高いプログラムの部品が再利用可能な形となって提供されているものを言います。Javaと比べてC言語は、このライブラリの規模がとても小さいのです。ライブラリには、文字列をかんたんに加工するものから、ネットワークやデータベースに至るまで、さまざまなものが用意されています。そのため、Javaであれば、汎用的な処理はライブラリを利用して、メインの処理に注力してプログラミングを行うことができます。

しかし、ライブラリが充実していないC言語では、メインの処理以外にもプログラマ自身が面倒をみなくてはなりません。

たとえば、利用者から入力されたデータをメモリにため込んでいくプログラムを考えます。Javaでは、このような目的のためのライブラリが最初から付属していて、プログラマはそのライブラリが提供する命令を1つ実行するだけで、目的を達成することができます。しかし、C言語にはそのようなライブラリが標準では存在しないため、メモリを確保する処理、確保したメモリにデータをコピーする処理、確保したメモリからデータを取り出すための処理などを、すべてプログラマ自身が書く必要があります。このような処理をプログラミングするためには、C言語の他に、アルゴリズム（課題解決のための効率的な手順を定型化したもの＝算法）や、コンピュータの仕組みについての知識も必要となるため、難しくなってしまうのです。

■ **C言語は自由**

　C言語は静的型付けの言語です。静的型付けとは、あらかじめ宣言したデータについてしか処理ができないという意味です。たとえば、int num;と宣言した変数があるとします。このnumは、int（eger）型、つまり整数で宣言したので、後から気が変わっても、文字列を格納することはできません。実数（小数点以下がある数値）から、整数については、小数点以下を丸めて処理をしてくれます（言語によっては（インタプリタ型の言語に多い）、変数を宣言しなくても、自動的に適切な型を認識して動作するものもあります。これを静的型付けに対し、「動的型付け」と言います）。

　静的型付けは、あらかじめ決めたデータについての処理以外を記述すると、コンパイラが警告やエラーを出してくれるので、バグを防止することに役立ちます。C言語の場合も例外ではなく、バグになりそうな危ない代入などについてはコンパイラが警告を出してくれます。しかし、「キャスト」というデータ型の変換を行う機能を使うと、その警告を無効化することができてしまいます。しかも、危険なキャストについても、プログラマがコンパイラに指示をすれば、警告にもエラーにもならずにコンパイルが成功してしまいます。その場合、実行したときに原因不明のバグとなってしまうことがあります。他の言語でもキャスト機能はありますが、意味がある変換以外は、基本的にエラーとなります。

　困ったことに、この一見すると危険なキャストは、使いたいライブラリによっては必須だったりするため、サンプルプログラムなどでも結構登場します。たとえば、ネットワークプログラミングでは、他の言語であればエラーとなるようなキャストをしている場面がそれなりにあります。そのため、初心者がよく理解せずに真似してしまい、警告もエラーも出ていないのに実行すると間違った結果になってしまったりして、つまづく原因となるのです。しかも、どんなキャストが危険で、なぜバグになるかという理由についてはコンピュータの仕組みを知っていないと理解できないので、余計に難しく感じてしまいます。

　1つ例を紹介すると、C言語にはメモリの番地（場所）を自由自在に扱うための「ポインタ」があります。このポインタは、内部的には数値として記憶されていますが、単純な整数ではありません。しかし、キャストを利用すると何の警告もなしにポインタに対して整数を代入できてしまいます。すると、実行時にポインタとしては意味をなさないメモリ領域にCPUがアクセスしてしまい、エラーとなってしまうのです。

● **リスト1-8　キャスト未使用**

```
int seisu;              /* 整数の値を入れる変数、seisuを宣言 */
float shousuten=1.3;    /* 小数点の値を入れる変数、shousutenを宣言して、初期値として1.3を代入 */
seisu=shousuten;        /* seisuにshousutenの値(1.3)を代入 */
```

● **リスト1-9　shousutenをint型にキャスト**

```
int seisu;              /* 整数の値を入れる変数、seisuを宣言 */
float shousuten=1.3;    /* 小数点の値を入れる変数、shousutenを宣言して、初期値として1.3を代入 */
seisu=*(int*)&shousuten;/* seisuにshousutenの値(1.3)を代入 */
```

　現時点で詳しい説明はしませんが、リスト1-8とリスト1-9は同じことをしているように、初心者は感じます。筆者の手元のコンピュータで、Intel系のCPUではリスト1-8のseisuは1、リスト1-9のseisuは－858,993,459になりますが、スマートフォンなどでよく使われるARM系のCPUでは、リス

ト1-9のseisuは1,073,007,820になりました。

■ C言語は寛容

　明らかに間違った処理を書いてしまった場合でも、コンパイル時はおろか、実行時に警告もエラーも出さないことがあります。そのため誤りに気がつかないでそのままプログラムを利用してしまいますが、あるとき特定の条件でいきなり原因不明のバグが発生したりすることがあります。かんたんな例をあげると、変数を値を入れずに宣言した場合、その変数にどのような値が入っているかは基本的には不明です。

```
int n;   /* この時点で n の中身は不明 */
```

　この変数nは、さも意味のある値が入っているように利用できてしまうため、偶然想定範囲内の値が入っている場合は意図した動作をしてしまいますが、特定の条件、環境下では動作しなくなるといったことが起きます。このようなバグは発見が難しく、C言語自体が難しいと感じる原因となります。ちなみに、Javaでは、初期化していない変数はそもそもコンパイル時にエラーとなるので、このようなバグが発生することはありません。

■ ポインタがわかりにくい

　C言語が難しいと感じている人は、よく「ポインタがよくわからない……」という話をします。ポインタは、メモリを自由自在に扱うためのものです。メモリの仕組みがわかれば、何も難しくないのですが、そもそもこれから言語を学ぼうとしている人でそれを理解している人は少ないでしょう。そのため、何となく文法を覚えても、利用シーンについてはよく理解できなかったりします。また、そもそもの文法がわかりにくいという話も聞きます。

　たとえば、int *ptr;と宣言されたポインタ変数をポインタとして利用するときはptrと書きますが、そのポインタの指す値を利用するときは*ptrとなります。また、そのポインタのポインタを得ようとすると&ptrとなります。とりあえず、ポインタの文法はわかりにくいということだけ理解していただければ大丈夫です。

浮気をしない

　プログラミングは、本を読んでいるだけではなかなか身につきません。実際にプログラミングをしてみて、動かしてみることで、段々と身についてきます。それは、C言語においても例外ではありません。本を何冊も読み進めるよりも、1冊で十分なので隅から隅まで載っているサンプルプログラムを実際に入力して、動かしてみて、それから自分なりに改造してみてと、繰り返すほうが近道です。

　筆者がプログラミング言語を使えるようになる前は、実際に動かしながらというより、本を読んで理解すれば上達するものだと考えていました。そこで、まず1冊本を購入して読み進めるのですが、途中でよくわからなくなってしまい、壁にぶつかります。そのときは、「きっとこの本の説明が悪いんだ！」と勝手に決めつけて、2冊目の本を購入し読み進めます。そこでも同じように壁にぶつかり、同じように次の本を

選んで……と繰り返してきました。結局、その学習方法の間はかんたんな文法はわかるようになったものの、先でも紹介した「ポインタ」はよくわからないままでしたし、役立つプログラムは作れるようになりませんでした。しかし、1冊の本に決めて、試行錯誤しながら挑戦すると決めて取り組んだところ、みるみるうちに今までわからなかったことが理解できるようになって、言語を使いこなせるようになりました。

　もし、本書でC言語をマスターすると決意していただけたのでしたら、まずは本書だけで学習を進めることをおすすめします。1回通してみても理解できなかったら、もう一度最初からやり直してみます。そうすることで、きっと、理解することができると思います。

　本書でC言語の文法を理解しても、実用的なプログラムを作ることは難しいかもしれません。そうしたら次は、OSやライブラリの提供する強力な機能について学習してみましょう。実用的なプログラムを作るためには、多かれ少なかれOSやライブラリの提供する機能を使う必要があります。Windows系であればWindows API（Win32API、Win64API）、Unix系であればシステムコールやpthreadについての知識を身につけることをおすすめします。また、アルゴリズムを学習するとさらによいでしょう。

とにかくプログラムを打ち込んで動かす

　C言語をマスターすると決めたら、まずは開発環境を準備します。開発環境ができあがったら、サンプルプログラムを入力し、コンパイルして実験します。そこで、うまく動いたからといって次に進んではいけません。そのサンプルプログラムで説明しようとしていることを理解するまで、改造して試行錯誤を続けます。説明を読んだだけで、先に進むようなことはしないでください。やってみたことがない人が、やったことがある人を超えることはありません。本書でもところどころヒントを示しますが、それ以上にたくさんいじってみましょう。

Note　次世代C言語の規格C11とは

　C言語は多くのシーンで使われているので、規格としてまとめられています。

　最初の頃は、Ritchie が作ったものがリファレンスになっていたと考えられますが、後にANSI（米国規格協会）によって、X3.159-1989「プログラミング言語C」とされました。こちらは、ANSI CやC89と呼ばれています。

　その後もいくつか改訂がありましたが、今でもよく使われているものはC99と呼ばれるバージョンです。1999年に制定されたので、C99と呼ばれています。

　また、最新の規格としては、C11があります。こちらは、2011年に制定されたので、C11と呼ばれています。

　最近のgccやclangといったオープンソースのコンパイラでは、C11に対応していることが多いので、今の時代C11、古くてもC99を前提で解説すべきという意見もあるかもしれません。しかし本書はANSI C＋若干C99という感じで解説をしています。その理由は、冒頭でC言語は言語仕様が小さいと書きましたが、C99やC11には複素数やマルチスレッドなどの規格も含まれていて、かなり難しい内容になってしまい、入門書の範疇を超えること、また、C言語が有効だと思われる小型のコンピュータ用のコンパイラではまだ最新の機能が使えない可能性があるためです。

　自分が使うコンパイラが、どのバージョンに対応しているかは以下のソースコードをコンパイルすることでわかります。

```
#include <stdio.h>
int
main(int argc,char *argv[])
{
    printf("%ld\n", __STDC_VERSION__);
    return 0;
}
```

199901と表示されたらC99対応、201112と表示されたらC11対応です。コンパイルエラーになる場合は、C99未満です。

◉実行例
・C11対応macOSの場合

```
mtaneda@MacBook:~$ cd /tmp
mtaneda@MacBook:/tmp$ cat > check.c
#include <stdio.h>
int
main(int argc,char *argv[])
{
    printf("%ld\n", __STDC_VERSION__);
    return 0;
}
^D    ← control を押しながら D
mtaneda@MacBook:/tmp$ clang check.c
mtaneda@MacBook:/tmp$ ./a.out    ← Windows 環境なら ./a
201112
mtaneda@MacBook:/tmp$
```

・C99非対応Linuxの場合

```
mtaneda@Linux:~$ cd /tmp
mtaneda@Linux:/tmp$ cat > check.c
#include <stdio.h>
int
main(int argc,char *argv[])
{
    printf("%ld\n", __STDC_VERSION__);
    return 0;
}
^D    ← control を押しながら D
mtaneda@Linux:/tmp$ gcc check.c
check.c: In function 'main':
check.c:5: error: '__STDC_VERSION__' undeclared (first use in this function)
check.c:5: error: (Each undeclared identifier is reported only once
check.c:5: error: for each function it appears in.)
```

1-3 開発者ツールを準備する

　ここでは、現在メジャーと思われるコンピュータ上でのC言語の学習環境の整備について説明します。C言語はコンパイラ型の言語なので、当然ながらCコンパイラというアプリケーションが必要です。このコンパイラで実行ファイルを生成します。それに、プログラムを入力するためのテキストエディタが必要です。エディタはなくてもワープロなどで代用可能ですが、早い段階で慣れておくと、後々便利ですので、それについても紹介します。

Windowsで環境を作る（gnupack）

　Windowsでは、Microsoft社純正のVisual C++がC言語、それからC++のコンパイラとして利用されることが多いのですが、本書では他の環境ともあまり違いがないように、フリーのGNU Compiler Collection（gcc）のかんたんなセットアップ方法を紹介します。

　Windows環境でのgccには、複数の配布パッケージがありますが、本書では筆者も使っているk.sugitaさんがまとめられたgnupackを紹介します。

1. **ダウンロードサイトにアクセスして、ファイルをダウンロードする**
   以下のURLにアクセスして、最新のgnupack_develをダウンロードします。

https://ja.osdn.net/projects/gnupack/releases/p10360

　本書を書いている時点で、最新はgnupack_devel-13.06-2015.11.08.exeです。

2. **ダウンロードしたファイルをダブルクリックして展開する**
   展開先はC:¥にしましょう。

3. **C:ドライブのgnupack_devel-13.06-2015.11.08を開く**
   その中にあるstartup_cygwinをダブルクリックすれば、コンソールが開いて、すぐにgccを使うことができます。

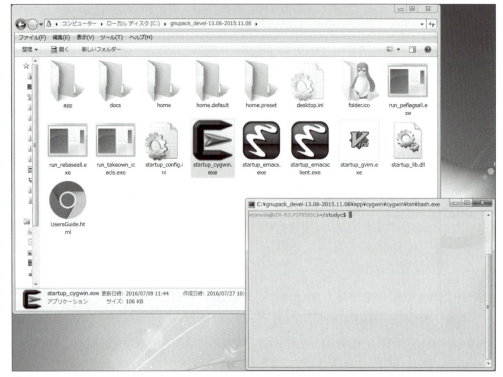

●図1-4 gnupack

macOSで環境を作る(Clang)

1. App Storeを開く
2. xcodeを検索する
3. xcodeの「入手」をクリックするとボタンが「Appをインストール」に変わるので、クリックする
4. 「ターミナル」を開いて、xcode-select --install [enter]と入力する
5. 確認のダイアログウィンドウが開くので、[install] ボタンをクリックする

●図1-5 macOSのターミナル

以後「ターミナル」でClangが使えるようになります。

Linuxで環境を作る（gcc）

・Ubuntu

rootでapt-get build-essential [enter]というコマンドを入力すれば、自動的にgccがインストールされて使える状態になります。

・CentOS

rootでyum groupinstall "Development Tools" [enter]というコマンドを入力すれば、自動的にgccがインストールされて使える状態になります。

●図1-6 Linuxのターミナル

エディタを準備する

　プログラミングという作業は、基本的には仕様（どのような動きをするか）をソースコードとして入力することの繰り返しです。このソースコードは、単純なテキストファイル（テキストファイルとは、改行までをひとまとめとした文字情報だけで構成されたファイルのこと）で、Windowsのメモ帳などで作ることができます。

　ワープロソフトでも保存形式を「テキストファイル」とすることで、編集可能ですが、テキストファイルの編集には、「テキストエディタ」という専用ソフトを使うことが一般的です。

　一般的にテキストエディタは、動作が軽快で、検索などのプログラミングに便利な機能を持っていることが多いです。Windows系であれば「メモ帳」、macOSでは「テキストエディット」、Linuxでは「geditテキストエディタ」が、それぞれOS標準のテキストエディタとして用意されていますが、ここでは、よく使われるエディタを紹介します。

■vi

　Unix環境には、ほぼ確実に付属しているエディタですので、macOSや、Linuxなどではほとんどの場合、最初から使うことができます。ターミナル上でvi [enter]と入力すると使い始められます。終了方法は、[:]を入力してから、[q]+[enter]です。

　Windowsであっても本書のインストール手順でgnupackを導入した場合、viクローンであるGVimが使えます。GVimはグラフィカルなインターフェースをもっていて、startup_gvimというアイコンをダブルクリックすれば使い始められます。

　独特の操作体系で、習得に時間がかかりますが、慣れると非常に高速にソースコードの編集ができるようになります。筆者の職場では、開発者の53％がvi系のエディタを利用してプログラミングを行っています。

■**Emacs**

　Unix環境で人気の高いエディタです。こちらも、macOSでは最初から利用することができますし、Linuxでも使えることが多いです。macOSでは、ターミナル上でemacs enterと入力すると使い始められます。終了方法は、control + x の後に control + c を押します。小指を痙らないように注意してください。Linuxでもemacs enter で起動することが多いとは思いますが、起動しなかった場合、Ubuntuならapt-get install emacs. enter 、CentOSならyum install emacs enter でインストールしてください。

　Windowsであっても本書のインストール手順でgnupackを導入した場合、すぐに使い始められます。startup_emacsというアイコンをダブルクリックしてください。

　非常に多機能で、カスタマイズによってメールの読み書きからWebブラウズまでできるようになります。筆者の職場では、開発者の23%がEmacsを利用してプログラミングを行っています。筆者も愛用者の一人です。

　その他、Windows系であれば「サクラエディタ」、macOSでは「CotEditor」などというフリーソフトも人気があるようです。この他にも、世の中にはフリーソフトから商品として販売されているものまで、たくさんのエディタがあります。是非しっくりくるものを探してみてください。

1-4 C言語の開発者ツールの役割

　前の節までにC言語を勉強する環境が整いました。そこで、本章では実際にプログラミングという行為を行いながら学習を進めたいと思います。

　一般的な書籍では、このあたりから実際に意味のあるプログラムを入力する作業をはじめるのですが、本節ではその前にプログラムがどのような流れで実行ファイルになるかを順番に見ていきます。この流れを理解していると、何かエラーが起きて実行ファイルの生成に失敗したときに、理由がわかりやすくなります。比較的複雑なのでしっかりと理解してください。

　実行ファイルの生成の流れを理解するためなので、処理としては最も単純な「何もしない」処理を扱います。処理と言いながら「何もしない」とは、矛盾しているようですが、要するにプログラムは、実行ファイルとしては成立しているけど、利用者にとって有益になる処理は一切しないという意味です。

コンパイラ

　最初にいきなり「何もしない」プログラムを作っても面白みがないので、開発者ツールが正常に動作するかのテストも兼ねて、hello, worldのプログラムをコンパイルして実行してみましょう。

■プログラムを入力して保存する

　まずは、お好きなエディタで次のプログラムを入力してみてください。文字の入力間違えさえなければ、空白の数や、改行の数は影響がありませんが、全角スペースは空白とは認識されないので注意しましょう。

　エディタについては、viやEmacsの習得には、1週間程度かかると思いますので、すぐにでもC言語の学習に入りたい方は、OS標準のものでかまいません。なお、macOSの「テキストエディット」は、「フォーマット」メニューから「標準テキストにする」を選んでおかないと、テキストファイルとして保存できませんので、ご注意ください。

◉ リスト1-10　hello.c

```c
#include <stdio.h>
int
main(int argc, char *argv[])
{
    printf("hello, world¥n");
    return 0;
}
```

保存先はどこでもよいのですが、日本語や空白が含まれているディレクトリ（フォルダ）ではうまく動かないことがあるので、ここで決めてしまいましょう。Windows系の方は、C:¥gnupack_devel-13.06-2015.11.08¥home¥studycというフォルダに保存することにしましょう。macOSや、Linuxなど、Unix系の方は、~/studycというディレクトリに保存することにしましょう。~/は「ホームディレクトリ」と言って、個人のデータが保存されているディレクトリ（フォルダ）のことです。たとえば、mtanedaというユーザ名なら、macOSでは/Users/mtaneda/、Linuxでは/home/mtaneda/を~/と表します。gnupackのターミナルでは、C:¥gnupack_devel-13.06-2015.11.08¥homeが~/という扱いになります。

今回入力したプログラムには、hello.cという名前をつけて保存しましょう。最後の.cまで入力しないと、OS標準のエディタは勝手に.txtを付与してしまうこともあるのでご注意ください。

■コンパイルして実行する

保存したら、それぞれの環境により若干手順が変わります。Windowsの方は、startup_cygwinアイコンをダブルクリックしてターミナルを起動してください。

```
mtaneda@WIN-XXXXXXXXXXX:/desktop$ cd ~/studyc
mtaneda@WIN-XXXXXXXXXXX:~/studyc$ gcc hello.c
mtaneda@WIN-XXXXXXXXXXX:~/studyc$ ./a
hello, world
```

※入力は$以降

cdコマンドで、処理対象のファイルを保存したフォルダに移動して、gccコマンド（Cコンパイラ）でコンパイルを行いました。gccコマンドに何もオプションを付けずにコンパイルをすると、a.exeという名前の実行ファイルが生成されますので、最後にa.exeというコマンドを実行しました。うまくいけば、ターミナル上に「hello, world」と表示されたはずです。

macOSの方は、「ターミナル」を起動して、以下のように入力してみてください。

```
$ cd ~/studyc
$ clang hello.c
$ ./a.out
hello, world
```

※入力は$以降

cdコマンドで、処理対象のファイルを保存したフォルダに移動して、Windowsの場合と同じく、gccコマンド（Cコンパイラ）でコンパイルを行いました。gccコマンドに何もオプションを付けずにコンパイルをすると、a.outという名前の実行ファイルが生成されますので、最後に./a.outというコマンドを実行しました。こちらもうまくいけば、ターミナル上に「hello, wolrd」と表示されたはずです。

Linuxは、起動するプログラムが「ターミナル」ではなく「端末」で、以下のようになります。

```
$ cd ~/studyc
```

```
$ gcc hello.c
$ ./a.out
hello, world
```

※入力は $ 以降

　以後プログラムの入力、実行については、おおよそこの流れで行いますので、覚えておいてください。
　ターミナル、端末、コマンドプロンプトなどが苦手な方は、お使いのOSについてあらかじめ学習しておくと、後々楽かもしれません。

■**何もしないプログラムに改造する**

　では、「hello, world」プログラムを少しだけ変えて、「何もしない」プログラムを作ってみましょう。

◉ **リスト1-11　nop.c**
```
#include <stdio.h>
int
main(int argc, char *argv[])
{
}
```

　{}で括られた部分を削除しただけです。こちらは、nop.cという名前のファイルで保存しておきましょう。nopとは、No OPerationの意味で、何もしないという意味です。ファイル名はプログラムの内容には影響しないので、実際にはどのような名前でも動作への影響はありません。
　何もしないプログラムを作って保存しました。こちらを、hello, worldの例のように実行しても、何も起きません。処理を書いていないので当然です。

■**アセンブリソースを確認する**

　今回このプログラムをコンパイルして実行ファイルを作ったgcc（やClang）というコマンドは、実は単にコンパイルを行ったわけではなく、プリプロセス、コンパイル、アセンブル、それからリンクという処理を一括して行っています。詳しくは順を追って説明しますが、かんたんにそれぞれの過程に触れておきます。

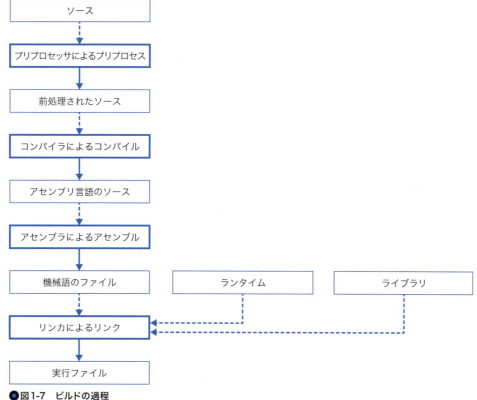

●図1-7　ビルドの過程

- プリプロセス：コンパイルする前の前処理
- コンパイル：前処理されたソースをアセンブリ言語のソースに変換
- アセンブル：アセンブリ言語のソースを機械語のプログラムに変換
- リンク：必要なライブラリなどをリンク（結合）して実行ファイルの生成

　clangコマンドやgccコマンド1つで実行ファイルができてしまったので、一見するとコンパイル＝実行ファイルの生成と勘違いしてしまいがちですが、注意しましょう。まずは、コンパイルという動作だけに着目してみます。

　コンパイルだけを行うためには、gccコマンドに-Sというオプションを付けると、コンパイルの動作を行った後、残りのアセンブル、それからリンクを行わなくなります。カレントディレクトリには、ファイル名の最後（通称拡張子）が.sで終わるアセンブリ言語のソースコードが生成されます。では、実際にやってみましょう。

◉実行例

```
$ gcc -S nop.c
```

　筆者の手元の、Intel系32bit CPUで動作しているCentOSでは、次のようなアセンブリ言語のソー

スコードが生成されました。

● リスト1-12　nop.s (Intel系)

```
    .file   "nop.c"
    .text
.globl main
    .type   main, @function
main:
    leal    4(%esp), %ecx
    andl    $-16, %esp
    pushl   -4(%ecx)
    pushl   %ebp
    movl    %esp, %ebp
    pushl   %ecx
    movl    $0, %eax
    popl    %ecx
    popl    %ebp
    leal    -4(%ecx), %esp
    ret
    .size   main, .-main
    .ident  "GCC: (GNU) 4.1.2 20080704 (Red Hat 4.1.2-48)"
    .section    .note.GNU-stack,"",@progbits
```

ちなみに、ARM系CPUで同様にアセンブリ言語のソースを生成してみると、次のようになります。

● リスト1-13　nop.s (ARM系)

```
    .cpu arm9tdmi
    .fpu softvfp
    .eabi_attribute 20, 1
    .eabi_attribute 21, 1
    .eabi_attribute 23, 3
    .eabi_attribute 24, 1
    .eabi_attribute 25, 1
    .eabi_attribute 26, 2
    .eabi_attribute 30, 6
    .eabi_attribute 18, 4
    .file   "nop.c"
    .text
    .align  2
    .global main
    .type   main, %function
main:
    @ Function supports interworking.
    @ args = 0, pretend = 0, frame = 8
    @ frame_needed = 1, uses_anonymous_args = 0
    mov ip, sp
    stmfd   sp!, {fp, ip, lr, pc}
    sub fp, ip, #4
```

```
        sub     sp, sp, #8
        str     r0, [fp, #-16]
        str     r1, [fp, #-20]
        mov     r3, #0
        mov     r0, r3
        sub     sp, fp, #12
        ldmfd   sp, {fp, sp, lr}
        bx      lr
        .size   main, .-main
        .ident  "GCC: (Debian 4.3.2-1.1) 4.3.2"
        .section        .note.GNU-stack,"",%progbits
```

Intel系とは似ても似つかないソースコードが生成されました。

本書はC言語の入門書で、アセンブリ言語の入門書ではないので内容については説明しませんが、

- コンパイルとは、ソースコードをアセンブリ言語のソースコードに翻訳（変換）する動作である
- 同じC言語のソースコードでも、コンピュータの機種やOSが違うと、まったく違うアセンブリ言語のソースコードが生成される

というポイントを押さえておいてください。

プリプロセッサ

まずは、コンパイルした結果のアセンブリ言語のソースコードを見てみましたが、実はC言語はコンパイルの前に「プリプロセス」という処理を行っています。このプリプロセスは比較的珍しい処理で、C言語の特徴と言ってもよいでしょう。プリプロセスとは、ソースコードに書かれた特定のキーワードによりソースコードを加工する、その名のとおり、前処理で、「プリプロセッサ」というプログラムがそれを行います。C言語のプリプロセッサは、ソースコード中に#からはじまるキーワードを見つけると、コンパイルする前に特定の処理を行ってから、コンパイラに結果を渡します。

■プリプロセッサの処理結果を確認する

ソースコードを加工すると言われてもピンとこないと思いますので、さっそく実行してみましょう。

gccコマンドに、-Eオプションを追加すると、プリプロセスした結果を画面に表示し、コンパイルを行わずに処理を完了します。アセンブリ言語のソースコードを生成する-Sオプションとは違い、ファイルには保存しないので、保存したい場合はリダイレクトを利用します。では、実際にやってみましょう。

◉実行例

```
$ gcc -E nop.c > nop.txt
```

今回は、ソースコードをプリプロセスした結果をnop.txtというファイルに保存しました。

● リスト1-14　nop.txt

```
# 1 "nop.c"
# 1 "<built-in>"
# 1 "<command-line>"
# 1 "nop.c"
# 1 "/usr/include/stdio.h" 1 3 4
# 64 "/usr/include/stdio.h" 3 4
# 1 "/usr/include/_types.h" 1 3 4
# 27 "/usr/include/_types.h" 3 4
# 1 "/usr/include/sys/_types.h" 1 3 4
# 32 "/usr/include/sys/_types.h" 3 4
# 1 "/usr/include/sys/cdefs.h" 1 3 4
# 33 "/usr/include/sys/_types.h" 2 3 4
# 1 "/usr/include/machine/_types.h" 1 3 4
# 34 "/usr/include/machine/_types.h" 3 4
# 1 "/usr/include/i386/_types.h" 1 3 4
# 37 "/usr/include/i386/_types.h" 3 4
typedef signed char __int8_t;



typedef unsigned char __uint8_t;
typedef short __int16_t;
typedef unsigned short __uint16_t;
typedef int __int32_t;
typedef unsigned int __uint32_t;
typedef long long __int64_t;
typedef unsigned long long __uint64_t;

typedef long __darwin_intptr_t;
typedef unsigned int __darwin_natural_t;
# 70 "/usr/include/i386/_types.h" 3 4
typedef int __darwin_ct_rune_t;
～中略～
extern void funlockfile (FILE *__stream) __attribute__ ((__nothrow__));
# 844 "/usr/include/stdio.h" 3 4

# 2 "nop.c" 2
int
main(int argc, char *argv[])
{
}
```

　環境により違いはあると思いますが、リスト1-14の最初のほうにはよくわからないことがたくさん書いてあり、最終行付近にリスト1-11の内容が出ていると思います。リスト1-11に何が起こったのでしょうか。最終行付近をよく見てみると、

```
int
```

```
main(int argc, char *argv[])
{
}
```

は、リスト1-11の内容そのものですが、1行目に書いたはずの #include <stdio.h> という行がなくなっていることがわかると思います。実は、これがプリプロセスした結果、加工された箇所なのです。#includeは、プリプロセッサに対しての「この行に<>で括ったファイル名の内容を差し込みなさい」という「命令」だったのです。そのため、#include <stdio.h> がなくなった代わりに、stdio.hというファイルの内容に差し替えられました。

このstdio.hは、Windows系OSを使用していれば、C:¥gnupack-pretest_devel-2016.07.09¥app¥cygwin¥cygwin¥usr¥include下に、Unix系OSを使用していれば/usr/include下にあるはずです（Microsoft Visual C++などでは、C:¥Program Files下のVisual C++をインストールしたフォルダ配下にあります）。

プリプロセッサの役割はなかなか理解しにくいものですが、かんたんに言うとソースコードを書いたり、メンテナンスしたりする手間を減らすためのものです。たとえば、今回紹介した#include命令では、指定したファイルの内容をソースコードの中に差し込みました。

C言語は、言語の仕様としては非常にシンプルなものになっていて、画面へ文字を表示したりする機能はライブラリとして実装されています。このライブラリの機能を呼び出すためには、ライブラリを利用するための宣言や定義などをソースコードの中に書いてあげる必要があります。しかし、それらは膨大な量に上るので、毎回ソースコード中に書いていては非常に面倒です。そこで、よく使う宣言や定義については別のファイルにまとめておいて、#include命令を使えば、毎回同じようなことを書かなくてよくなり、手間が少なくなります。#include以外にも、プリプロセッサにはたくさん便利な命令があります。

リンカ

ソースコードがプリプロセッサにより処理され、コンパイルされるとアセンブリ言語のソースになります。これが、アセンブラによってアセンブルされるとめでたく機械語のファイルができあがります。GNU Compiler Collection（gcc）では、コンパイルもアセンブルもgccコマンドで行いますが、asというアセンブル専用（アセンブラ）コマンドも用意されています。ここでは、gccコマンドでnop.sをアセンブルしてみましょう。gccコマンドは、何もオプションをつけないと最後の工程であるリンクまで行って実行ファイルを生成してしまいますので、-cオプションをつけて機械語の生成にとどめます。

● 実行例

```
$ gcc -c nop.s
```

これで、カレントディレクトリにnop.oというファイルができます。

実行ファイルも機械語ですし、今回生成したnop.oも機械語のファイルです。では、nop.oは実行できるのでしょうか。実験してみましょう。

Windows系の方は、nop.oをnop.exeに名前にコピーして実行してみてください。

●実行例　Windows
```
mtaneda@WIN-XXXXXXXXXXX:~/studyc$ cp nop.o nop.exe
mtaneda@WIN-XXXXXXXXXXX:~/studyc$ ./nop
ここでコマンドプロンプトがフリーズすることがあるので、強制的にウィンドウを閉じてください
```

●実行例　macOS／Linux
```
$ chmod 755 nop.o
$ ./nop.o
-bash: ./nop.o: cannot execute binary file
```

　結果は、実行できませんでした。なぜかというと、nop.sをアセンブルして生成したnop.oは確かに機械語なのですが、実行ファイルとして実行するための情報や、C言語で書いたプログラムを動かすための情報が不足しているからです。これらは、リンクという作業を行うことによって付加されて、実行できる機械語のファイル、つまり実行ファイルになります。この実行できない機械語のファイルを、オブジェクトファイルと呼びます。

　リンクの実験を行う前に、ファイルサイズを調べておきましょう。

```
$ ls -l nop.o
-rwxr-xr-x 1 mtaneda mtaneda 697  7月 30 20:33 nop.o
```

　手元の環境で、nop.oは、697バイトでした。では、リンクを行って実行ファイルを作ってみましょう。こちらは、リンクを行うファイルの名前が環境依存なので、もしうまく実行できなかった場合は、本書の実行例にて雰囲気をつかんでください。リンクは、ldというコマンドを利用します。

●実行例　Windows
```
mtaneda@WIN-XXXXXXXXXXX:~/studyc$ ld nop.o /usr/lib/crt0.o -lcygwin -lkernel32
mtaneda@WIN-XXXXXXXXXXX:~/studyc$ ls -l ./a.exe
-rwxr-xr-x 1 mtaneda None 48107 11月 11 16:52 ./a.exe
```

●実行例　macOS 64bit
```
$ ld nop.o /usr/lib/crt1.o -lSystem
$ ls -l a.out
-rwx--x--x  1 mtaneda  staff 9044  11月 11 16:58 a.out
```

●実行例　Ubuntu 64bit
```
$ ld nop.o -dynamic-linker /lib/x86_64-linux-gnu/ld-linux-x86-64.so.2 /usr/lib/
x86_64-linux-gnu/{crt1.o,crti.o,crtn.o} -lc
$ ls -l a.out
-rwxr-xr-x 1 mtaneda mtaneda 4800 2017-11-11 16:56 a.out
```

どの場合でも、4KBを超えるサイズになりました。この増えた分が、リンクにより増えた実行ファイルのための情報や、C言語で書いたプログラムを動かすための情報なのです。C言語で書いたプログラムを動かすための情報は、「スタートアップルーチン」と言います。このスタートアップルーチンが含まれたファイルを「Cランタイム」と呼びます。プログラムが動作するためには、Cランタイムの他にlibcと呼ばれるC言語で書いたプログラムを動かすためのライブラリが必要です。Cランタイムには言語として成立するための最低限のプログラム（たとえば、main()を呼び出すための処理、CPUが乗算、除算に対応していなければそれを行うプログラムなど）が格納されていて、libcには画面に文字を表示するなどの言語を使う上で欠かせないプログラムが格納されています。これらを結合（＝リンク）する動作なので、「リンク」と呼びます。先ほどの実験例のコマンドラインオプションで、「crt」から始まるファイルがスタートアップルーチンを含んでいるもので、-lgccや-lcがlibcの指定です。

　C言語で書いたプログラムは、最終的には必ずリンクして実行ファイル形式にしなければ実行できないのです。ちなみに、今は「何もしないプログラム」なので、ソースコードは1個のファイルに収まっていますが、大規模なプログラムになるとわかりやすさのために、複数のファイルに分割してプログラムを書くことが一般的です。その場合、複数のソースコードから個別のオブジェクトファイルを作って、最後にCランタイムとlibc、それから他に利用しているライブラリがあればリンクして実行ファイルを生成します。

■**スタートアップルーチン**

　GNU Compiler Collection（gcc）はオープンソースなので、その気になればスタートアップルーチンのソースコードを読むことができます。しかし、これはとても複雑でC言語の初心者が理解できるレベルではありません。そこで、ここでは「何もしないプログラム」を実行するためだけのスタートアップルーチンをnop.cのソースコードに付け加えてみましょう。gccでは、スタートアップルーチンの名前は_startと決まっているので、_startという名前のプログラムを付け加えます。処理は、「何もしないプログラム」で書いたmainという名前のプログラムを呼び出して、OSに終了したということを通知するという内容になります。このOSに終了したということを通知するという部分がくせ者で、Cランタイムやlibcを使わない場合はアセンブリ言語でないと書くことができません。つまり、コンピュータの機種やOSの種類によって書き方がまったく変わってしまいます。ここでは代表的な環境のプログラムを紹介します。

●リスト1-15　nop_nocrt_windows.c　Windows

```
int
main(int argc, char *argv[])
{
    return 0;
}

void
__main(int args)
{
    main(0, 0);
}
```

◉実行例

```
mtaneda@WIN-XXXXXXXXXXX:~/studyc$ gcc -S nop_nocrt_windows.c
mtaneda@WIN-XXXXXXXXXXX:~/studyc$ gcc -c nop_nocrt_windows.s
mtaneda@WIN-XXXXXXXXXXX:~/studyc$ ld -nostdlib nop_nocrt_windows.o
mtaneda@WIN-XXXXXXXXXXX:~/studyc$ ls -l
-rwxr-xr-x 1 mtaneda None 5038 11月 11 17:10 a.exe
mtaneda@WIN-XXXXXXXXXXX:~/studyc$ ./a
```

◉リスト1-16　nop_nocrt_mac.c　macOS 64bit

```
int
main(int argc, char *argv[])
{
    return 0;
}

void
_start(int argc)
{
    main(0, 0);

    asm("mov     $0x2000001,%rax\n"
        "mov     $0,%rdi\n"
        "syscall");
}
```

　32bitバージョンのmacOSをお使いの方は、asmの部分を

```
    asm("pushl   $0\n"
        "movl    $1,%eax\n"
        "leal    -0x4(%esp), %ecx\n"
        "sysenter");
```

にしてください。

◉実行例

```
$ gcc -S nop_nocrt_mac.c
$ gcc -c nop_nocrt_mac.s
$ ld -e __start nop_nocrt_mac.o
ld: warning: -macosx_version_min not specified, assuming 10.6
ld: warning: object file (nop_nocrt_mac.o) was built for newer OSX version (10.13)
than  being linked (10.6)
$ ls -l a.out
-rwxr-xr-x   1 mtaneda   wheel   4256 11 11 17:02 a.out
$ ./a.out
```

● リスト1-17　nop_nocrt_linux.c　Linux

```
int
main(int argc, char *argv[])
{
    return 0;
}

void
_start(int args)
{
    main(0, 0);

    asm("movl    $0,%ebx\n"
        "movl    $1,%eax\n"
        "int     $0x80");※10
}
```

※10　Linuxも基本的にはsysenterを使いますが、未だにint 0x80も使えます。

● 実行例

```
$ gcc -S nop_nocrt_linux.c
$ gcc -c nop_nocrt_linux.s
$ ld -nostdlib nop_nocrt_linux.o
$ ls -l a.out
-rwxr-xr-x 1 mtaneda mtaneda 700  7月 30 23:09 a.out
（64bitの場合は、かなりファイルサイズが大きくなる
  -rwxrwxr-x 1 mtaneda mtaneda 5211 7月 30 17:37 2011 a.out）

$ ./a.out
```

このように、C言語であってもCランタイムやlibcを使わなければ、機種ごとに違うプログラムになってしまいます。C言語の移植性は、Cランタイムやlibcによって担保されているといってもよいでしょう。

> **Note　プログラムの実行とはどういうことか**
>
> 　プリプロセス、コンパイル、アセンブル、リンクと順番に処理を見てきました。では、これらの工程を経て生成された実行ファイルが実行されるときは何が起きているのでしょうか。
> 　今回の例では、特に出力先のファイル名を指定しなかったので、a.exeまたはa.outという実行ファイルが生成されました。これを起動すると、まず「プログラムローダー」という、OSのプログラムが実行されます。プログラムローダーは、実行ファイルの中身をメモリに読み込んで、必要な共有ライブラリを読み込み、起動されたファイルを実行します。共有ライブラリとは、複数のプログラムで共有する処理が含まれているライブラリのことで、Windowsであれば～.dll、macOSなら～.dylib、Linuxなら～.soというファイル名で各所に存在しています。
> 　実行ファイルは、リンクのオプションによって、libcやその他のライブラリを静的にリンク（スタティックリンク）するか、動的にリンク（ダイナミックリンク）するか選ぶことができます。ライブラリを静的にリンクすると、指定されたライブラリは実行ファイルに連結されます。そうすると、実行時

にそのライブラリファイルがなくても、プログラムを実行することができますが、その分ファイルサイズが大きくなってしまいます。また、実行ファイルに連結されてしまっているので、ライブラリにバグが発見された場合、再度プログラムをリンクし直す必要が生じます。動的にリンクすると、実行時にプログラムローダーによってメモリ上でリンクされます。そのため、実行ファイルのサイズを小さくでき、またライブラリにバグがあった場合もライブラリのファイルだけを入れ替えればよいため、システムの運用が楽になります。

現在では、ほとんどのOSが対応しているため、特別な理由がない限り動的リンクを利用することがほとんどです。動的リンクの場合であっても、実行ファイル内にどのようなライブラリを利用するかを埋め込まなくてはならないので、リンクの処理は必要です。

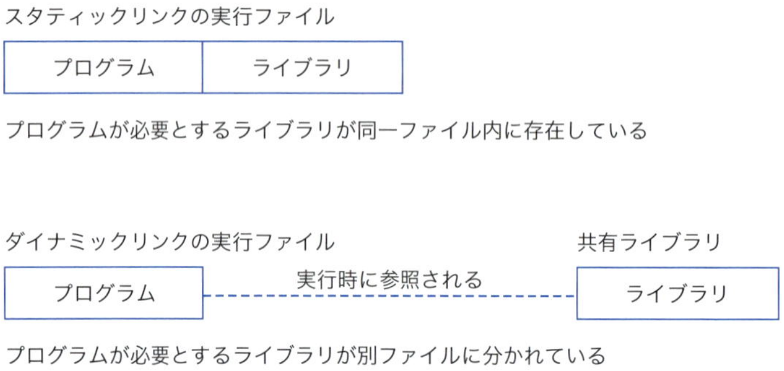

スタティックリンクの実行ファイル

| プログラム | ライブラリ |

プログラムが必要とするライブラリが同一ファイル内に存在している

ダイナミックリンクの実行ファイル　　　　　　　　共有ライブラリ

| プログラム | --- 実行時に参照される --- | ライブラリ |

プログラムが必要とするライブラリが別ファイルに分かれている

●図1-8　スタティックとダイナミック

標準のスタートアップルーチンを使って作ったa.exeやa.outは、ダイナミックリンク形式の実行ファイルです。スタートアップルーチンを自力で作ったa.outは、スタティックリンク形式の実行ファイルです。Windowsのa.exeの場合、どうしてもntdll.dllとkernel32.dllとKERNELBASE.dllというライブラリだけは、ダイナミックリンクする必要があるため、スタティックリンク形式にはなっていません。これらの情報は、コマンドで調べることができます。

■Windows

●標準のスタートアップルーチンを使って作ったa.exeの実行例

```
mtaneda@WIN-XXXXXXXXXXX:~/studyc$ objdump -p a.exe | grep dll
        DLL Name: cygwin1.dll
        70e8       201  _dll_crt0@0
        7114       937  cygwin_detach_dll
        713c       960  dll_dllcrt0
        DLL Name: KERNEL32.dll

mtaneda@WIN-XXXXXXXXXXX:~/studyc$ ldd a.exe
        ntdll.dll => /c/Windows/SYSTEM32/ntdll.dll (0x76eb0000)
        kernel32.dll => /c/Windows/system32/kernel32.dll (0x751f0000)
        KERNELBASE.dll => /c/Windows/system32/KERNELBASE.dll (0x74fa0000)
        cygwin1.dll => /usr/bin/cygwin1.dll (0x61000000)
```

◉スタートアップルーチンを自力で作ったa.exe

```
mtaneda@WIN-XXXXXXXXXXX:~/studyc$ objdump -p a.exe | grep dll

（何も表示されない）

mtaneda@WIN-XXXXXXXXXXX:~/studyc$ ldd a.exe
        ntdll.dll => /c/Windows/SYSTEM32/ntdll.dll (0x76eb0000)
        kernel32.dll => /c/Windows/system32/kernel32.dll (0x751f0000)
        KERNELBASE.dll => /c/Windows/system32/KERNELBASE.dll (0x74fa0000)
```

■macOS

◉標準のスタートアップルーチンを使って作ったa.out

```
$ otool -L a.out
a.out:
    /usr/lib/libSystem.B.dylib (compatibility version 1.0.0, current version 1252.0.0)
```

◉スタートアップルーチンを自力で作ったa.out

```
$ otool -L a.out
a.out:
```

■Linux

◉標準のスタートアップルーチンを使って作ったa.out

```
$ ldd a.out
    linux-vdso.so.1 =>  (0x00007fffb1ff8000)
    libc.so.6 => /lib/x86_64-linux-gnu/libc.so.6 (0x00007f43f43eb000)
    /lib64/ld-linux-x86-64.so.2 (0x00007f43f47c3000)
```

◉スタートアップルーチンを自力で作ったa.out

```
$ ldd a.out
    動的実行ファイルではありません
```

　Windowsのダイナミックリンクライブラリは、ファイル名が.DLLで終わります。macOSでは、.dylibで終わります。Linuxでは、.so.が含まれます。

1-5 はじめる前に押さえておきたい基本的事項

本格的なC言語の学習に進む前に、基本的なことを押さえておきましょう。
そこで、前節までに登場した「hello, world」のプログラムについて少し詳しく説明します。

```c
#include <stdio.h>
int
main(int argc, char *argv[])
{
    printf("hello, world¥n");
    return 0;
}
```

このプログラムは、画面上に「hello, world」と表示するものでした。それでは、1行ずつ解説しましょう。

```c
#include <stdio.h>
```

これは、C言語というより、プリプロセッサの命令です。後述するprintf()という標準関数を利用するために、それの定義が入ったstdio.hというファイルをインクルードしています。プリプロセッサへの命令なので、直接プログラムに作用するわけではありませんが、C言語では関数を利用する前には、それがどのような性質なのかを定義しなければならない決まり（これをプロトタイプ宣言と呼び、詳しくは第5章で説明します）になっています。

stdio.hには、printf()以外にもさまざまなよく使う標準関数の定義が入っていたり、NULLという「何も指し示さない」という意味の定数のように、C言語でコーディングするにあたりなくてはならない定義も入っています。

ランタイムを使わない場合や、OSそのものをゼロから作るような特別な理由がない限りは、常にstdio.hはインクルードするので、C言語の定石として覚えておくとよいでしょう。

```c
int
main(int argc, char *argv[])
```

こちらは、「メイン関数」の始まりを表します。C言語では、たくさんの「関数」の集合としてプログラムを組み立てていきます。プログラムが起動したとき、最初に実行される関数が「メイン関数」です。

関数の宣言の後には、「{}」で括られた部分があります。この、括られた部分を「ブロック」と呼びます。

関数は、関数の宣言の後に、ブロックがあり、その内部に関数で行わせたい処理が書いてあります。では、関数の宣言について少しだけ説明しましょう。

　最初のintは、関数の戻り値（関数の実行が終わったとき、呼び出し元の関数に渡す値）がint型、つまり整数(integerの略)であるという宣言です。メイン関数は、始まりの関数なので、呼び出し元はスタートアップルーチンです。この関数の戻り値は、最終的にはOSに渡されます。OSは、メイン関数の戻り値を見て、正常終了や異常終了を知ることができます。一般的には、メイン関数から0が渡ってきた場合は正常終了、それ以外の値はエラーとすることが多いです。

　次の、mainは、関数の名前です。関数には、任意の名前をつけることができますが、メイン関数の名前はmainと決まっています。

　次の括弧内（int argc, char *argv[]）は、引数（パラメータ）の宣言です。関数は、呼び出し元の関数から、任意の数の値を受け付けることができます。そのとき、どんな値を受け取るのかをここで宣言します。メイン関数はOSからの引数を受け取ることを前提に、このような宣言と決まっています。OSからの引数とは、たとえばmacOSで新しいWebページを開くとき、

open https://gihyo.jp/book/

と、起動する場合のURLの部分のことです。この場合openコマンドのメイン関数がargcと*argv[]でパラメータであるhttps://gihyo.jp/book/を受け取って、プログラムの中で処理を行います。

　続いて、関数の中の処理の説明をします。

```
    printf("hello, world¥n");
```

　こちらは、すぐにわかると思いますが、「hello, world」と画面に表示している処理です。もう少し詳しく言うと、printf()という関数に対して、"hello, world"という値を受け渡して呼び出しています。画面に表示するだけなら、printだけでよさそうですが、print「f」とはどういうことなのでしょうか。このfは、formattedの意味で、いろいろな書式を指定できるということです。「hello, world」プログラムでは、そのままの文字列を表示していますが、今後すぐにいろいろな実験ができるようにいくつかの例を示しておきます。また、最後の¥nは改行を意味しています。

・整数を表示する場合

```
printf("%d¥n", 整数が格納された変数);
```

・浮動小数点を表示する場合

```
printf("%f¥n", 小数点を含む数値が格納された変数);
```

・数値を文字として表示する場合

```
printf("%c¥n", 数値が格納された変数);
```

・文字配列を文字列として表示する場合

```
printf("%s¥n", 文字配列);
```

最後は、こちらです。

```
    return 0;
```

こちらは、この関数がどのような値を呼び出し元に渡すかを指定しています。今回の例のメイン関数は、戻り値がintなので、整数を渡す必要があります。ここで指定した0という値は、OSへと渡されます。

文とインデント（字下げ）とコメント（注釈）

Ｃ言語のプログラムの最小単位は、「文」です。

```
    printf("hello, world¥n");
```

や、

```
    return 0;
```

は、文です。文の最後は、；（セミコロン）で終わります。変数や関数、定数以外にはどれだけ改行や空白があっても文法的には間違いではありません。たとえば、printf()は、

```
    printf    (
        "hello, world¥n"
                                        )
                                            ;
```

と書いても間違いではありません。一度、hello, worldのプログラムを書き換えて実験してみましょう。

さて、基本的には、いくら空白があってもよいことがわかったと思いますが、なぜhello, worldプログラムでは、ブロックの中に空白があったのでしょうか。このように、規則的に空白を入れることを「インデント（字下げ）」と呼びます。インデントは、文法的には必須ではありませんが、プログラムを人間が読んだときにわかりやすくするために意図的に入れています。インデントの入れ方は、人それぞれ個性がありますが、基本的にはブロックが深くなるごとにスペース４つ～８つ、またはタブを入れることが多いです。プロジェクトによりますが、最近の筆者はスペース４つのことが多いです。

ちなみに、Ｃ言語はセミコロンで文を識別しているので、改行もインデントもせずにプログラムを書くこともできます。なお、includeはＣ言語の文法ではなく、プリプロセッサの命令なので一行にまとめることはできません。

```
#include <stdio.h>
int main(int argc, char *argv[]){printf("hello, world\n");return(0);}
```

この例も、正しくコンパイルして動作させることができます。しかし、このような書き方は読みにくいので、セミコロンで改行をして、きちんとインデントするように心がけましょう。

その他、C言語にはコメント（注釈）という機能もあります。コメントとは、プログラムに人間の言葉で入れる注釈のことです。プログラミングをはじめた最初のうちは、書いている本人はしっかりと理解していますし、コードも短いので他の人もすんなり理解できます。しかし、時間がたち、規模が大きくなったり、難しい仕組みを実装したりすると、プログラムを読んだだけでは処理の内容が理解できなくなることがあります。その対策として、コメントを入れることが一般的です。

```
#include <stdio.h>
/*
 *メイン関数
 *プログラムのはじまり
 */
int
main(int argc, char *argv[])
{
    printf("hello, world\n");    /* 文字列を表示する */
    return 0;                    // OSに数値の 0 を渡す
}
```

コメントは、例のように /* */ の間で括ったり、// の後に文章を書いたりします。コメントとして書いた文章は、一切プログラムの動作に影響しません。そのため、一部分のプログラムを無効化するときなども利用します。

```
    //printf("hello, world\n");              /* 文字列を表示する */
```

このように書くと、printf() は実行されなくなります。

Chapter 2

データを識別して保持する

2-1	データ型の基本	54
2-2	データ型を指定して変数を宣言する	57
2-3	文字と文字列	70
2-4	記憶クラス	82
2-5	キャスト	94

2-1 データ型の基本

コンピュータで何か処理を行う際には、必ずメモリにデータを保持しておいて、それに対して処理を行います。
一般的にプログラミング言語では、メモリを「変数」として扱います。

変数とは、取り扱いたい値を記憶して、必要なときに取り出せるように、名前を与えて区別できるようにしたものです。その変数にどのようなデータを格納するかを区別するための概念を「データ型」と言います。

変数で保持したい値には、「数値」もありますし、「文字」もありますし、その他いろいろな情報があるでしょう。これらの情報には、何か区別があるのでしょうか。

データ型とは記憶領域の大きさと扱い方のこと

実は、コンピュータのメモリでは、数値だろうが文字だろうが画像も音声もプログラム自体もまったく同じ数値の羅列として扱われます。

では、数値の1はどのようにメモリに格納されるのでしょうか。最近のコンピュータは、メモリを32ビット（4バイト）か64ビット（8バイト）の単位で扱いますので、次の図のような形で格納されます。

```
31                    20                10 9 8 7 6 5 4 3 2 1 0
1 0 0 0 0 0 0 0 0 0 0 0 0 0 0 0 0 0 0 0 0 0 0 0 0 0 0 0 0 0 0 1
```

●図2-1　数値1がメモリに格納されるようす（32ビット＝4バイトの場合）

ビットというのは、0と1を区別するための最小限の単位です。要するに、2進数の1桁です。32ビット（32桁）あれば、2の32乗の組み合わせが表現できるので、0～4,294,967,295までの4,294,967,296通りの数値を表現できます。32ビットCPU（Intel Pentium系など）は32ビット単位で、64ビットCPU（Intel Core2Duo以降など）は64ビット単位でメモリを扱うことができます。

たとえば、32ビットCPUで、格納するのに64ビット（8バイト）必要なデータは、図2-2のようにこの32ビットの単位を複数利用して実現します。

```
 31                                    20                            10 9 8 7 6 5 4 3 2 1 0
┌─┬─┬─┬─┬─┬─┬─┬─┬─┬─┬─┬─┬─┬─┬─┬─┬─┬─┬─┬─┬─┬─┬─┬─┬─┬─┬─┬─┬─┬─┬─┬─┐
│0│0│0│0│0│0│0│0│0│0│0│0│0│0│0│0│0│0│0│0│0│0│0│0│0│0│0│0│0│0│0│0│
├─┼─┼─┼─┼─┼─┼─┼─┼─┼─┼─┼─┼─┼─┼─┼─┼─┼─┼─┼─┼─┼─┼─┼─┼─┼─┼─┼─┼─┼─┼─┼─┤
│0│0│0│0│0│0│0│0│0│0│0│0│0│0│0│0│0│0│0│0│0│0│0│0│0│0│0│0│0│0│0│1│
└─┴─┴─┴─┴─┴─┴─┴─┴─┴─┴─┴─┴─┴─┴─┴─┴─┴─┴─┴─┴─┴─┴─┴─┴─┴─┴─┴─┴─┴─┴─┴─┘
```

●図2-2　数値1がメモリに格納されるようす（64ビット）

　まずは、コンピュータでは、すべての情報は数値として扱うことを理解していただけましたでしょうか。
　メモリをたくさん利用するほど、識別できる情報が増えます。32ビット（4バイト）では、4,294,967,295までの整数しか扱えませんが、64ビット（8バイト）あれば18,446,744,073,709,551,615までの整数を扱えます。では、常にメモリは64ビット単位で扱えばよいかというと、そういうわけにもいきません。整数であれば、18,446,744,073,709,551,615まで扱うことができれば、ほとんどの場合事足りるでしょう。
　しかし、文字情報はどうでしょうか。
　かんたんになるようにASCIIコードを利用した文字で考えてみます。ASCIIコードでは、英数字といわゆる半角の記号、256通りが定義されています。
　256通りの組み合わせを表現するためには、8ビット（1バイト）必要なので、ASCIIコードの1文字は8ビット[※1]で表現されます。たとえば、大文字のAは65という数値で、数字の0は48という数値で表現するように取り決められています。このことを踏まえると、たとえば「hello, world」の文字情報は空白も入れると12文字ありますので、メモリに格納するためには96ビット（12バイト）も必要になります。とても64ビットのメモリには収まらないですね。また、画像情報は色情報を識別するために1画素あたりに何ビットも必要ですし、音声であれば1秒あたりに何ビットも必要になります。当然、膨大な数のビットがなければなりません。1文字だけメモリに格納したいときに64ビット使っても無駄なだけです。

※1　厳密には、ASCIIは7ビットで128通りですが、半角カナを含めると8ビット必要なので、便宜上8ビットとします。

　メモリはコンピュータの有限な資源なので、適切に扱う必要があります。
　そのために、C言語では、格納するために必要なメモリ容量に名前をつけた「データ型」を用いて変数を宣言します。1文字を格納するためであれば、8ビットのメモリを扱うデータ型で変数を宣言しますし、0～4,294,967,295までの整数を格納するためであれば、32ビットのメモリを扱うデータ型で変数を宣言します。

データ型は「記憶」と「やり取り」に重要

　データ型の概念は、記憶領域の大きさ以外にも重要な点があります。それは、その記憶領域の大きさをどのように利用するかという点です。32ビットあれば、4,294,967,296通りの組み合わせがありますので、0～4,294,967,295までの整数を表現することができます。しかし、この範囲の中には負数が含まれていません。計算が得意なコンピュータで負数を扱うことができなければ、まったく役に立たないので実際には組み合わせに当てはめる範囲に取り決めをもって負数を扱っています。
　普段我々が使っているWindowsや、macOS、Linuxのコンピュータでは、2の補数という方法で負

数を表現します。2の補数を利用すると、32ビットで-2,147,483,648～2,147,483,647を表現することができます。しかし、32ビットのサイズで変数を宣言したとして、コンパイラは0～4,294,967,295を表現するつもりなのか-2,147,483,648～2,147,483,647を表現するものなのか、区別することができません。たとえば、2,147,483,648は2進数では10000000000000000000000000000000となります。しかし、-2,147,483,648も同じ10000000000000000000000000000000となってしまいます。図で表すと次のようになります。

●図2-3 10000000000000000000000000000000は解釈で異なる

　違う数値なのに、メモリの内部としては同じ状態となってしまいます。そのため、データ型では、記憶容量の大きさ以外にどのように「やり取り」するかも規定しておかなくてはならないのです。

2-2 データ型を指定して変数を宣言する

記憶するのが「変数」

　冒頭でも説明しましたが、コンピュータでは、さまざまな値をメモリに格納して情報処理を行います。そのメモリを扱いやすくするために、C言語では変数という概念を利用しています。

　コンピュータ内部でのメモリの識別は、数値による番地（＝住所）で行われていますが、これでプログラミングすることはとても大変です。何か値を入れて取り出そうとすると、毎回メモリのどの番地に値が保持されているかを、数値によって指定する必要があります。たとえば、消費税を求める計算について考えてみます。

　元の金額が1,000番地に、税率が1,004番地に格納されているとすると、プログラムの内容は、「1,000番地に格納された値×1,004番地に格納された値」となります。すごくわかりにくいですし、どの番地に何が入っているかを忘れてしまうと、まったく意味のわからない内容になってしまいます。そこで、メモリを変数として扱うときには、固有の「名前」を与えて区別するようにします。元の金額にpriceという名前が、税率にはtaxという名前が与えられているとすると、プログラムは「price×tax」と書けるため、わかりやすくなります。

　C言語では、宣言することによりメモリのある領域が、変数として利用できるようになります。

　変数は、次のように宣言します。

```
データ型 変数名;
```

　たとえば、整数を格納するための変数numberを宣言する場合は、次のようになります。

```
int number;
```

　このように宣言すると、以後numberという名前でこの変数を利用できるようになります。また、同じデータ型の変数を複数宣言する場合は、カンマで続けて書きます。

```
int number_01, number_02;
```

　では、サンプルプログラムを実行してみましょう。

● リスト2-1　variable.c
```
#include <stdio.h>
```

```
int
main(int argc, char *argv[])
{
    int number;                          // 変数の宣言

    number = 12345;                      // 変数numberに12345を代入

    printf("number is %d¥n", number);    // 変数numberが保持している
                                         // 値を画面に出力

    return 0;
}
```

　第1章では、一連のコンパイル動作はgccコマンドで行うことが可能と説明しました。しかし、その方法では出力実行ファイルの名前がa.outになってしまったりします。また、ソースコードが複数のファイルになると面倒になりますので、Makefileを用意してmakeコマンドを利用することにします。

　Makefileとは、makeというソースコードのビルドを自動的に行うツールに指示するためのファイルです。

　サンプルプログラムのためのMakefileのを示します。

◉Makefile.variable

```
PROGRAM   =       variable
OBJS      =       variable.o
SRCS      =       $(OBJS:%.o=%.c)
CC        =       gcc
CFLAGS    =       -g -Wall
LDFLAGS   =

$(PROGRAM):$(OBJS)
    $(CC) $(CFLAGS) $(LDFLAGS) -o $(PROGRAM) $(OBJS) $(LDLIBS)  ※2
```

※2　$(CC)の前は半角スペースではなくタブですので、ご注意ください。

　Makefileにはいろいろな書き方がありますが、ここでは比較的シンプルでわかりやすくしています。

PROGRAM	プログラム名：実行ファイルの名前になる
OBJS	リンクするオブジェクトファイル名をスペース区切りで列挙する
SRCS	ソースコードのファイル名を指定する。上記の例ではOBJSの拡張子を「.c」に置き換えて使っている
CC	Cコンパイラのコマンド名
CFLAGS	コンパイルのオプションを指定する。上記の例ではデバッガ用の「-g」と警告を厳しく発する「-Wall」オプションを指定している
LDFLAGS	リンカのオプションを指定する。上記の例では特に特殊なライブラリをリンクしたりしないので何も指定していない
$(PROGRAM)	プログラムの生成方法を記述する。プログラムはOBJSで指定したものが構成対象ファイルで、プログラムの生成は次の行にタブ文字の後に記述する

◉表2-1　Makefile

第1章でも説明したように、実行ファイルはコンパイルだけでは出力されません。コンパイル→アセンブル→リンクという一連の作業で、実行ファイルが出力されます。

これらの一連の作業を「ビルド」と呼びます。ビルドには、makeコマンドを利用します。「makefile」や「Makefile」という名前でMakefileを作成していれば引数なしでビルドできますが、サンプルではこの後紹介するソースも同じ場所に置いていますので、Makefile名を分けるため、「-f」オプションで名前を指定してビルドします。

● ビルド

```
$ make -f Makefile.variable
gcc -g -Wall    -c -o variable.o variable.c
gcc -g -Wall    -o variable variable.o
$
```

makeコマンドは、Makefileに記述されたルールに従って、コンパイルやリンクを行ってくれます。上記の実行例では、最初にコンパイルとアセンブルを行って、variable.oを作り、最後にリンクを行ってvariableという名前の実行ファイル（Windowsならvariable.exe）を出力しています。

ちなみに、Makefileはタブとスペースを区別します。ビルドしようとして、「Makefile.variable:9: *** 分離記号を欠いています (8個の空白でしたが,TAB のつもりでしたか?). 中止 .」というメッセージが表示されてしまった場合は、$(CC) の前をスペースではなく、タブにして試してみてください。

● 実行例

```
$ ./variable
number is 12345
$
```

variableという実行ファイルを実行すると、結果が出力されたはずです。Unix系の場合、カレントディレクトリの実行ファイルを実行するためには ./ が必要ですが、Windowsでは必要ありません。そのまま、variable.exeとコマンドをタイプしてください。

ひとまず実験をしたところで、もう少し変数の基本的なことを説明します。C言語では、標準的なデータ型はあらかじめ用意されていて、整数ならint（integerの略）、文字ならchar（characterの略）、浮動小数点ならfloat（floating pointの略）などがあります。

データ型	説明	数値として表現できる範囲
char	characterの略で、8ビットの整数を格納できる	－128～127
short	16ビットの整数を格納できる	－32,768～32,767
int	integerの略で、32ビットの整数を格納できる（昔のコンパイラは、16ビットのことが多かった）	－2,147,483,648～2,147,483,647
long	32ビットの整数を格納できる	－2,147,483,648～2,147,483,647
long long	64ビットの整数を格納できる。C99で使えるようになった	－9,223,372,036,854,775,808～9,223,372,036,854,775,807
unsigned char	8ビットの正の数を格納できる	0～255
unsigned short	16ビットの正の数を格納できる	0～65,535
unsigned int	32ビットの正の数を格納できる（昔のコンパイラは、16ビットのことが多かった）	0～4,294,967,295
unsigned long	32ビットの正の数を格納できる	（64ビットマシンでは、64ビットの正の数を格納できる）0～4,294,967,295
unsigned long long	64ビットの正の数を格納できる。C99で使えるようになった	0～18,446,744,073,709,551,615
float	32ビット表現の浮動小数点（実数）を格納できる	－3.402823e＋38～3.402823e＋38
double	64ビット表現の浮動小数点（実数）を格納できる	－1.797693e＋308～1.797693e+308

●表2-2　データ型

　C言語では、データ型のサイズは厳密には規格で定義されていませんので、あくまで先の表は一般的な環境での一例となります。たとえば、昔のコンパイラはintのサイズが16ビットのことがほとんどでした。

　これらのさまざまなデータ型を表示するためのサンプルプログラムを実行してみましょう。

●リスト2-2　limits.c

```
#include <stdio.h>

int
main(int argc, char *argv[])
{
    char char_min, char_max;
    short short_min, short_max;
    int int_min, int_max;
    long long long_long_min, long_long_max;
    unsigned char unsigned_char_min, unsigned_char_max;
    unsigned short unsigned_short_min, unsigned_short_max;
    unsigned int unsigned_int_min, unsigned_int_max;
    unsigned long unsigned_long_min, unsigned_long_max;
    unsigned long long unsigned_long_long_min, unsigned_long_long_max;
    float float_min, float_max;
    double double_min, double_max;

    char_min = 0x80;
    char_max = 0x7F;
```

```c
    short_min = 0x8000;
    short_max = 0x7FFF;

    int_min = 0x80000000;
    int_max = 0x7FFFFFFF;

    long_long_min = 0x8000000000000000;
    long_long_max = 0x7FFFFFFFFFFFFFFF;

    unsigned_char_min = 0x00;
    unsigned_char_max = 0xFF;

    unsigned_short_min = 0x0000;
    unsigned_short_max = 0xFFFF;

    unsigned_int_min = 0x00000000;
    unsigned_int_max = 0xFFFFFFFF;

    unsigned_long_min = 0x00000000;
    unsigned_long_max = 0xFFFFFFFF;

    unsigned_long_long_min = 0x0000000000000000;
    unsigned_long_long_max = 0xFFFFFFFFFFFFFFFF;

    float_min = -3.402823e+38;
    float_max = 3.402823e+38;

    double_min = -1.797693e+308;
    double_max = 1.797693e+308;

    printf("char_min = %d, char_max = %d\n", char_min, char_max);
    printf("short_min = %d, short_max = %d\n", short_min, short_max);
    printf("int_min = %d, int_max = %d\n", int_min, int_max);
    printf("long_long_min = %lld, long_long_max = %lld\n",
        long_long_min, long_long_max);
    printf("unsigned_char_min = %u, unsigned_char_max = %u\n",
        unsigned_char_min, unsigned_char_max);
    printf("unsigned_short_min = %u, unsigned_short_max = %u\n",
        unsigned_short_min, unsigned_short_max);
    printf("unsigned_int_min = %u, unsigned_int_max = %u\n",
        unsigned_int_min, unsigned_int_max);
    printf("unsigned_long_min = %lu, unsigned_long_max = %lu\n", unsigned_long_min,
unsigned_long_max);
    printf("unsigned_long_long_min = %llu, unsigned_long_long_max = %llu\n",
        unsigned_long_long_min, unsigned_long_long_max);
    printf("float_min = %f, float_max = %f\n", float_min, float_max);
    printf("double_min = %f, double_max = %f\n", double_min, double_max);

    return 0;
}
```

データ型の上限下限は、実はlimits.hというファイルに定義されているのですが、今回は自分で最大値（16進数）を代入しました。

● **Makefile.limits**

```
PROGRAM     =       limits
OBJS        =       limits.o
SRCS        =       $(OBJS:%.o=%.c)
CC          =       gcc
CFLAGS      =       -g -Wall
LDFLAGS     =

$(PROGRAM):$(OBJS)
    $(CC) $(CFLAGS) $(LDFLAGS) -o $(PROGRAM) $(OBJS) $(LDLIBS)
```

● **ビルド**

```
$ make -f Makefile.limits
gcc -g -Wall    -c -o limits.o limits.c
gcc -g -Wall    -o limits limits.o
```

● **実行例**

```
$ ./limits
char_min = -128, char_max = 127
short_min = -32768, short_max = 32767
int_min = -2147483648, int_max = 2147483647
long_long_min = -9223372036854775808, long_long_max = 9223372036854775807
unsigned_char_min = 0, unsigned_char_max = 255
unsigned_short_min = 0, unsigned_short_max = 65535
unsigned_int_min = 0, unsigned_int_max = 4294967295
unsigned_long_min = 0, unsigned_long_max = 4294967295
unsigned_long_long_min = 0, unsigned_long_long_max = 18446744073709551615
float_min = -340282306073709652508363335590014353408.000000, float_max = 340282306073709652508363335590014353408.000000
double_min = -179769300000000049799130911535464311773856769453434867301979934985296364921083124045437963700454872189552010461376621919185137065495607710882240792440927547986498182381566098334342217636574487007212793449086527744957693726146813092037608594865330507507124323720767234740313179103832149110010108218226560 2048.000000, double_max = 179769300000000049799130911535464311773856769453434867301979934985296364921083124045437963700454872189552010461376621919185137065495607710882240792440927547986498182381566098334342217636574487007212793449086527744957693726146813092037608594865330507507124323720767234740313179103832149110010108218226560 2048.000000
$
```

さまざまなデータ型の上限、下限が表示されたと思います。

表現可能な範囲を超えると?

では、基本的な変数について理解したところで、実験をしてみましょう。それぞれの値を代入している

箇所に、「+ 1」を追加してください。

```
    char_min = 0x80 + 1;
    char_max = 0x7F + 1;

    short_min = 0x8000 + 1;
    short_max = 0x7FFF + 1;

    int_min = 0x80000000 + 1;
    int_max = 0x7FFFFFFF + 1;

    long_long_min = 0x8000000000000000 + 1;
    long_long_max = 0x7FFFFFFFFFFFFFFF + 1;

    unsigned_char_min = 0x00 + 1;
    unsigned_char_max = 0xFF + 1;

    unsigned_short_min = 0x0000 + 1;
    unsigned_short_max = 0xFFFF + 1;

    unsigned_int_min = 0x00000000 + 1;
    unsigned_int_max = 0xFFFFFFFF + 1;

    long_min = 0x00000000 + 1;
    long_max = 0xFFFFFFFF + 1;

    unsigned_long_long_min = 0x0000000000000000 + 1;
    unsigned_long_long_max = 0xFFFFFFFFFFFFFFFF + 1;

    float_min = -3.402823e+38 + 1;
    float_max = 3.402823e+38 + 1;

    double_min = -1.797693e+308 + 1;
    double_max = 1.797693e+308 + 1;
```

これを再度、ビルドして実行してみます。

●ビルド

```
$ make -f Makefile.limits
gcc -g -Wall    -c -o limits.o limits.c
limits.c: In function 'main':
limits.c:25: warning: integer overflow in expression
limits.c:28: warning: integer overflow in expression
limits.c:28: warning: overflow in implicit constant conversion
limits.c:31: warning: large integer implicitly truncated to unsigned type
limits.c:34: warning: large integer implicitly truncated to unsigned type
gcc -g -Wall    -o limits limits.o
```

なにやら警告（＝warning）がたくさんでました。どうも、次の部分でオーバーフロー（桁あふれ）が発生しているようです。

```
    int_max = 0x7FFFFFFF + 1;
    long_long_max = 0x7FFFFFFFFFFFFFFF + 1;
    unsigned_char_max = 0xFF + 1;
    unsigned_short_max = 0xFFFF + 1;
```

この警告メッセージから、int、long long、unsigned char、unsigned shortについては正しい値が出なさそうと予想することができます。しかし実行してみると、警告メッセージが出た箇所以外もかなりでたらめな値が表示されていることがわかるでしょう。

◉実行例

```
$ ./limits
char_min = -127, char_max = -128
short_min = -32767, short_max = -32768
int_min = -2147483647, int_max = -2147483648
long_long_min = -9223372036854775807, long_long_max = -9223372036854775808
unsigned_char_min = 1, unsigned_char_max = 0
unsigned_short_min = 1, unsigned_short_max = 0
unsigned_int_min = 1, unsigned_int_max = 0
long_min = 1, long_max = 0
unsigned_long_long_min = 1, unsigned_long_long_max = 0
float_min = -340282306073709652508363335590014353408.000000, float_max = 340282306073709652508363335590014353408.000000
double_min = -179769300000000004979913091153546431177385676945343486730197993498529636492108312404543796370045487218955201046137662191918513706549560771088224207924409275479864981823815660983343422176365744870072127934490865277449576937261468130920376085948653305075071243237207672347403131791038321491100101082182265602048.000000, double_max = 179769300000000004979913091153546431177385676945343486730197993498529636492108312404543796370045487218955201046137662191918513706549560771088224207924409275479864981823815660983343422176365744870072127934490865277449576937261468130920376085948653305075071243237207672347403131791038321491100101082182265602048.000000
$
```

char、short、unsigned int、long、float、doubleについても結果がおかしくなっています。たとえば、char_maxは最初のソースでは、127という結果が出ていました。今回は、こちらに＋1したので、感覚的には128になっているはずです。しかし、実際には－128と表示されてしまいました。なぜかというと、char型では、－128〜127しか表現できないのに、＋1したからです。

正しい値にならない計算をしたのだからエラーや警告を出してほしいと思ってしまいますが、C言語ではこういった場合に警告すら出ないことが多いです。今回の例では、int、long long、unsigned char、unsigned shortについては、警告が出ていたので、気がつきやすいのですが、その他は出ていませんでしたね。このように、C言語ではデータ型について、あまりコンパイラが面倒をみてくれません。そのため、常にどれくらいの値を扱うのかを念頭においてプログラミングを行う必要があります。

局所変数は初期化されない

今までの実験では、変数の宣言と、値の代入については、別々に執り行っていました。

```
int int_min, int_max;
    ・
    ・
    ・
int_min = 0x80000000;
int_max = 0x7FFFFFFF;
```

実は、C言語の変数は宣言と同時に値を代入しておくことができます。これを、「変数の初期化」と呼びます。変数の宣言及び初期化は、次のように記述します。

```
データ型 変数名 = 初期値;
```

たとえば、リスト2-1のint型の宣言及び初期化は、次のように行うことができます。

```
int int_min = 0x80000000, int_max = 0x7fffffff;
```

リスト2-1を変数の宣言時に初期化するように改造して実験してみましょう。

初期化しない場合のゴミデータ

リスト2-1及び、宣言時に初期化するようにしたプログラムにおいては、printf()関数で画面に表示する段階では、必ず変数には値が格納されています。もし、初期化も代入も行わなかったら変数にはどのような値が格納されているのでしょうか。

次のようなサンプルプログラムを動かして実験してみましょう。

● リスト2-3　no_init.c

```c
#include <stdio.h>

int
main(int argc, char *argv[])
{
    char character;
    int number;

    printf("character is = %c\n", character);
    printf("number is = %d\n", number);

    return 0;
}
```

●Makefile.no_init

```
PROGRAM  =        no_init
OBJS     =        no_init.o
SRCS     =        $(OBJS:%.o=%.c)
CC       =        gcc
CFLAGS   =        -g -Wall
LDFLAGS  =

$(PROGRAM):$(OBJS)
    $(CC) $(CFLAGS) $(LDFLAGS) -o $(PROGRAM) $(OBJS) $(LDLIBS)
```

●ビルド

```
$ make -f Makefile.no_init
gcc -g -Wall   -c -o no_init.o no_init.c
gcc -g -Wall   -o no_init no_init.o
```

●実行例

● CentOS 5.6 32bit

```
$ ./no_init
character is =
number is = 6690704
$
```

● CentOS 5.6 64bit

```
$ ./no_init
character is =
number is = 0
$
```

● Debian 5.0.7 32bit

```
$ ./no_init
character is =
number is = -1216892544
$ ./no_init
character is =
number is = -1216937600
$ ./no_init
character is =
number is = -1217248896
$
```

　実行例は、各種Linuxで実行しましたが値がバラバラになりました。この例からわかるように、C言語で値をまだ代入していない変数、初期化をしていない変数に格納されている値は「不定」となります。つまり、「何が入っているかは、実行してみるまでわからない」ということです。しかも、コンパイラは警告すら出してくれません[※3]。

※3　警告を出すオプションもあります。例：CFLAGS = -g -Wall -O2

初期化していない変数の値を利用するようなプログラムを書いてしまうと、なんとなく挙動がおかしなプログラムになったりするので、注意しましょう。

変数は通常「スタック」に確保される

初期化していない変数の値に「ゴミ」データが入っているのはなぜでしょうか。これは、通常の変数が「スタック」から確保されることに由来しています。

スタックは、コンピュータの非常に重要な概念で、最後に入力したデータが先に出力されるという特徴を持つ、データ構造のことを言います。概念はかんたんで、本を机の上に積み重ねることを思い浮かべてみてください。

1. 最初は机の上（メモリ）には何もない

2. 賢者の石の本を積み上げる

3. 秘密の部屋の本を積み上げる

4. アズカバンの囚人の本を積み上げる

●図2-4　スタックのイメージ

さて、このようなスタック（本の山）からデータ（本）を取り出すことを考えると、最初に積み上げた本を手に取ると「アズカバンの囚人」になりますね。これが「最後に入力したデータが先に出力される」という意味です。実際のコンピュータでは、スタックはメモリ上に確保されていて、データの位置をスタックポインタという特殊なレジスタ（CPU内部の値を格納するエリア）を利用して実現しています。

現代のコンピュータは、関数呼び出しや、変数の確保にこのスタックの仕組みを多用しています。正確に説明すると難しくなりますので、簡略化して概念だけリスト2-3に基づいて説明します。

1. スタートアップルーチンが実行される

2. main()関数を呼び出すためにスタートアップルーチンの戻りアドレスをスタックに積む

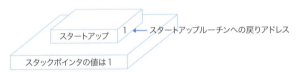

3. main()関数内で、スタックポインタを操作して変数のためのメモリを確保する

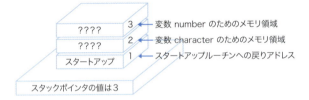

4. printf()関数の呼び出しを行うとき

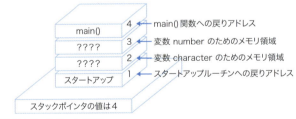

●図2-5　スタックの動き

概念としては、データを積み上げるのがスタックですが、実際にはスタックポインタの値を操作してメモリに「隙間」を作って変数を確保しています。変数を初期化しないで単純に確保しただけの状態では、以前メモリに格納されていた値が残ったままになります。これが、変数の「ゴミ」の正体です。

変数は、スタック以外にも「ヒープ領域」と呼ばれる特殊なメモリ領域に確保することもできますが、宣言して確保されるものは一部の例外を除きスタックから確保されることが理解できたと思います。一部

の例外としたのは、コンパイラが「最適化」を行うと、わざわざアクセスが遅いメモリ上ではなく、CPU内部の「レジスタ」と呼ばれる高速な記憶領域に変数を確保することもあるからです。また、registerというキーワードを変数の宣言時に付与することで、極力レジスタに変数を確保することをコンパイラに指示することができます。ただ、この場合確実にレジスタに確保されるわけではなく、あくまで可能な場合だけです。registerのようなキーワードを「記憶クラス指定子」と呼び、次のように利用します。

```
register int number;
```

2-3 文字と文字列

本章のこれまでの説明で、変数に数値を格納する方法などは理解できたと思います。しかし、文字についてはchar型の変数で表現するということ以外、まだよくわからないのではないでしょうか。

■ C言語で文字を表現するには

一般的なアルファベットは、2-1節の「データ型とは記憶領域の大きさと扱い方のこと」で説明したように、ASCIIコードで表現することができます。

	00	01	02	03	04	05	06	07	08	09	0A	0B	0C	0D	0E	0F
00																
10																
20		!	"	#	$	%	&	'	(	)	*	+	,	-	.	/
30	0	1	2	3	4	5	6	7	8	9	:	;	<	=	>	?
40	@	A	B	C	D	E	F	G	H	I	J	K	L	M	N	O
50	P	Q	R	S	T	U	V	W	X	Y	Z	[	¥	]	^	_
60	`	a	b	c	d	e	f	g	h	i	j	k	l	m	n	o
70	p	q	r	s	t	u	v	w	x	y	z	{	|	}	~	
80																
90																
A0																
B0																
C0																
D0																
E0																
F0																

●図2-6　ASCIIコード表

　図2-6は、ASCIIコードを表として表したものです。縦の軸（00、10、20…F0）が、16進数の上1桁を表し、横の軸（00、01、02…0F）が16進数の下1桁を表し、00〜FFまでの256通りの値を表としています。00〜FFは、10進数では0〜255までとなります。このASCIIコードの表から、アルファベットのAを探し出すと、縦の軸が40で、横の軸が01のところだとわかります。これを、16進数で表現すると41となります。10進数では、65です。つまり、Aという文字は、数値の65で表現できるということです。

さて、説明だけではなかなかピンとこないものなので、サンプルプログラムを動かしてみましょう。

◉ リスト2-4　character.c

```c
#include <stdio.h>

int
main(int argc, char *argv[])
{
    int one_alphabet;
    int one_number;

    one_alphabet = 65;
    one_number = 48;

    printf("one_alphabet is %c¥n", one_alphabet);
    printf("one_number is %c¥n", one_number);

    return 0;
}
```

◉ Makefile.character

```
PROGRAM =       character
OBJS    =       character.o
SRCS    =       $(OBJS:%.o=%.c)
CC      =       gcc
CFLAGS  =       -g -Wall
LDFLAGS =

$(PROGRAM):$(OBJS)
    $(CC) $(CFLAGS) $(LDFLAGS) -o $(PROGRAM) $(OBJS) $(LDLIBS)
```

◉ ビルド

```
$ make -f Makefile.character
gcc -g -Wall   -c -o character.o character.c
gcc -g -Wall   -o character character.o
$
```

◉ 実行例

```
$ ./character
one_alphabet is A
one_number is 0
$
```

　printf()に%cを指定すると、数値を文字として表示してくれます。これによって、65と、48という数値がAと0という文字として表示されました。

　これを応用して、ASCII表を描くサンプルを動かしてみましょう。内容は、第4章で詳しく説明するC

言語の制御構造である「while」や「if」を使っているので、若干今までのサンプルプログラムより難しいですが、何となく理解できると思います。

● リスト2-5　ascii.c

```c
#include <stdio.h>

int
main(int argc, char *argv[])
{
    // 文字を数値として保持するための変数characterを宣言(初期値は0)
    int character = 0;

    // 変数characterが256未満の間、{}の内部の処理を繰り返す
    while (character < 256) {
        // 変数characterが保持する値を文字として画面に表示
        printf("%c ", character);

        character = character + 1;    // 変数characterの値を1増やす
        if ((character % 16) == 0) {  // 16で割り切れたら、画面を改行する
            printf("¥n");
        }
    }

    return 0;
}
```

● Makefile.ascii

```
PROGRAM =       ascii
OBJS    =       ascii.o
SRCS    =       $(OBJS:%.o=%.c)
CC      =       gcc
CFLAGS  =       -g -Wall
LDFLAGS =

$(PROGRAM):$(OBJS)
    $(CC) $(CFLAGS) $(LDFLAGS) -o $(PROGRAM) $(OBJS) $(LDLIBS)
```

● ビルド

```
$ make -f Makefile.ascii
gcc -g -Wall    -c -o ascii.o ascii.c
gcc -g -Wall    -o ascii ascii.o
$
```

● 実行例

```
$ ./ascii
```

```
  ! " # $ % & ' ( ) * + , - . /
0 1 2 3 4 5 6 7 8 9 : ; < = > ?
@ A B C D E F G H I J K L M N O
P Q R S T U V W X Y Z [ ¥ ] ^ _
` a b c d e f g h i j k l m n o
p q r s t u v w x y z { | } ~
? ? ? ? ? ? ? ? ? ? ? ? ? ? ? ?
? ? ? ? ? ? ? ? ? ? ? ? ? ? ? ?
? ? ? ? ? ? ? ? ? ? ? ? ? ? ? ?
? ? ? ? ? ? ? ? ? ? ? ? ? ? ? ?
? ? ? ? ? ? ? ? ? ? ? ? ? ? ? ?
? ? ? ? ? ? ? ? ? ? ? ? ? ? ? ?
? ? ? ? ? ? ? ? ? ? ? ? ? ? ? ?
? ? ? ? ? ? ? ? ? ? ? ? ? ? ? ?
$
```

　はじめてのプログラムらしいサンプルでしたが、綺麗に表形式で表示されましたでしょうか。第1章でも書きましたが、いろいろとやってみることがプログラミング上達の秘訣です。とりあえず、動かして終了ではなく、character = character + 1;をcharacter = character + 2;に変えてみたらどうなるか？　printf("%c ", character);をprintf("%d ", character);に変えてみたらどうなるか？　int character = 0;をint character = 32;に、while (character < 256) {をwhile (character < 128) {に変えてみたらどうなるか？　いろいろと予想を立てながら、実験してみてください。

どうすれば文字列が扱えるのか

　リスト2-4とリスト2-5を動かして、C言語で文字を扱う方法は理解できたと思います。しかし、実際のプログラムでは1文字ずつではなく、何かのメッセージとして「hello, world」のような文字の列を扱うことが非常に多いです。この文字の列は、どのように扱うのでしょうか。厳密にいうと、C言語には「文字列」を扱うデータ型は存在しません。

　勘のよい方なら、第1章の「hello, world」プログラムに着目して、printf("hello, world¥n");のように"（ダブルクォート）で文字の列を括ったものが文字列として扱われるのではないかと感じたのではないでしょうか。

　まずは、実験をしてみましょう。リスト2-4の、

```
    one_alphabet = 65;
```

を、

```
    one_alphabet = "hello, world¥n";
```

と、書き換えてビルドしてみましょう。

おそらく、

```
character.c:9: warning: assignment makes integer from pointer without a cast
```

のような警告メッセージが表示されたと思います。

この状態で、プログラムを実行しても、

```
one_alphabet is (
```

といったでたらめな結果にしかなりません。

よく考えてみると当然で、char型の変数は1バイトのサイズしかありません。そして、1文字を表現するために、1バイト必要です。しかし、「hello, world」は12文字あります。つまり、12バイト以上のメモリが必要なので、そもそもchar型の変数には収まりきらないのです。

そこで、C言語では文字の列を表現するために、文字の配列を利用します。配列については、第7章で詳しく説明しますが、同じデータ型の変数を一直線に並べたものだとイメージしてください。

```
 0 1 2 3 4 5 6 7 8 9 10 11 12 13   （全部で14要素）
 h e l l o ,   w o r  l  d  \n \0   1つの枠が1バイトのchar型変数
```

●図2-7　文字列は配列で作る

配列は、次のように宣言します。

　　データ型　変数名[要素の数];

たとえば、14バイト格納するための、14要素あるchar型の配列を宣言するためには、次のように書きます。

　　char one_string[14];

このように宣言された変数をC言語では、文字列として扱うことができます。ただし、文字列として扱うためには、それの最後に「\0」という特別な値を格納する必要があります。「\0」は、値としては単なる0なのですが、文字の終端を明示的に表すために\0と表現します。

直感的ではないので、一度サンプルプログラムを実行してみましょう。

● リスト2-6　string.c

```c
#include <stdio.h>

int
main(int argc, char *argv[])
{
```

```
        char one_string[14];   // char型の配列を14要素で宣言

        one_string[0]  = 104;  // h を 10進数で表現した値(16進数では68)
        one_string[1]  = 101;  // e を 10進数で表現した値(16進数では65)
        one_string[2]  = 108;  // l を 10進数で表現した値(16進数では6c)
        one_string[3]  = 108;
        one_string[4]  = 111;  // o を 10進数で表現した値(16進数では6f)
        one_string[5]  = 44;   // , を 10進数で表現した値(16進数では2c)
        one_string[6]  = 32;   // スペースを10進数で表現した値(16進数では20)
        one_string[7]  = 119;  // w を 10進数で表現した値(16進数では77)
        one_string[8]  = 111;
        one_string[9]  = 114;  // r を 10進数で表現した値(16進数では72)
        one_string[10] = 108;
        one_string[11] = 100;  // d を 10進数で表現した値(16進数では64)
        one_string[12] = 10;   // 改行(¥n)を10進数で表現した値(16進数ではa)
        one_string[13] = 0;    // 文字列の終端を表す ¥0 は値としては 0

        printf("%s", one_string);

        return 0;
}
```

● **Makefile.string**

```
PROGRAM =       string
OBJS    =       string.o
SRCS    =       $(OBJS:%.o=%.c)
CC      =       gcc
CFLAGS  =       -g -Wall
LDFLAGS =

$(PROGRAM):$(OBJS)
    $(CC) $(CFLAGS) $(LDFLAGS) -o $(PROGRAM) $(OBJS) $(LDLIBS)
```

● **ビルド**

```
$ make -f Makefile.string
gcc -g -Wall    -c -o string.o string.c
gcc -g -Wall    -o string string.o
$
```

● **実行例**

```
$ ./string
hello, world
$
```

　きちんと「hello, world」が表示されたと思います。しかし、文字列を扱うごとに、数値で配列に値を代入するのは大変です。そこで、C言語では、'（シングルクォート）で括れば、文字を数値として扱うことができます。この仕組みを利用すれば、次のようにもう少しだけわかりやすく書き換えることが可

能です。

```
one_string[0] = 104;
one_string[1] = 101;
one_string[2] = 108;
one_string[3] = 108;
one_string[4] = 111;
one_string[5] = 44;
one_string[6] = 32;
one_string[7] = 119;
one_string[8] = 111;
one_string[9] = 114;
one_string[10] = 108;
one_string[11] = 100;
one_string[12] = 10;
one_string[13] = 0;
```

▼

```
one_string[0] = 'h';
one_string[1] = 'e';
one_string[2] = 'l';
one_string[3] = 'l';
one_string[4] = 'o';
one_string[5] = ',';
one_string[6] = ' ';
one_string[7] = 'w';
one_string[8] = 'o';
one_string[9] = 'r';
one_string[10] = 'l';
one_string[11] = 'd';
one_string[12] = '\n';
one_string[13] = '\0';
```

リスト2-6を書き換えて、同じ結果になることを確認してみましょう。

数値で文字を指定するより、幾分かわかりやすくなりました。しかし、これでもまだ冗長な感じがします。実は、この項の冒頭に書いたように、"hello, world\n"のように"(ダブルクォート)で括ることによって、文字列を表現することができます。これを初期化時にchar型の配列に指定することで、いちいち数値や文字を1つずつ代入する必要はなくなります。

初期化時に、配列へ文字列を指定するには、次のようにします。

```
char 変数名[要素の数] = "文字列";
```

hello, worldならば、次のようになります。

```
char one_string[14] = "hello, world\n";
```

サンプルプログラムを書き換えて、今までと同じ結果になることを確認してみましょう。

```c
char one_string[14];

one_string[0] = 104;
one_string[1] = 101;
one_string[2] = 108;
one_string[3] = 108;
one_string[4] = 111;
one_string[5] = 44;
one_string[6] = 32;
one_string[7] = 119;
one_string[8] = 111;
one_string[9] = 114;
one_string[10] = 108;
one_string[11] = 100;
one_string[12] = 10;
one_string[13] = 0;
```

▼

```c
char one_string[14] = "hello, world\n";
```

不思議な文字列定数

　char one_string[14] = "hello, world\n";とすると、配列に文字列を格納できることがわかったと思います。では、配列の宣言と文字列の格納を、分けてみるとどうでしょうか。リスト2-6を、次のようにしてビルドしてみてください。

```c
char one_string[14] = "hello, world\n";
```

▼

```c
char one_string[14];

one_string = "hello, world\n";
```

　きっと、次のようなエラーが出てしまってコンパイルができなかったはずです。

```
string.c:8: error: incompatible types in assignment
```

　なぜなのでしょうか。
　まずは、非常に細かい話になりますが、C言語では、"（ダブルクォート）で文字列を括ると「文字列定数」として扱われ、プログラムの実行中はメモリのある領域にずっと格納されたままになります。変数は、常に読み出したり、新しい値を格納したりできますが、定数は基本的に書き換えることができず、読み出し専用の扱いとなります。
　"hello, world\n"と単純にプログラム中に書くと、メモリのイメージとしては、次の図のようになると

考えてください。

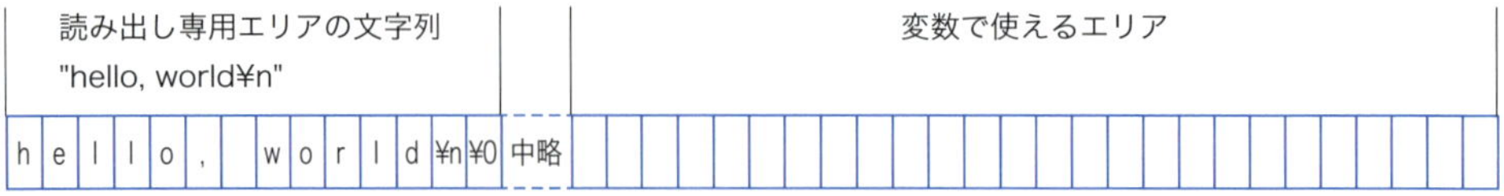

読み出し専用エリアの文字列 "hello, world¥n"	変数で使えるエリア

| h | e | l | l | o | , | | w | o | r | l | d | ¥n | ¥0 | 中略 | | | | | | | | | | | | | | | |

●図2-8 文字列定数のイメージ

イメージしにくいので、まずはサンプルプログラムを紹介しましょう。

●リスト2-7　string_const_test.c

```
#include <stdio.h>

int
main(int argc, char *argv[])
{
    "hello, world¥n";

    return 0;
}
```

　本当に、プログラム中に"hello, world¥n"と書いてあるだけなので、少しびっくりしたと思います。このサンプルは、hello, worldという文字列定数を確保して、何もせずに終了するプログラムです。実行しても意味のないプログラムなので、ビルドはMakefileなしで行ってみます。

●ビルド

```
$ gcc -g -Wall  -o string_const_test string_const_test.c
string_const_test.c: In function 'main':
string_const_test.c:6: warning: statement with no effect
$
```

　正常にビルドできましたが、「何の効果（意味）もない文があります」という警告が表示されています。
では、リスト2-7を、次のように書き換えてみましょう。

```
    "hello, world¥n";
```

```
    char one_string[14] = "hello, world¥n";
```

　こうすると、メモリの中身は次のような状態になります。

●図2-9 文字列定数で配列を初期化する

つまり、メモリ上にはhello, worldというデータが2カ所存在するようになります。
C言語では、配列の初期化時は、定数領域にある文字列を順番に代入してくれます。

```
char one_string[14] = "hello, world\n";
```

このときは、コンパイラが自動的にone_stringの各要素に文字を代入してくれます。

しかし、一度宣言してしまった配列は、それぞれの要素にプログラマが責任をもって値を代入しなくてはならないのです。そのため、次のプログラムはエラーになってしまいます。

```
char one_string[14];

one_string = "hello, world\n";
```

非常にわかりにくいですが、これはC言語の仕様なので仕方がありません。宣言してしまった配列に文字列を入れたいときには、最初のリスト2-6のように一要素ごとに値を代入するか、strcpy()やmemcpy()といったメモリの内容をコピーする関数を利用する必要があります。strcpy()などは、9-2節の「文字列のコピー」で説明します。

もう少しだけ、文字列定数について説明します。リスト1-10では、printf()関数に配列ではなくて、いきなり文字列定数を渡していました。

```
printf("hello, world\n");
```

なぜprintf()関数は、文字列定数を受け取ることもできて、配列も受け取れるのでしょうか。
C言語では、普通の変数（char、intなど）については、そのまま変数に格納された値をやり取りします。しかし、配列や文字列のような大きな情報については、情報が格納されているメモリ領域の先頭アドレス（メモリ上の位置）だけでやりとりしています。

例のため、先ほどの図に、説明のためにきりのよい番号でアドレス（メモリの番地）を10から割り当ててみました。

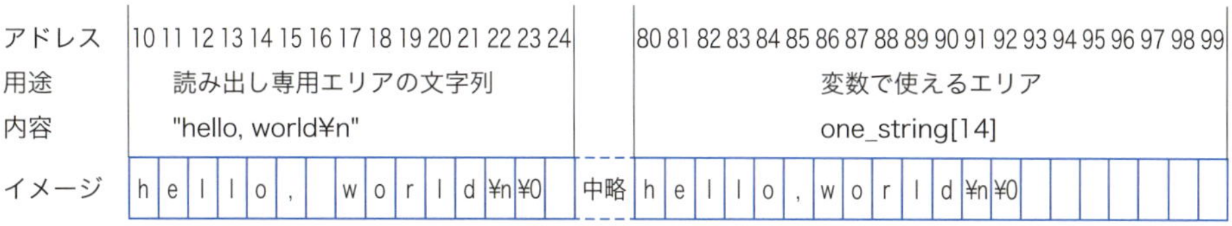

●図2-10 同じ文字列でも異なる場所が使われる

printf()に直接文字列定数である"hello, world¥n"を指定すると、printf()は、10番地から¥0のある23番地までを文字列として表示します。配列であるone_stringを指定すると、printf()は、80番地から¥0のある92番地までを文字列として表示します。

このあたりは、データ型として文字列型を持たないC言語の非常に難しい部分です。よく理解できなかったら、とりあえず第7章「データをまとめて場所を指し示す」まで読み進めて、後から復習してください。

'¥0'がないとどうなるのか

今までの説明で、C言語で文字列として配列を扱うためには、最後に'¥0'が格納されていることが条件ということが理解できたと思います。では、'¥0'がないとどうなってしまうのでしょうか。リスト2-6を次のように書き換えて実験してみましょう。

```
    one_string[13] = 0;          // 文字列の終端を表す ¥0 は値としては 0
```

```
    //one_string[13] = 0;
```

//はその行をコメント（注釈）行にする記号です。これを付与すると、その部分のプログラムはコンパイルされなくなります。筆者の手元では、

```
hello, world
?
```

と、改行後に？が表示されました。

先にも説明したように文字列を扱う関数（この例ではprintf()）は、'¥0'までを文字列として認識します。そのため、'¥0'がないと、見つかるまで処理を継続します。この例では、たまたまメモリ上に、？という文字の後に'¥0'が見つかったため、そこで処理が停止しました。しかし、運が悪ければなかなか'¥0'が見つからず、プログラムから読み出しが許可されていないメモリ領域にまで達してしまうことがあります。そうすると、プログラムが異常終了してしまいます。C言語で文字列を扱うときは、必ず終端の'¥0'を意識するようにしましょう。

オーバーフロー

今までの学習で、C言語ではchar型（文字型）の配列を文字列型として利用できることがわかりました。この配列の宣言時には、要素数（サンプルでは14）を指定していましたが、これを間違えるとどのような現象が起きるのでしょうか。リスト2-6の要素数を14から4に書き換えて実験してみましょう。

手元の環境では、次のようにSegmentation faultというエラーが発生してしまいました。

```
$ ./string
hello, world
```

```
Segmentation fault (core dumped)
$
```

これは、プログラムから許可されていないメモリ領域に値を格納しようとしたので、OSに強制終了させられたという意味のエラーです。どこがまずかったのでしょうか。要素数は4なので、次の4行はまったく問題ありません。

```
one_string[0] = 104;
one_string[1] = 101;
one_string[2] = 108;
one_string[3] = 108;
```

しかし、次からは宣言時に確保されていないメモリ領域に値を格納しようとしだします。

```
one_string[4] = 111;
```

そのため、スタックが破壊されて、プログラムが異常終了してしまったのです。

恐ろしいことに、C言語ではこのような間違ったプログラムを書いても、コンパイラは一切警告をしてくれません。そのため、動かしてみるまでこのような間違いには気がつきにくいです。しかも、たまたま配列の要素を超えたアクセスを行っても、運がよければ異常終了しないこともあります。その場合、問題が発覚するのが遅れて、後で大問題になったりします。

C言語での文字列の扱いは非常にわかりにくいので、あらためて整理してみましょう。

・文字列を扱うデータ型はない
・char型の配列で代用している
・文字列として扱うためのchar型の配列は、最後に'¥0'が格納されている必要がある
・関数のやり取りでは、文字列の先頭アドレスが用いられる
・"（ダブルクォート）で括られた文字の列は、配列（変数）とは別のメモリ領域に確保されている

2-4　記憶クラス

静的変数

　今までの説明で登場した変数はスタックに確保されるタイプのものでした。これは、「ローカル変数」や「自動変数」と呼ばれます。

　スタック上に確保されるため、その関数の処理を終えると、変数自体も消えてしまうのがローカル変数です。

　では、サンプルプログラムで実験してみましょう。まだ詳しく説明をしていない関数を宣言して利用しているので、動きについてはプログラム中のコメントを参照してください。

●リスト2-8　auto-var.c

```c
#include <stdio.h>

//
// 引数（パラメータ）を受け取らず、
// 文字列（文字の配列）を呼び出しもとの関数に渡す関数 func の宣言
//
char *
func(void)
{
    char one_string[14] = "hello, world¥n"; // hello, world という
                                            // 文字列で初期化された
                                            // one_string という配列

    printf("from func: %s", one_string);    // one_string の内容を表示

    return one_string;                      // 配列 one_string の
                                            // 先頭アドレスを
                                            // 呼び出し元に渡す
}

//
// メイン関数
// プログラムは、ここから始まる
//
int
main(int argc, char *argv[])
{
    printf("from main: %s", func());
```

```
                                // 関数 func() を実行して、そこから渡された文字列を表示する
        return 0;
}
```

　まだほとんど説明していない関数が登場したので、少し難しいですが、なんとなく結果は予想できますね。main()関数と、func()関数の2カ所で画面に文字を表示するprintf()関数が呼び出されているため、2行画面に文字列が表示されそうな感じです。最初にfunc()の中のprintf()が実行されて、

```
from func: hello, world
```

と表示されて、func()の中に宣言されたone_stringが呼び出し元のmain()関数に渡されるので、こちらでも、

```
from main: hello, world
```

と、表示されそうですね。
　では、実際にビルドして実行してみましょう。

●Makefile.auto-var

```
PROGRAM  =      auto-var
OBJS     =      auto-var.o
SRCS     =      $(OBJS:%.o=%.c)
CC       =      gcc
CFLAGS   =      -g -Wall
LDFLAGS  =

$(PROGRAM):$(OBJS)
    $(CC) $(CFLAGS) $(LDFLAGS) -o $(PROGRAM) $(OBJS) $(LDLIBS)
```

●ビルド

```
$ make -f Makefile.auto-var
gcc -g -Wall    -c -o auto-var.o auto-var.c
auto-var.c: In function 'func':
auto-var.c:10: warning: function returns address of local variable
gcc -g -Wall    -o auto-var auto-var.o
$
```

●実行例

```
$ ./auto-var
from func: hello, world
from main: z?(?????y?8????
???H???I??{?P???????U?g?O?????U?g?$
```

実際に実行してみると、予想とは違う結果になることがわかります。これはなぜでしょうか。

func()関数の中で宣言した、配列one_stringはスタック上に確保されるものなので、func()関数の処理を終了した時点で、他の処理に使われて内容が破壊されてしまうからです。

では、期待したようにfunc()関数、それからmain()関数両方のprintf()が綺麗に表示できるようにするためにはどのようにすればよいのでしょうか。そのためには、スタックとは別の場所に変数を確保するような宣言を行う必要があります。

関数の中で、「静的変数」として変数を宣言すると、スタックとは別の場所に確保されます。静的変数は、次のように宣言します。

```
static データ型 変数名;
static データ型 変数名 = 初期値;
```

リスト2-8で、静的変数を利用してみましょう。

```
char one_string[14] = "hello, world¥n";
```
▼
```
static char one_string[14] = "hello, world¥n";
```

実行すると、綺麗に表示されることが確認できます。

●実行例
```
$ ./auto-var
from func: hello, world
from main: hello, world
$
```

この静的変数は、値を永続的に保持する性質もあります。それはどのようなことなのでしょうか。サンプルプログラムを動かして、実験してみましょう。

●リスト2-9　auto-var_2.c
```
#include <stdio.h>

void
func(void)
{
    int count = 0;           // この関数を実行した回数を
                             // 記録する変数countを宣言して、
                             // 初期値を0とする

    count = count + 1;       // 変数countの値を1増やす

    printf("count = %d¥n", count);  // この関数を実行した回数を
                                    // 画面に表示する
```

```c
        return;
    }

    int
    main(int argc, char *argv[])
    {
        func();
        func();
        func();

        return 0;
    }
```

　今回のサンプルプログラムは、func()という関数を実行した回数を覚えておいて、呼び出されるたびにその回数を画面に表示するようなものです。では、実際に実行してみましょう。

◉Makefile.auto-var_2

```
PROGRAM =       auto-var_2
OBJS    =       auto-var_2.o
SRCS    =       $(OBJS:%.o=%.c)
CC      =       gcc
CFLAGS  =       -g -Wall
LDFLAGS =

$(PROGRAM):$(OBJS)
    $(CC) $(CFLAGS) $(LDFLAGS) -o $(PROGRAM) $(OBJS) $(LDLIBS)
```

◉ビルド

```
$ make -f Makefile.auto-var_2
gcc -g -Wall    -c -o auto-var_2.o auto-var_2.c
gcc -g -Wall    -o auto-var_2 auto-var_2.o
$
```

◉実行例

```
$ ./auto-var_2
count = 1
count = 1
count = 1
$
```

　本当であれば、func()はmain()関数で3回呼び出したので、1、2、3と表示されるはずでしたが、3回とも1と表示されてしまいます。プログラムを改めてみると一目瞭然で、func()関数の変数宣言部分で、次のように毎回変数を初期化しているからです。

```
    int count = 0;
```

　このように、ローカル変数では、関数の処理を一度終えた後まで、情報を保持しておくことができません。そこで、今度は変数countを静的変数として宣言してみましょう。

```
    int count = 0;
```

```
    static int count = 0;
```

●実行例
```
$ ./auto-var_2
count = 1
count = 2
count = 3
$
```

　今度は、期待する結果になったと思います。このように静的変数を利用すると、「状態」を保持することが可能になり、とても便利です。使うべきところで使えるように、特徴を覚えておきましょう。

大域変数

　次に、大域変数の説明です。大域変数は、グローバル変数とも呼ばれる、プログラムのどこからでも読み書きができる変数のことです。大域変数は、通常のローカル変数とまったく宣言は同じです。しかし、宣言する場所が違います。ローカル変数は、関数の中（たとえば、main()関数の先頭など）で宣言していましたが、大域変数は関数ではない場所で宣言します。

```
データ型 変数名;
データ型 変数名 = 初期値;
```

　関数ではない場所とはどこのことをいうのでしょうか。こちらもさっそくサンプルプログラムを紹介します。

●リスト2-10　global.c
```c
#include <stdio.h>

int global_number;         // 大域変数global_numberを宣言

void
func_1(void)
{
    printf("from func_1: %d\n", global_number);
```

```c
    return;
}

void
func_2(void)
{
    printf("from func_2: %d\n", global_number);

    return;
}

void
func_3(void)
{
    printf("from func_3: %d\n", global_number);

    return;
}

int
main(int argc, char *argv[])
{
    global_number = 1;

    func_1();

    global_number = 10;

    func_2();

    global_number = 100;

    func_3();

    return 0;
}
```

若干長めのサンプルプログラムですが、内容はとてもかんたんです。main()関数で、global_numberに値を代入してからfunc_数字()という関数を呼び出して、その中で値を表示しています。

◉ **Makefile.global**

```
PROGRAM  =      global
OBJS     =      global.o
SRCS     =      $(OBJS:%.o=%.c)
CC       =      gcc
CFLAGS   =      -g -Wall
LDFLAGS  =
```

```
$(PROGRAM):$(OBJS)
    $(CC) $(CFLAGS) $(LDFLAGS) -o $(PROGRAM) $(OBJS) $(LDLIBS)
```

◉ビルド

```
$ make -f Makefile.global
gcc -g -Wall   -c -o global.o global.c
gcc -g -Wall   -o global global.o
$
```

◉実行例

```
$ ./global
from func_1: 1
from func_2: 10
from func_3: 100
$
```

いかがでしょうか、きちんと想定した結果になっていると思います。

大域変数はかんたんに複数の関数で値をやりとりできる、非常に便利な仕組みです。しかし、どの関数からでも値を書き換えることができるため、乱用するとプログラムの見通しが悪くなり、バグの原因となることが多いです。利用はプログラム全体で共有する必要がある設定情報など必要最低限にとどめ、その他の値のやり取りは関数での値渡しを利用しましょう。関数での値渡しは、第5章で詳しく説明します。

別ファイルからの大域変数の参照

せっかく大域変数の使い方がわかったので、ソースコードが複数ファイルにわたる場合に利用する方法も覚えてしまいましょう。一般的に、ソースコードが複数にわたる場合は、1つのソースコードから1つのオブジェクトファイルを生成し、最後にまとめてリンクすることにより実行ファイルを作ります。このとき、いちいちgccコマンドなどを手で入力することはとても面倒なので、Makefileが真価を発揮します。

さっそく、サンプルプログラムをビルドしてみましょう。

◉リスト2-11　extern_sub.c

```
int global_number = 99;  // 大域変数global_numberを初期値99で宣言
```

◉リスト2-12　extern_main.c

```
#include <stdio.h>

int
main(int argc, char *argv[])
{
```

```
        return 0;
}
```

複数ファイルのMakefileのサンプルです。ただ単純に、OBJSに複数のオブジェクトファイルを指定しているだけです。

● **Makefile.extern**

```
PROGRAM =       extern
OBJS    =       extern_sub.o extern_main.o
SRCS    =       $(OBJS:%.o=%.c)
CC      =       gcc
CFLAGS  =       -g -Wall
LDFLAGS =

$(PROGRAM):$(OBJS)
    $(CC) $(CFLAGS) $(LDFLAGS) -o $(PROGRAM) $(OBJS) $(LDLIBS)
```

● **ビルド**

```
$ make -f Makefile.extern
gcc -g -Wall   -c -o extern_sub.o extern_sub.c
gcc -g -Wall   -c -o extern_main.o extern_main.c
gcc -g -Wall   -o extern extern_sub.o extern_main.o
$
```

ビルドを実行してみるとわかりますが、今までのサンプルとは違いコマンドが3回実行されています。1行目、2行目で、リスト2-11とリスト2-12のオブジェクトファイルを生成して、3行目でリンクを行い、externという実行ファイルを生成しています。

このサンプルプログラムは、このままではリスト2-12のmain()関数に何も処理を書いていないので、実行しても何も起きません。せっかくなので、リスト2-11で宣言したglobal_numberの内容をprintf()関数で表示してみましょう。

ここまで学習を進めてきたら、どのように記述すればよいかわかると思いますが、念のためソースの変更箇所を記します。

```
int
main(int argc, char *argv[])
{
    return 0;
}
```

▼

```
int
main(int argc, char *argv[])
{
    printf("global_number = %d¥n", global_number);
```

```
        return 0;
    }
```

　ソースコードの変更が終わったら、保存してビルドしてみましょう。ビルドを開始すると、すぐに次のようなエラーで終了してしまうはずです。

```
$ make -f Makefile.extern
gcc -g -Wall    -c -o extern_sub.o extern_sub.c
extern_main.c: In function 'main':
extern_main.c:6: error: 'global_number' undeclared (first use in this function)
extern_main.c:6: error: (Each undeclared identifier is reported only once
extern_main.c:6: error: for each function it appears in.)
make: *** [extern_main.o] Error 1
$
```

　これは、global_numberという変数が宣言されていないというエラーです。なぜかというと、global_numberという変数は、リスト2-11では宣言して初期化もしてありますが、それを利用しようとしているリスト2-12には宣言がないためです。この場合は、extern指定子というものを使って解決します。extern指定子は、別のファイルに宣言してある変数や関数を利用したいときに、「あとでリンクするときに、実体がありますよ」と指定するためのキーワードです。次のように利用します。

```
extern データ型 変数名;
```

　今回は、リスト2-12からリスト2-11に宣言されているglobal_numberを利用したいので、extern指定子はリスト2-12に、次のように記述します。

```
int
main(int argc, char *argv[])
{
    printf("global_number = %d¥n", global_number);

    return 0;
}
```

▼

```
extern int global_number;

int
main(int argc, char *argv[])
{
    printf("global_number = %d¥n", global_number);

    return 0;
}
```

ソースコードを編集して保存したら、再度ビルドを行ってみましょう。エラーなくリンクまで完了するはずです。ビルドが完了したら、実行してみましょう。

●実行例

```
$ ./extern
global_number = 99
$
```

きちんと、期待どおりプログラムが実行できました。

extern指定子を使うと、ソースコードが複数ファイルに渡った場合でも、大域変数を扱うことができるようになります。ある程度規模の大きなプログラムを作る場合には、必須となりますので、しっかりと覚えておいてください。

スコープ

大域変数の大域とは、「スコープ」のことです。「スコープ」とは、変数が特定の名前で参照できる範囲のことを言います。大域変数は、プログラム全体から参照できるので、スコープが大域なのです。

さて、このスコープはローカル変数と大域変数の他にも区別があります。それは「ブロック」です。

昔のC言語ではできなかったことですが、C99では、プログラム中のどこにでも変数を宣言することができます。

```
int
main(int argc, char *argv[])
{
    int i;

    i = 0;

    printf("i=%d¥n", i);

    char c;

    c = 'A';

    printf("c=%c¥n", c);

    return 0;
}
```

このようなプログラムでは、main()関数内ではint iの次の文からは変数iが利用できるようになります。ただし、ここではまだ変数cは利用できません。char cの次の文からは、変数cも利用できるようになります。

たとえば、char cをブロックで囲うと、変数cはブロックの中でのみ有効となり、そのブロックの範囲

を出ると使えなくなります。ブロックとは、文を1つのまとまりとして扱う単位のことで、C言語では{}で囲います。その場合、変数のスコープはブロック内のみで有効となり、ブロックを出ると使えなくなります。

```c
int
main(int argc, char *argv[])
{
    int i;

    i = 0;

    printf("i=%d¥n", i);

    {
        char c;

        c = 'A';
    }

    printf("c=%c¥n", c); //←コンパイルエラー

    return 0;
}
```

このように変数のスコープを狭める使い方はあまり一般的ではなく、通常は処理のまとまりである「関数」を分けることが多いです。しかし、知識として覚えておくのがよいでしょう。

const

　extern指定子に似たものにconst指定子というものがあります。これらは「記憶クラス指定子」と言います。
　constは、初期化した値から一切変更できなくなる指定子です。あらかじめ決められた値を、プログラム中で変更したくない場合に利用します。
　constが指定された変数を、初期値以外から変更しようとするとコンパイルエラーとなります。さっそく実験してみましょう。

● リスト2-13　const.c

```c
#include <stdio.h>

int
main(int argc, char *argv[])
{
    const char character = 'A';
    const int number = 1;
```

```
        printf("character is = %c¥n", character);
        printf("number is = %d¥n", number);

        character = 'B';   //←コンパイルエラー
        number = 2;        //←コンパイルエラー

        return 0;
}
```

●Makefile.const

```
PROGRAM =           const
OBJS    =           const.o
SRCS    =           $(OBJS:%.o=%.c)
CC      =           gcc
CFLAGS  =           -g -Wall
LDFLAGS =

$(PROGRAM):$(OBJS)
    $(CC) $(CFLAGS) $(LDFLAGS) -o $(PROGRAM) $(OBJS) $(LDLIBS)
```

●ビルド

```
$ make -f Makefile.const
gcc -g -Wall    -c -o const.o const.c
const.c: In function 'main':
const.c:12: error: assignment of read-only variable 'character'
const.c:13: error: assignment of read-only variable 'number'
make: *** [const.o] Error 1
```

　コンパイルの段階で、read-only（読み出し専用）とエラーが起きています。致命的なエラーになりえるような間違いでも、警告すら出してくれないCコンパイラがエラーを出してくれるということは重要で、この機能を使うことで明示的に「変更してはいけない変数」を作ることができます。「この変数は使っていないから上書きして利用してしまえ！」といういい加減なプログラミングをしなくするためにも、利用するとよいでしょう。

　ちなみに、"hello, world"といった文字列定数は、const付きの変数として扱われます。

2-5 キャスト

暗黙の型変換

　C言語では、データ型の違う変数同士で代入するための「型変換」という仕組みが用意されています。この型変換のことを「キャスト」と呼びます。
　int型は一般的な32ビットコンピュータでは4バイトのサイズで、整数を格納するためのデータ型です。char型は1バイトで、やはり整数を格納するためのデータ型です。
　このとき次のようなプログラムを実行するとどうなるのでしょうか。

```c
    int num_1 = 100;
    char num_2 = num_1;
```

　実際に実験してみるとすぐにわかりますが、num_2にはちゃんと100という値が格納されて、まったく問題なくプログラムが実行できます。代入は、左辺（この場合num_2）のデータ型に変換されて行われます。ですので、まったく問題ないのです。
　では、次の場合はいかがでしょうか。

```c
    int num_1 = 1000;
    char num_2 = num_1;
```

　おそらくnum_2では、−24といったおかしな数値になったはずです。C言語の型変換は、符号を表現できる整数データ型については、次のような規則で行われます。

1. 代入元≦代入先：値は変わらない
2. 代入元＞代入先：表現可能ならば値は変わらない、表現不可能ならば処理系依存

　今回の例は、2.に当てはまるので、おかしな値になりました。
　10進数の1000を32ビットの2進数で表現すると、次の図のようになります。

31											20											10	9	8	7	6	5	4	3	2	1	0
0	0	0	0	0	0	0	0	0	0	0	0	0	0	0	0	0	0	0	0	0	0	0	0	0	1	1	1	1	1	0	1	0	0	0

●図2-11　10進数の1000を32ビットの2進数で表現する

桁が、1バイト（8ビット＝2進数で8桁）を超えてしまっているので、char型には収まりません。そこで、収まりきらなかった部分が切り捨てられて、次のようになってしまったと予想できます。

```
7 6 5 4 3 2 1 0
1 1 1 0 1 0 0 0
```

●図2-12　収まりきらなかった部分が切り捨てられた

最上位ビットが1なので、char型では負の数として扱われ、結果的に－24になったのでしょう。
この他にも、型変換にはさまざまな規則があります。

■正の数のみを格納できる整数データ型（符号無し整数型）同士

・代入元≦代入先：値は変わらない

・代入元＞代入先：代入元％（代入先のデータ型で表現できる最大値＋1）

```
unsigned int num_1 = 1000;
unsigned char num_2 = num_1;

// num_2の値は、1000 % (255 + 1) なので、232になります
```

■整数型を、正の数のみを格納できる整数データ型（符号無し整数型）に代入するとき

・代入元が0以上

　代入元≦代入先：値は変わらない

　代入元＞代入先：代入元％（代入先のデータ型で表現できる最大値＋1）

・代入元が負の数

　代入元≦代入先：代入元＋（代入先のデータ型で表現できる最大値＋1）

```
char num_1 = -128;
unsigned int num_2 = num_1;

// num_2の値は、-128 + (4294967295 + 1)なので、4294967168になります
```

・代入元＞代入先（代入先のデータ型で表現できる最大値＋1）－（－代入元％（代入先のデータ型で表現できる最大値＋1））

```
int num_1 = -1000;
unsigned char num_2 = num_1;

// num_2の値は、(255 + 1) - (-(-1000) % (255 + 1))なので、24になります
```

■正の数のみを格納できる整数データ型（符号無し整数型）を、整数型に代入するとき

・代入元＜代入先：値は変わらない

・代入元≧代入先：表現可能ならば値は変わらない、表現不可能ならば処理系依存

■ 浮動小数点型 (double、float) を、整数型に代入するとき

・代入元の整数部が、代入先の整数型で表現できる場合は、小数点のみ切り捨てられ、そうではない場合は、処理系依存

```
double num_1 = 3.14;
char num_2 = num_1;

// num_2は、3になる。
```

■ 整数型を、浮動小数点型 (double、float) に代入するとき

・処理系依存で近い値になる

```
unsigned long long num_1 = 18446744073709551611lu;
float num_2 = num_1;

// num_2は、18446744073709551616.000000になる。(macOS 64bit)

unsigned long long num_1 = 18446744073709551611lu;
long double num_2 = num_1;

// num_2は、18446744073709551615.000000になる。(macOS 64bit)
```

■ 浮動小数点型同士

・代入元＜代入先：値は変わらない
・代入元≧代入先：表現可能ならば値は変わらない、表現不可能ならば処理系依存で近い値になる

　以上は、代入のときの変換でしたが、式の右辺でも異なるデータ型を混在させることがあります。そのときは、右辺に登場する一番大きなデータ型としてすべての変数が評価されます。たとえば、double + intであれば、両方ともdoubleとして計算されるということです。
　型変換は、ややこしいので全部覚えるというよりは、「大きなデータ型から小さなデータ型への代入は注意が必要」として、どうしてもそのようなプログラムを作らなくてはならないときにこの一覧を見て、問題がないか確認するようにしましょう。

明示的な型変換

　これまでの型変換（キャスト）は暗黙的に行われるものでしたが、明示的に指定することもできます。
　明示的なキャストはとてもかんたんで、変換したい変数の左側に()で括って変換先の型名を書くだけです。

```
　　（データ型）変数名；
```

この(データ型)のことを、キャスト演算子と呼びます。

では、こちらは一度実験しておきましょう。

● リスト2-14　cast.c

```
#include <stdio.h>

int
main(int argc, char *argv[])
{
    int num_1 = 1000;
    char num_2 = num_1;
    short num_3 = num_1;

    printf("int -> char %d¥n", num_2);
    printf("int -> short %d¥n", num_3);

    num_3 = (char) num_1;    // num_1をchar型に
                             // キャスト（明示的な型変換）してから
                             // short型に代入
    printf("int -> (char) short %d¥n", num_3);

    return 0;
}
```

● Makefile.cast

```
PROGRAM  =      cast
OBJS     =      cast.o
SRCS     =      $(OBJS:%.o=%.c)
CC       =      gcc
CFLAGS   =      -g -Wall
LDFLAGS  =

$(PROGRAM):$(OBJS)
    $(CC) $(CFLAGS) $(LDFLAGS) -o $(PROGRAM) $(OBJS) $(LDLIBS)
```

● ビルド

```
$ make -f Makefile.cast
gcc -g -Wall    -c -o cast.o cast.c
gcc -g -Wall    -o cast cast.o
$
```

● 実行例

```
$ ./cast
int -> char -24
int -> short 1000
```

```
int -> (char) short -24
$
```

　int型をchar型に代入したときは、−24になりました。次に、short型に代入しますが、short型は1,000を表現できるサイズがあるのでそのまま1000になりました。その次が今回のキャストで、short型に代入する前に(char)を付け、char型への変換が行われた後short型の変数num_3に代入するようにしました。そのため、short型にもかかわらず−24という結果になりました。

　この明示的なキャストは、理屈が通る変換であればなんでも可能ですが、危険性もあります。危険性については、7-4節「ポインタとキャスト」で紹介します。

Chapter 3
データを加工して評価する

3-1　式と演算子 ──────────────── 100

3-2　条件式 ──────────────── 106

3-3　単項演算子と三項演算子 ──────────────── 113

3-4　少し変わった演算子 ──────────────── 125

3-1　式と演算子

　プログラミングでは、変数をさまざまな式に当てはめて目的の処理を行います。そのため数学のように、さまざまな演算子を扱います。基本的には数学と同じように利用できますが、たとえば等号（=）の働きなんかはずいぶんと違います。

　また、C言語のソースコードはテキストファイルなので、数学のように多種多様な演算子を利用できません。そのため、ASCIIコードで扱える範囲の記号にさまざまな意味を持たせています。中には、同じ記号なのにシーンによって意味が違ったりもします。

　この章では、さまざまな演算子を説明します。読み終える頃には、先のサンプルに出てきた(character % 16) == 0の意味もよく理解できるでしょう。

　数学と同じように、式を組み立てるためには演算子が必要です。まずは、C言語にはどのような演算子があるのか、見てみましょう。

```
(   )   [   ]   .   ->  ++  --
!   ~   +   -   *   &   sizeof
*   /   %   <<  >>  <   <=  >   >=
==  !=  &   ^   |   &&  ||  ?   :
=   +=  -=  *=  /=  %=  &=  ^=  |=  <<= >>= ,
```

　なにやら単語のようで、とても演算子には見えないものもありますが、すべてC言語では演算子として扱われます。C言語では、これらの演算子を使って式を組み立てます。

代入と四則計算のための演算子

　C言語の式と数学とで異なるところは、演算子の種類もそうですが、変数の説明にも登場した代入でしょう。数学では等号（=）は、右辺と左辺が等しいことを表す記号なので、2＝1＋1は正しい式です。しかし、C言語ではこれは間違いです。なぜかというと、等号(=)は代入演算子であって、等価を表すものではないからです。等価は==で表します。

　すでに、=や+は、前章のサンプルプログラムで登場していますので、わかりやすそうな演算子を利用して式を作ってみましょう。

代入	=
加算	+
減算	-
乗算	*（×はASCIIコードにないので使えない）
除算	/（÷はASCIIコードにないので使えない）
剰余算	%

● 表3-1　基本の演算子

● リスト3-1　form_1.c

```c
#include <stdio.h>

int
main(int argc, char *argv[])
{
    int a, b;
    int answer;

    a = 1;
    b = 1;
    answer = a + b;
    printf("%d + %d = %d¥n", a, b, answer);

    a = 4;
    b = 2;
    answer = a - b;
    printf("%d - %d = %d¥n", a, b, answer);

    a = 9;
    b = 9;
    answer = a * b;
    printf("%d × %d = %d¥n", a, b, answer);

    a = 9;
    b = 3;
    answer = a / b;
    printf("%d / %d = %d¥n", a, b, answer);

    a = 9;
    b = 2;
    answer = a % b;
    printf("%d %% %d = %d¥n", a, b, answer);

    return 0;
}
```

● Makefile.form_1

```
PROGRAM =       form_1
OBJS    =       form_1.o
```

```
SRCS        =       $(OBJS:%.o=%.c)
CC          =       gcc
CFLAGS      =       -g -Wall
LDFLAGS     =

$(PROGRAM):$(OBJS)
    $(CC) $(CFLAGS) $(LDFLAGS) -o $(PROGRAM) $(OBJS) $(LDLIBS)
```

●ビルド

```
$ make -f Makefile.form_1
gcc -g -Wall    -c -o form_1.o form_1.c
gcc -g -Wall    -o form_1 form_1.o
$
```

●実行例

```
$ ./form_1
1 + 1 = 2
4 - 2 = 2
9 * 9 = 81
9 / 3 = 3
9 % 2 = 1
$
```

かんたんな計算なので、予想どおりになったのではないでしょうか。剰余算（%）は、あまり一般的ではないかもしれないので説明します。これは、割り算の余りを求める演算です。サンプルプログラムでは、9 % 2としているので、9÷2の余りを求めています。答えは、1ですね。プログラミングでは、余りを利用することが多いので、覚えておいてください。このことを踏まえて、2-3節のリスト2-5を読むと、何をしているかはっきりとわかると思います。

今回のサンプルプログラムは、結果をanswerという変数に入れてから、printf()関数で表示していますが、C言語の式は変数に代入しなくても値を持つため、次のような書き方をしてもまったく問題はありません。リスト3-1を変更して、実験してみてください。

```
    printf("%d + %d = %d\n", a, b, answer);
```

```
    printf("%d + %d = %d\n", a, b, a + b);
```

演算子の優先順位

リスト3-1は、+、-、*、/、%を1つだけ利用したものなので、演算子の「優先順位」を考える必要がありませんでした。しかし、複数の演算子を組み合わせて利用する場合は、数学同様優先度を考慮する必要があります。今回紹介した演算子については、次のような優先度となります。

グループ	演算子	優先度
乗除算	*、/、%	優先度高
加減算	+、-	優先度低

◉ 表3-2 演算子の優先順位

　同じグループ内では、左から、書いた順番に優先度が高くなります。また、数学と同じように()で括ることで、優先度を高くすることが可能です。

　では、ここで括弧を使った実用的な計算の例として、与えられた日付から曜日を算出する「ツェラーの公式[1]」を紹介します。

※1　ツェラーの公式は1月と2月は前の年の13月と14月として扱いますので、2018年1月の場合は、2017年13月としてご利用ください。

◉ リスト3-2　zeller.c

```c
#include <stdio.h>

int
main(int argc, char *argv[])
{
    int year;
    int month;
    int day;
    int week_of_day;

    year = 2018;
    month = 8;
    day = 17;

    week_of_day = (year + year / 4 - year / 100 +
                   year / 400 + (13 * month + 8) / 5 + day) % 7;

    printf("%d/%d/%d is %d¥n", year, month, day, week_of_day);

    return 0;
}
```

◉ Makefile.zeller

```
PROGRAM     =   zeller
OBJS        =   zeller.o
SRCS        =   $(OBJS:%.o=%.c)
CC          =   gcc
CFLAGS      =   -g -Wall
LDFLAGS     =

$(PROGRAM):$(OBJS)
    $(CC) $(CFLAGS) $(LDFLAGS) -o $(PROGRAM) $(OBJS) $(LDLIBS)
```

● ビルド

```
$ make -f Makefile.zeller
gcc -g -Wall   -c -o zeller.o zeller.c
gcc -g -Wall   -o zeller zeller.o
$
```

● 実行例

```
$ ./zeller
2018/8/17 is 5
$
```

　このプログラムは曜日を求めたい年、月、日をそれぞれ変数year、変数month、変数dayに代入して実行すると曜日番号を出力します。実行例では、2018/8/17について求め、結果が5となりました。曜日番号は、日曜日を0として順番に1ずつ増やしたものなので、5は金曜日となります。カレンダーを見ると、正しい結果であることがわかります。いろいろと変数を変えて実験してみましょう。

ゼロ除算

　ここまでの学習で、四則演算、それから剰余算、()について理解できたと思います。これで、かんたんな計算であれば、C言語で行えるようになりましたので、いろいろな計算をコンピュータにさせてみたいと思うでしょう。しかし、かんたんな四則演算でも、C言語ではプログラム自体が異常終了してしまうことがあります。

　次のサンプルを実行してみましょう。

● リスト3-3　divzero.c

```c
#include <stdio.h>

int
main(int argc, char *argv[])
{
    int a, b;
    int answer;

    a = 1;
    b = 0;
    answer = a / b;
    printf("%d / %d = %d\n", a, b, answer);

    return 0;
}
```

● Makefile.divzero

```
PROGRAM =       divzero
OBJS    =       divzero.o
```

```
SRCS        =       $(OBJS:%.o=%.c)
CC          =       gcc
CFLAGS      =       -g -Wall
LDFLAGS     =

$(PROGRAM):$(OBJS)
    $(CC) $(CFLAGS) $(LDFLAGS) -o $(PROGRAM) $(OBJS) $(LDLIBS)
```

● ビルド

```
$ make -f Makefile.divzero
gcc -g -Wall   -c -o divzero.o divzero.c
gcc -g -Wall   -o divzero divzero.o
$
```

● 実行例

```
$ ./divzero
Floating exception
$
```

 このプログラムは、1÷0を行う内容です。0で数を割った結果は、一般的には無意味、未定義とされているため、エラーが発生しました。でたらめな結果が表示されるのではないかと考えるかもしれませんが、多くのCPUでは整数を0で割ると例外を発生します。例外を受けると、特別な設定をしていない限り、その時点でプログラムは強制終了させられます。そのため、実行例のようにprintf()の実行が一切行われず、エラーメッセージだけが表示されることになるのです。

 今回のサンプルプログラムのように、かんたんなものであればすぐに発見できますが、何らかの計算の過程で除数が0になってしまった場合は、発見が困難なバグになります。四則演算だからといって甘く見ていると、痛い目にあうので、十分気をつけて式を組み立てるようにしましょう。当然、余りを求める％演算子でも同様のことが起きますので、こちらも気をつけましょう。

3-2 条件式

今まで説明した式は、数値を計算し、代入するためのものでしたが、さまざまな条件によって処理を分岐させるためにも式は使われます。これを「条件式」と言います。

比較演算子

条件式では、次の比較演算式を利用します。

演算子	意味
>	大なり
<	小なり
>=	以上
<=	以下
==	等しい
!=	等しくない

●表3-3 比較演算子

条件式は、第4章で詳しく説明する制御構造と組み合わせて真価を発揮します。今回のサンプルプログラムでは、条件に一致したときに処理を分岐するif文と組み合わせました。

●リスト3-4 form_2.c

```c
#include <stdio.h>

int
main(int argc, char *argv[])
{
    int a;
    int b;

    a = 100;
    b = 99;
    if (a > b) {
        printf("%d > %d is true\n", a, b);
    }

    a = 99;
```

```c
        b = 100;
        if (a < b) {
            printf("%d < %d is true\n", a, b);
        }

        a = 100;
        b = 100;
        if (a >= b) {
            printf("%d >= %d is true\n", a, b);
        }

        a = 100;
        b = 100;
        if (a <= b) {
            printf("%d <= %d is true\n", a, b);
        }

        a = 100;
        b = 100;
        if (a == b) {
            printf("%d == %d is true\n", a, b);
        }

        a = 100;
        b = 99;
        if (a != b) {
            printf("%d != %d is true\n", a, b);
        }

        return 0;
}
```

● Makefile.form_2

```
PROGRAM   =      form_2
OBJS      =      form_2.o
SRCS      =      $(OBJS:%.o=%.c)
CC        =      gcc
CFLAGS    =      -g -Wall
LDFLAGS   =

$(PROGRAM):$(OBJS)
    $(CC) $(CFLAGS) $(LDFLAGS) -o $(PROGRAM) $(OBJS) $(LDLIBS)
```

● ビルド

```
$ make -f Makefile.form_2
gcc -g -Wall    -c -o form_2.o form_2.c
gcc -g -Wall    -o form_2 form_2.o
$
```

●実行例

```
$ ./form_2
100 > 99 is true
99 < 100 is true
100 >= 100 is true
100 <= 100 is true
100 == 100 is true
100 != 99 is true
$
```

実行結果の「〜〜 is true」は、「〜〜は、真である」と捉えてください。すべての結果が、真であることがわかると思います。

条件式の返す値

では、条件式と通常の演算式では何が違うのでしょうか。実は、何も違いはありません。

前節で少しだけ説明しましたが、C言語の式はそれ自体が値を持ちます。たとえば、1 + 1という式は、1 + 1という演算を行った結果の値を持ちます。つまり、この式の値は、2になります。

では、>、<、>=、<=、==、!=を使った式はどのような値を持つのでしょうか。このような条件式は、条件が真のときは1、偽のときは0という値を持ちます。少しややこしいので、サンプルプログラムで確認してみましょう。

●リスト3-5 form_3.c

```
#include <stdio.h>

int
main(int argc, char *argv[])
{
    int value;

    value = 100 > 99;
    printf("value is %d¥n", value);

    value = 100 < 99;
    printf("value is %d¥n", value);

    return 0;
}
```

●Makefile.form_3

```
PROGRAM   =      form_3
OBJS      =      form_3.o
SRCS      =      $(OBJS:%.o=%.c)
CC        =      gcc
CFLAGS    =      -g -Wall
```

```
LDFLAGS =

$(PROGRAM):$(OBJS)
    $(CC) $(CFLAGS) $(LDFLAGS) -o $(PROGRAM) $(OBJS) $(LDLIBS)
```

●ビルド

```
$ make -f Makefile.form_3
gcc -g -Wall   -c -o form_3.o form_3.c
gcc -g -Wall   -o form_3 form_3.o
$
```

●実行例

```
$ ./form_3
value is 1
value is 0
$
```

　100 > 99 は真なので、valueは1になっています。100 < 99 は偽なので、valueは0になっています。

　制御のためのif文などは、この式の値で分岐するか、繰り返しするかなどを判定しています。制御文では、与えられた式の値が0の場合は偽として扱い、0以外なら真として扱います。

　ですので、次のような文も間違いではありません。

```
if (0) {
    // 決して実行されない
}

if (1) {
    // 必ず実行される
}
```

　こちらも、サンプルプログラムで確認してみましょう。

●リスト3-6　form_4.c

```
#include <stdio.h>

int
main(int argc, char *argv[])
{
    if (0) {
        printf("False¥n");
    }

    if (1) {
        printf("True¥n");
```

```
        }

        return 0;
}
```

● Makefile.form_4

```
PROGRAM =       form_4
OBJS    =       form_4.o
SRCS    =       $(OBJS:%.o=%.c)
CC      =       gcc
CFLAGS  =       -g -Wall
LDFLAGS =

$(PROGRAM):$(OBJS)
    $(CC) $(CFLAGS) $(LDFLAGS) -o $(PROGRAM) $(OBJS) $(LDLIBS)
```

● ビルド

```
$ make -f Makefile.form_4
gcc -g -Wall   -c -o form_4.o form_4.c
gcc -g -Wall   -o form_4 form_4.o
$
```

● 実行例

```
$ ./form_4
True
$
```

「if (1)」の部分だけ、画面に表示されたと思います。

少し込み入った話になりましたが、

・条件式も、通常の式と同じ
・式は、値を持つ

ということが理解できましたでしょうか。

　重要なことなので、よく理解できなかった場合は、何度もサンプルプログラムを改造してみて、しっかりと理解しましょう。

通常の式を条件式として使う

　条件式の使い方、それから条件式と通常の式も値を持つということを理解できたと思います。それでは、次のような式をif文に与えた場合はどうなるのでしょうか。

　変数aには、あらかじめ0が代入されているとします。

```
if (a = 1 - 1)
```

サンプルプログラムを実行して実験してみましょう。その前に、どんな結果になるかは、みなさんでも予想しておいてください。

● リスト3-7　form_5.c

```c
#include <stdio.h>

int
main(int argc, char *argv[])
{
    int a = 0;

    if (a = 1 - 1) {
        printf("True");
    }

    return 0;
}
```

● Makefile.form_5

```
PROGRAM  =       form_5
OBJS     =       form_5.o
SRCS     =       $(OBJS:%.o=%.c)
CC       =       gcc
CFLAGS   =       -g -Wall
LDFLAGS  =

$(PROGRAM):$(OBJS)
	$(CC) $(CFLAGS) $(LDFLAGS) -o $(PROGRAM) $(OBJS) $(LDLIBS)
```

● ビルド

```
$ make -f Makefile.form_5
gcc -g -Wall    -c -o form_5.o form_5.c
./form_5.c: In function 'main':
form_5.c:8: warning: suggest parentheses around assignment used as truth value
gcc -g -Wall    -o form_5 form_5.o
$
```

● 実行例

```
$ ./form_5
$
```

何も画面には表示されなかったはずです。コンパイル時に警告メッセージが表示されるので、もうおわかりだと思いますが、念のため説明しておきます。if文の中に書いた式「a = 1 - 1」は、条件式には

なっておらず単なる1－1の結果を変数aに代入する式となっています。そのため、変数aには、0という結果の値が代入されるので、式としても0という値を持ちます。if文は、0であれば偽、それ以外の値ならば真として分岐するので、この場合はprintf()関数が実行されなかったのです。これが、「a == 1 - 1」であれば、式としての値は1になるので、printf()関数は実行されます。

C言語は、if文などの条件に、どんな式でも受け付けますので、==で右辺と左辺が等しいかどうかを判定しようとして、間違って = と書いてしまっても文法としては正しいものとして認識されてしまいます。

条件を組み合わせる演算子

プログラムの分岐では、複数の条件を組み合わせたいこともあります。そのときは、論理積（かつ）と論理和（または）を利用できます。

論理積	&&
論理和	||

● 表3-4　論理演算子

使い方は非常にかんたんで、式を表の演算子で繋ぐだけです。たとえば、変数nの値が0～100のとき真になる条件式を書く場合は、次のようになります。

```
0 <= n && n <= 100
```

&&と||は優先順位が低いので、通常は()で括る必要はありませんが、わかりやすくするためには、()を使いましょう。

```
(0 <= n) && (n <= 100)
```

3-3 単項演算子と三項演算子

今まで紹介した演算子は、「式 演算子 式」という型をとる「二項演算子」と呼ばれるものでした。

● 例

```
a + b
a = b + c
a == b + c
```

C言語では、この他にも単項演算子、三項演算子という特別な演算子が利用できます。

単項演算子

インクリメント	++
デクリメント	--
正の数	+
負の数	-
反転	~
否定	!

● 表3-5　単項演算子

　++や、--は、インクリメント、デクリメントと言って、変数の値を1増やしたり、1減らしたりするのに使います。使い方はとてもかんたんで、単純に、

```
n++
```

や、

```
n--
```

と、書くだけです。
　もしくは、

```
++n
```

や、

```
--n
```

と、書くこともできます。

　これには、明確な動作の違いがあり、先に演算子を書くと変数の値を参照しようとした瞬間にインクリメント／デクリメントされます。後に演算子を書くと、変数の値を参照して計算を行った後に、インクリメント／デクリメントされます。

　サンプルプログラムで実験してみましょう。

● リスト3-8　inc_1.c

```c
#include <stdio.h>

int
main(int argc, char *argv[])
{
    int n;

    n = 0;
    printf("pre inc n=%d¥n", ++n);
    printf("n=%d¥n", n);

    n = 0;
    printf("post inc n=%d¥n", n++);
    printf("n=%d¥n", n);

    return 0;
}
```

● Makefile.inc_1

```
PROGRAM =       inc_1
OBJS    =       inc_1.o
SRCS    =       $(OBJS:%.o=%.c)
CC      =       gcc
CFLAGS  =       -g -Wall
LDFLAGS =

$(PROGRAM):$(OBJS)
    $(CC) $(CFLAGS) $(LDFLAGS) -o $(PROGRAM) $(OBJS) $(LDLIBS)
```

● ビルド

```
$ make -f Makefile.inc_1
gcc -g -Wall   -c -o inc_1.o inc_1.c
gcc -g -Wall   -o inc_1 inc_1.o
$
```

●実行例

```
$ ./inc_1
pre inc n=1
n=1
post inc n=0
n=1
$
```

　++n、n++のどちらも2回目のprintf()では、1という値になっていますが、1回目のprintf()では、++nのほうは結果が1で、n++のほうは結果が0になりました。++nのほうは、printf()で結果を表示しようとしたときに、すでに変数の値のインクリメントが完了していて、n++のほうはprintf()で結果を表示し終わった後にインクリメントされるからです。

　++n（--n）のように、先に演算子を書く場合を「プリインクリメント（デクリメント）」、n++（n--）のように後に演算子を書く場合を「ポストインクリメント（ポストデクリメント）」と呼ぶことがあります。

　インクリメント／デクリメントは、制御構造のwhileやforを学習したあとは多用することになります。といっても、そんなに難しいものではありません。

未定義の演算子優先度

　あっさり説明した++、--演算子ですが、少し実験をしてみましょう。

```
n = n + ++n + n
```

と、

```
n = n + n++ + n
```

　みなさんは、どのような結果になるか予想がつきますか？　サンプルプログラムで実験してみましょう。

●リスト3-9　inc_2.c

```c
#include <stdio.h>

int
main(int argc, char *argv[])
{
    int n;

    n = 1;
    printf("n = n + ++n + n of n = %d\n", n = n + ++n + n);
    printf("n=%d\n", n);

    n = 1;
    printf("n = n + n++ + n of n = %d\n", n = n + n++ + n);
    printf("n=%d\n", n);
```

```
        return 0;
}
```

● Makefile.inc_2

```
PROGRAM   =      inc_2
OBJS      =      inc_2.o
SRCS      =      $(OBJS:%.o=%.c)
CC        =      gcc
CFLAGS    =      -g -Wall
LDFLAGS   =

$(PROGRAM):$(OBJS)
    $(CC) $(CFLAGS) $(LDFLAGS) -o $(PROGRAM) $(OBJS) $(LDLIBS)
```

● ビルド

```
$ make -f Makefile.inc_2
gcc -g -Wall   -c -o inc_2.o inc_2.c
inc_2.c: In function 'main':
inc_2.c:9: warning: operation on 'n' may be undefined
inc_2.c:13: warning: operation on 'n' may be undefined
gcc -g -Wall   -o inc_2 inc_2.o
$
```

● 実行例

```
$ ./inc_2
n = n + ++n + n of n = 6
n=6
n = n + n++ + n of n = 3
n=4
$
```

最近のほとんどのコンパイラでは、上記のような結果となったと思います。

では次に、1979年のコンパイラであるBDS-Cでの結果をご紹介します。

● 実行例

```
E>c inc_2

E>cc INC_2.c
BD Software C Compiler v1.60  (part I)
  39K elbowroom
BD Software C Compiler v1.60 (part II)
  36K to spare
E>clink INC_2 -sw
BD Software C Linker    v1.60
0E0A ISDIGIT    087F MAIN        094F PRINTF    0EC6 PUTCHAR
```

```
0E91 STRLEN      0E36 _GV2       096F _SPR       0D6B _USPR

Last code address: 0EFB
Externals start at 0EFC, occupy 0006 bytes, last byte at 0F01
Top of memory: F005
Stack space: E104
Writing output...
  48K link space remaining
E>;INC_2 is ready for testing.
E>inc_2
n = n + ++n + n of n = 5
n=5
n = n + n++ + n of n = 4
n=4

E>
```

少し違う結果になっていますね。

まず、解説の前に演算子の優先順位について説明します。3-1節で説明したように、演算子には優先順位があります（Appendix 1参照）。++や--は、=や加算の+、減算の-よりも優先度が高いです。

それを踏まえてn = n + ++n + nを見てみると、真っ先に実行されるのは++nで、その時点でnの値は2になり、あとは、順番に加算が実行されて、2 + 2 + 2となります……と考えがちですが、実はここに落とし穴があります。

C言語では演算子の優先順位は決められていますが、式の評価順には厳密な決まりがありません。そのため、++nはいつの時点で++されるかというのは、コンパイラによって変わるのです。筆者が試した限りは、よほど古いコンパイラではない限り6という結果になりましたが、その結果を過信するのは禁物です。コンパイル時にも「inc_2.c:9: warning: operation on 'n' may be undefined」と警告が出ています。これは、処理の仕方は未定義ですよという意味です。

n + n++ + nのほうは、今回利用したコンパイラが、ポストインクリメントなので1 + 1 + 1の結果をnに代入してからインクリメントしたのでしょう。こちらもやはり動作はコンパイラによって未定義です。

まずこんな処理は実際のプログラミングでは行わないと思いますが、人間が見てもよくわからないコードはコンパイラでも動作が未定義だったりするので気をつけましょう。

■単項演算子になる二項演算子

+や-は二項演算子ですが、場合によっては単項演算子になることもあります。それは、明示的に正の数や負の数として、数値を指定する場合です。

```
+1
-1
```

正の数はよいとして、-記号が使えなければ負の数を表現できないので、当然ですね。これにより、次のような式を書くことができます。

```
n = -1;
```

3-1節のリスト3-1を改造して、負の数を扱う式を実行してみましょう。

未定義の演算子優先度2

C言語でも、+や-を符号として扱うことで、負の数を扱えることが理解できたと思います。では、次のような式は正しいのでしょうか。

```
answer = a - -b;

answer = a --- b;
```

どのような結果になるか予想をたててから、サンプルプログラムで実験してみましょう。

◉ リスト3-10　dec.c

```c
#include <stdio.h>

int
main(int argc, char *argv[])
{
    int a, b;
    int answer;

    a = 1;
    b = 1;
    answer = a - -b;
    printf("answer is %d\n", answer);

    a = 1;
    b = 1;
    answer = a --- b;
    printf("answer is %d\n", answer);

    return 0;
}
```

◉ Makefile.dec

```
PROGRAM   =      dec
OBJS      =      dec.o
SRCS      =      $(OBJS:%.o=%.c)
CC        =      gcc
CFLAGS    =      -g -Wall
```

```
LDFLAGS =

$(PROGRAM):$(OBJS)
    $(CC) $(CFLAGS) $(LDFLAGS) -o $(PROGRAM) $(OBJS) $(LDLIBS)
```

◉ ビルド

```
$ make -f Makefile.dec
gcc -g -Wall    -c -o dec.o dec.c
gcc -g -Wall    -o dec dec.o
$
```

◉ 実行例

```
$ ./dec
answer is 2
answer is 0
$
```

　最初の、answer = a - -bは、変数aも変数bも中身は1なので、式としては1 - -1となりますね。負の数の減算は、加算と置き換えられるので、1 + 1の結果である2が答えとなりました。

　問題は、answer = a --- bです。---なんていう演算子は、これまでどこにも出てきませんでした。これは、--と-に分けて、answer = a-- -bという式として解釈されます。a--は、計算の実行時点では1で、それから- b、つまり- 1しているので1 - 1で0です。

　リスト3-10を少し変更して、answer = a --- bをanswer = a - -- bとしてみるとどうでしょうか。今度は、aから--bの結果である0を減算するという意味になり、answerは1となります。では、なぜa --- bと書いた場合は、a-- -bとなったのでしょうか。基本的にCコンパイラは、左から順番にプログラムを解釈していくので、a--が最初に意味としてまとまったものになるからです。

　同じ種類の記号を使っている演算子では、スペースの場所によって意味が変わるためプログラムの入力時は注意しなくてはなりません。紙に印刷されたプログラムを入力するときは、スペースの場所にも気をつけなくてはなりませんね。もっとも、このようなややこしいプログラムは書くべきではないため、ほとんどお目にかかることはないと思います。

反転

　単項演算子には、少し変わった作用のものもあります。それは、ビットを反転させる~演算子です。プログラミング初心者のうちは、あまり使う機会がないかもしれませんが、いざというときのために覚えておきましょう。

　　~数値

や、

```
~変数名
```

とすることにより、その数値や変数の値のビットがすべて反転します。

たとえば、1,431,655,765という値について考えてみます。これを、2進数（ビットの羅列）で表現すると、次の図のようになります。

これを反転すると、次の図のようになります。

変数のデータ型が32ビットの整数（int型）として扱われていた場合は、−1,431,655,766です。

◉リスト3-11　reverse.c

```c
#include <stdio.h>

int
main(int argc, char *argv[])
{
    int n;

    n = 1431655765;
    printf("n is %d\n", n);
    printf("~n is %d\n", ~n);

    return 0;
}
```

◉Makefile.reverse

```
PROGRAM     =   reverse
OBJS        =   reverse.o
SRCS        =   $(OBJS:%.o=%.c)
CC          =   gcc
CFLAGS      =   -g -Wall
LDFLAGS     =

$(PROGRAM):$(OBJS)
    $(CC) $(CFLAGS) $(LDFLAGS) -o $(PROGRAM) $(OBJS) $(LDLIBS)
```

● ビルド

```
$ make -f Makefile.reverse
gcc -g -Wall   -c -o reverse.o reverse.c
gcc -g -Wall   -o reverse reverse.o
$
```

● 実行例

```
$ ./reverse
n is 1431655765
~n is -1431655766
$
```

否定

　最後の単項演算子は、否定をする!です。式の結果を否定することができるのですが、そもそもどのような意味なのでしょうか。「条件式」の節で、>、<、>=、<=、==、!=を使った条件式の結果は、0か1であると説明しました。何らかの条件に当てはまらないときに処理を分岐させたい際に使います。たとえば、変数aと変数bが等しくないときに処理を分岐させたい場合は、次のように記述できます。

```
if (!(a == b)) {
    //分岐処理
}
```

変数aと変数bが等しくないときであれば、

```
if (a != b) {
    //分岐処理
}
```

と、記述することもできますが、複雑な条件を書く場合、非常に有効な演算子となります。
　ちなみに、!(a == b)は、なぜ括弧で括っているのでしょうか。これは、!演算子の優先度が高いため、!a == bと書いてしまうと、aの否定がbと等しいかという意味になってしまうからです。
　C言語の制御文では、0が偽、それ以外が真として解釈されることは「条件式」の節で説明しました。そのため、条件式のための!演算子は、普通の値や式に使うと、少し特殊な結果になります。
　!0であれば、偽の否定（反対）である、1になり、!1であれば真の否定（反対）である0になります。おそらくこれは、直感的に理解できると思います。しかし、C言語では0以外であれば、真として解釈されるため、!99などとしても、これは0になります。
　優先度の件とともに、サンプルプログラムを動かして、確認しておきましょう。

● リスト3-12　not.c

```
#include <stdio.h>
```

```c
int
main(int argc, char *argv[])
{
    int a;
    int b;

    a = 1;
    b = 2;

    if (!(a == b)) {
        printf("True¥n");
    }

    if (!a == b) {
        printf("False¥n");
    }

    printf("!0 is %d¥n", !0);
    printf("!1 is %d¥n", !1);
    printf("!99 is %d¥n", !99);

    return 0;
}
```

◉ Makefile.not

```
PROGRAM  =      not
OBJS     =      not.o
SRCS     =      $(OBJS:%.o=%.c)
CC       =      gcc
CFLAGS   =      -g -Wall
LDFLAGS  =

$(PROGRAM):$(OBJS)
    $(CC) $(CFLAGS) $(LDFLAGS) -o $(PROGRAM) $(OBJS) $(LDLIBS)
```

◉ ビルド

```
$ make -f Makefile.not
gcc -g -Wall    -c -o not.o not.c
gcc -g -Wall   -o not not.o
$
```

◉ 実行例

```
$ ./not
True
!0 is 1
!1 is 0
!99 is 0
$
```

!99などは、使わないと思いますが、知識として覚えておいても損はありません。せっかくなので、リスト3-12を改造して、!!99がどんな値になると予想を立ててから実行してみましょう。それにより、より理解が深まるはずです。

!演算子は、本来の意味としては条件式の反対の場合を条件としたい場合に使います。しかし、プログラマの中には、「変数の値が0であるとき」の条件として、!演算子を利用しています。これはどのようなことなのでしょうか。

サンプルプログラムで実験したように、!0の結果は1になります。1は、ifなどの制御文の中では、真になるので、0のときの分岐条件として利用できるのです。

```
a = 0;
if (!a) {
    printf("a is 0¥n");
}
```

筆者は、わかりにくいので、素直にa == 0と書くようにしていますが、!aと書く人も結構いるので、覚えておきましょう。

三項演算子

三項演算子はその他の演算子と違い、1種類しかありません。記号は?と:を組み合わせて使う、少し変わったものです。これで、条件分岐を書くことができます。

　　　条件 ? 条件が真の時の式 : 条件が偽の時の式;

これを使うと、通常if文を使わなくてはならない条件分岐を、1行の式で書けます。さっそくサンプルプログラムを実行してみましょう。

● リスト3-13　cond.c

```c
#include <stdio.h>

int
main(int argc, char *argv[])
{
    int a;

    a = -1;

    printf("absolute value is %d¥n", a > 0 ? a : -a);

    return 0;
}
```

●Makefile.cond

```
PROGRAM     =       cond
OBJS        =       cond.o
SRCS        =       $(OBJS:%.o=%.c)
CC          =       gcc
CFLAGS      =       -g -Wall
LDFLAGS     =

$(PROGRAM):$(OBJS)
    $(CC) $(CFLAGS) $(LDFLAGS) -o $(PROGRAM) $(OBJS) $(LDLIBS)
```

●ビルド

```
$ make -f Makefile.cond
gcc -g -Wall    -c -o cond.o cond.c
gcc -g -Wall    -o cond cond.o
$
```

●実行例

```
$ ./cond
absolute value is 1
$
```

　このサンプルプログラムは、変数aの絶対値を求めるものです。if文を使うと、次のように4行も必要ですが、三項演算子では1行で書ける上に、文ではなくて式なので、printf()関数内部に書けてしまいます。

```
if (a > 0) {
    printf("absolute value is %d¥n", a);
} else {
    printf("absolute value is %d¥n", -a);
}
```

　また、printf()関数の呼び出し自体も式なので、次のように書くこともできます（冗長なのでおすすめはしません）。

```
a > 0 ? printf("absolute value is %d¥n", a) : printf("absolute value is %d¥n", -a);
```

　非常に便利な演算子ですが、多用しすぎるとよくわからないプログラムになるので、要注意です。たとえば、次のプログラムは、変数aの絶対値から、変数bの絶対値を引いたものが偶数ならevenと表示して、奇数ならoddと表示するものですが、複雑すぎてよくわからない状態になっています。

```
((a > 0 ? a : -a) - (b > 0 ? b : -b)) % 2 ? printf("odd¥n") : printf("even¥n");
```

3-4 少し変わった演算子

　これまで説明した演算子は、計算式を組み立てるものが多くわかりやすいものでした。しかし、C言語には少し変わった演算子もありますので、紹介しましょう。

sizeof 演算子

　単なる単語のようですが、演算子です。これは、変数やデータ型のサイズを返してくれます。C言語では、データ型と記憶領域の大きさが密接に関係しているので、このような演算子が必要なのです。使い方は、次のとおりです。

```
sizeof 定数
sizeof 変数名
sizeof(データ型)
```

　サンプルプログラムを動かすことが理解への近道なので、実行してみましょう。

●リスト3-14　sizeof.c

```c
#include <stdio.h>

int
main(int argc, char *argv[])
{
    char a;
    int b;
    double c;

    printf("size of literal `1' is %zu\n", sizeof 1);
    printf("size of literal `hello, world\\n' is %zu\n",
            sizeof "hello, world\n");

    printf("size of variable a is %zu\n", sizeof a);
    printf("size of variable b is %zu\n", sizeof b);
    printf("size of variable c is %zu\n", sizeof c);

    printf("size of type long long is %zu\n", sizeof(long long));

    return 0;
}
```

● **Makefile.sizeof**

```
PROGRAM    =      sizeof
OBJS       =      sizeof.o
SRCS       =      $(OBJS:%.o=%.c)
CC         =      gcc
CFLAGS     =      -g -Wall
LDFLAGS    =

$(PROGRAM):$(OBJS)
    $(CC) $(CFLAGS) $(LDFLAGS) -o $(PROGRAM) $(OBJS) $(LDLIBS)
```

● **ビルド**

```
$ make -f Makefile.sizeof
gcc -g -Wall    -c -o sizeof.o sizeof.c
gcc -g -Wall    -o sizeof sizeof.o
$
```

● **実行例**

```
$ ./sizeof
size of literal `1' is 4
size of literal `hello, world¥n' is 14
size of variable a is 1
size of variable b is 4
size of variable c is 8
size of type long long is 8
$
```

　sizeof 1は、1という定数が何バイトメモリを使っているかを返しています。特に指定がなければ、CPUが一番高速に動作できるint型のサイズでメモリを利用するので、結果は4バイトになっています。sizeof 9223372036854775807にすれば、この数値は64ビット（8バイト）必要な桁数なので、結果は8バイトになります。

　sizeof "hello, world¥n"は、"hello, world¥n"という文字列定数が何バイトメモリを使っているか返しています。結果は、14バイトです。文字数を数えると、改行（¥n）を入れて13文字ですが、文字列定数は最後に¥0が入るため、14になります。2-3節の「どうすれば文字列が扱えるのか」に説明がありますので、疑問があれば復習してみましょう。

　sizeof a、sizeof b、sizeof cは、変数a、b、cが何バイトメモリを使っているか返しています。厳密には、C言語の規格で決まっていませんが、一般的なコンピュータではcharが1バイト、intが4バイト、doubleが8バイトなのでそのような結果になっています。2-2節の表2-2「データ型」をご覧ください。

　最後のsizeof(long long)は、long longデータ型が何バイトメモリを必要とするかを返します。これだけ、()で括ってあります。データ型は、long longのように、途中にスペースが入ったりもするので、()で括る必要があります。sizeof演算子は、データ型のサイズを調べるときに多用するので、ほとんどの

場合()で括ります。そのため、sizeof演算子を関数と勘違いしてしまいがちなので、そうではないということを覚えておいてください。

カンマ演算子

,演算子は、複数の式を1行で書くためのもので、次のように記述できます。

```
式1, 式2, 式3;

a = 1 + 1, b = 2 + 2, c = 3 + 3;
```

式の値としては、最後の式のものを持ちます。
　つまり、この,演算子を使った式を、他の変数に代入すると、c = 3 + 3 の結果である6という値になるということです。わかりにくいので、サンプルプログラムで試してみましょう。

● リスト3-15　comma.c
```c
#include <stdio.h>

int
main(int argc, char *argv[])
{
    int a, b, c;
    int value;

    value = (a = 1 + 1, b = 2 + 2, c = 3 + 3);

    printf("a is %d\n", a);
    printf("b is %d\n", b);
    printf("c is %d\n", c);

    printf("value of experssion is %d\n", value);

    return 0;
}
```

● **Makefile.comma**
```
PROGRAM     =   comma
OBJS        =   comma.o
SRCS        =   $(OBJS:%.o=%.c)
CC          =   gcc
CFLAGS      =   -g -Wall
LDFLAGS     =

$(PROGRAM):$(OBJS)
    $(CC) $(CFLAGS) $(LDFLAGS) -o $(PROGRAM) $(OBJS) $(LDLIBS)
```

●ビルド

```
$ make -f Makefile.comma
gcc -g -Wall    -c -o comma.o comma.c
gcc -g -Wall    -o comma comma.o
$
```

●実行例

```
$ ./comma
a is 2
b is 4
c is 6
value of experssion is 6
$
```

,演算子を使った式を()で括っているのは、この演算子の優先順位が非常に低いからです。

式の値を考えると、少しややこしいですが、複文を1つの式で記述できるので便利です。ただ、こちらも多用して何でもかんでも1行で書いてしまうと、よくわからないプログラムになりがちなので、注意してください。

複合演算子

複合演算子は、代入と演算を同時に行いたい場合に使います。複合演算子には、次の種類があります。

加算	+=
減算	-=
乗算	*=
除算	/=
剰余算	%=
論理積	&=
論理和	|=
排他的論理和	^=
左シフト	<<=
右シフト	>>=

●表3-6　複合演算子

※論理積、論理和、排他的論理和、シフトについては、後ほど解説します。

使い方は、次のとおりです。

　　　変数名　複合演算子　値又は変数

たとえば、n += 1と書くと、nに1を加算した結果を再びnに代入してくれます。n += 1であれば、n++と書けるため、あまりメリットは感じられません。しかし、繰り返しの処理でnの値を2つずつ増や

したいときなどに使えます。加算以外も、表にある演算であれば、同じように記述できます。

　慣れるまで読みにくい文法ですが、ときどき使いますのでサンプルプログラムで動きを確認しておきましょう。

●リスト3-16　combo.c

```c
#include <stdio.h>

int
main(int argc, char *argv[])
{
    int n;

    n = 1;

    n += 2;
    printf("n is %d¥n", n);

    n -= 3;
    printf("n is %d¥n", n);

    return 0;
}
```

●Makefile.combo

```
PROGRAM  =      combo
OBJS     =      combo.o
SRCS     =      $(OBJS:%.o=%.c)
CC       =      gcc
CFLAGS   =      -g -Wall
LDFLAGS  =

$(PROGRAM):$(OBJS)
    $(CC) $(CFLAGS) $(LDFLAGS) -o $(PROGRAM) $(OBJS) $(LDLIBS)
```

●ビルド

```
$ make -f Makefile.combo
gcc -g -Wall    -c -o combo.o combo.c
gcc -g -Wall    -o combo combo.o
$
```

●実行例

```
$ ./combo
n is 3
n is 0
$
```

ビット演算

コンピュータが記憶や演算を行う最小単位であるビット（数値を2進数で表現した際の1桁）を直接演算することをビット演算と呼びます。普通の演算とどのように違うのでしょうか。

普通の10進数を使った演算では、あまり2進数でどのような状態になっているかは意識しません。10進数で、1＋1を行うと結果も2となり繰り上がりは発生しません。しかし、2進数では、1＋1の結果は10となり繰り上がりが発生します。ビット演算は、1ビットごとを対象に演算を行うため、繰り上がりが発生しないと考えればわかりやすいです。ちなみに、繰り上がりではありませんが、桁だけをずらすビット演算もあります。

ビット演算は、繰り上がりが発生しないためかんたんな回路でCPU上に実装されています。そのため、昔は高速化するためにビット演算を利用することがありましたが、現在のパソコンやサーバは十分に高速なので速度のためにビット演算を利用することはあまりないかもしれません。では、何に使うのでしょうか。

身近なところでは、インターネットのIPアドレスの計算にビット演算が利用されています。詳細はインターネットの専門書に譲るとして、かんたんに説明をします。よく見かける、IPアドレス192.168.0.1、サブネットマスク255.255.255.0という表現は、IPアドレスからネットワークのグループであるネットワークアドレスとそのグループの中でコンピュータに割り当てられたホストアドレスを明確にするために使われています。

IPアドレス(10進数)	192	168	0	1
IPアドレス(2進数)	11000000	10101000	00000000	00000001
サブネットマスク(10進数)	255	255	255	0
サブネットマスク(2進数)	11111111	11111111	11111111	00000000

●図3-1　IPアドレスとサブネットマスク

IPアドレスとサブネットマスクの「論理積」をビット演算で求めると、192.168.0.0となりネットワークアドレスが求められます。論理積は、対象ビット同士を見比べて両方1のときだけ結果を1とし、それ以外は結果を0とする演算です。

IPアドレスの知識がないと理解が難しいので、まずは論理積をサンプルプログラムで実験してみましょう。論理積は、＆演算子で求めます。

●リスト3-17　and.c

```c
#include <stdio.h>

int
main(int argc, char *argv[])
{
    unsigned char a;
    unsigned char b;
```

```
    a = 192;
    b = 255;
    printf("first octet is %u\n", a & b);

    a = 168;
    b = 255;
    printf("second octet is %u\n", a & b);

    a = 0;
    b = 255;
    printf("third octet is %u\n", a & b);

    a = 0;
    b = 1;
    printf("fourth octet is %u\n", a & b);

    return 0;
}
```

● Makefile.and

```
PROGRAM  =      and
OBJS     =      and.o
SRCS     =      $(OBJS:%.o=%.c)
CC       =      gcc
CFLAGS   =      -g -Wall
LDFLAGS  =

$(PROGRAM):$(OBJS)
    $(CC) $(CFLAGS) $(LDFLAGS) -o $(PROGRAM) $(OBJS) $(LDLIBS)
```

● ビルド

```
$ make -f Makefile.and
gcc -g -Wall    -c -o and.o and.c
gcc -g -Wall    -o and and.o
$
```

● 実行例

```
$ ./and
first octet is 192
second octet is 168
third octet is 0
fourth octet is 0
$
```

　上から順番に、192 168 0 0と表示されて、ネットワークアドレスのような値になりました。まずは、実際にビット演算が利用されているシーンをサンプルプログラムで実験してみましたが、これでも難しい

と思うので順番に説明します。

論理積

リスト3-7で利用した論理積です。論理積の結果をまとめると、次のようになります。

```
値1    0 1 0 1
値2    0 0 1 1
───────────────
結果   0 0 0 1
```
●図3-2　論理積

　値1と値2が両方とも0のとき、結果は0です。片方ずつ1のときにも、結果は0です。しかし、両方が1のとき、結果は1になっています。

　ビットごとの論理積を求めるためには、&演算子を利用します。

　図3-2を踏まえて、もう一度ネットワークアドレスの計算を見てみるとだいぶ理解が深まると思います。

```
IPアドレス(2進数)        11000000  10101000  00000000  00000001
サブネットマスク(2進数)   11111111  11111111  11111111  00000000
─────────────────────────────────────────────────────────────
                         11000000  10101000  00000000  00000000
```
●図3-3　論理積でネットワークアドレスを求める

論理和

　論理和は、どちらか片方でも1であれば、結果が1になる演算です。論理和の結果をまとめると、次のようになります。

```
値1    0 1 0 1
値2    0 0 1 1
───────────────
結果   0 1 1 1
```
●図3-4　論理和

　どちらか片方に1があれば、結果が1になっていることがわかります。

　ビットごとの論理和を求めるためには|演算子を利用します。

排他的論理和

　排他的論理和は、値1と値2の値が異なれば、結果が1になる演算です。

```
値1    0 1 0 1
値2    0 0 1 1
結果    0 1 1 0
```

●図3-5　排他的論理和

ビットごとの排他的論理和を求めるためには^演算子を利用します。

論理否定

論理否定は、3-3節で「反転」を行う演算子として紹介したものです。~演算子を利用します。正確には「補数演算子」と言います。

すでに実験をして、動きは理解できていると思いますが、こちらも見てみましょう。単項演算子なので、与えられた値にのみ作用し、値が反転します。

```
値     0 1
結果    1 0
```
●図3-6　論理否定

改めて論理積、論理和、排他的論理和、論理否定についてサンプルプログラムを実行してみましょう。データ型には、unsigned charを利用しています。これは、普通のcharは負の数が扱えて、負の数かどうかを先頭のビットで見分けているため、ビット演算の実験に都合が悪いためです。

●リスト3-18　bit.c

```c
#include <stdio.h>

int
main(int argc, char *argv[])
{
    unsigned char a;
    unsigned char b;
    unsigned char answer;

    a = 5;  // 00000101
    b = 3;  // 00000011

    answer = a & b;
    printf("00000101 &(AND) 00000011 is %u¥n", answer);

    answer = a | b;
    printf("00000101 |(OR)  00000011 is %u¥n", answer);

    answer = a ^ b;
    printf("00000101 ^(XOR) 00000011 is %u¥n", answer);
```

```
        a = 1;   // 00000001
        answer = ~a;
        printf("~00000001 is %u¥n", answer);

        return 0;
}
```

●Makefile.bit

```
PROGRAM =       bit
OBJS    =       bit.o
SRCS    =       $(OBJS:%.o=%.c)
CC      =       gcc
CFLAGS  =       -g -Wall
LDFLAGS =

$(PROGRAM):$(OBJS)
    $(CC) $(CFLAGS) $(LDFLAGS) -o $(PROGRAM) $(OBJS) $(LDLIBS)
```

●ビルド

```
$ make -f Makefile.bit
gcc -g -Wall    -c -o bit.o bit.c
gcc -g -Wall    -o bit bit.o
$
```

●実行例

```
$ ./bit
00000101 &(AND) 00000011 is 1
00000101 |(OR)  00000011 is 7
00000101 ^(XOR) 00000011 is 6
~00000001 is 254
$
```

　実際に動かしてみるとなんとなくわかってきますね。2進数がわからないという方は、macOSやWindowsに付属している電卓を使うと、2進数や16進数へ変換できるモードがあるので便利です。

シフト演算子

　式と演算子の章の最後は、「シフト演算」です。シフト演算とは、ビットを左や右にずらす演算のことです。

　たとえば、0010というビット列があるとします。これを左にシフトすると0100になりますし、左にシフトすると0001になります。2進数では左にシフトすると数値が2倍になります。右にシフトすると数値が1/2になります。

　シフト演算には<<と>>を使います。さっそく実験してみましょう。

● リスト3-19　shift.c

```c
#include <stdio.h>

int
main(int argc, char *argv[])
{
    unsigned int n;

    n = 32768;   // 0000000000000000 1000000000000000

    printf("one left shift %u\n", n << 1);
    printf("two left shift %u\n", n << 2);

    printf("one right shift %u\n", n >> 1);
    printf("two right shift %u\n", n >> 2);

    return 0;
}
```

● Makefile.shift

```
PROGRAM  =      shift
OBJS     =      shift.o
SRCS     =      $(OBJS:%.o=%.c)
CC       =      gcc
CFLAGS   =      -g -Wall
LDFLAGS  =

$(PROGRAM):$(OBJS)
    $(CC) $(CFLAGS) $(LDFLAGS) -o $(PROGRAM) $(OBJS) $(LDLIBS)
```

● ビルド

```
$ make -f Makefile.shift
gcc -g -Wall    -c -o shift.o shift.c
gcc -g -Wall    -o shift shift.o
$
```

● 実行例

```
$ ./shift
one left shift 65536
two left shift 131072
one right shift 16384
two right shift 8192
$
```

　1つ左シフトをすると、32768の倍の65536になっています。2つ左シフトをすると、4倍の131072になっています。1つ右シフトをすると、1/2の16384になっています。2つ右シフトをすると、1/4の8192になっています。

シフト演算は、乗算や除算の代わりになります。CPUによっては、乗算や除算のための回路や命令を持っていないものがあります。その場合は、Cランタイムで乗算や除算を左シフトと加算、右シフトと減算の組み合わせにばらして実行しています。

ビット演算の注意点

　ビット演算は、整数系のデータ型にのみ利用できます。floatなどの浮動小数点型には利用できません。なぜかというと、浮動小数点型のデータ型はメモリを符号部、指数部、仮数部と分けて利用しているため、単純な数値としての1を格納しても2進数での1とはならないためです。次の図は、IEEE754方式で1を表現した場合です。

●図3-7　IEEE754方式で1を表現

　それから、右シフトには最上位のビットの扱いにより算術右シフトと論理右シフトという2タイプがあり、言語によっては選べるものもあります。しかし、C言語ではコンパイラやCPUの仕様に依存するので、プログラマが選ぶことはできません。そのため、最上位ビットが特別な意味を持たないunsignedのデータ型に対して利用するのが安全です。

Chapter 4
プログラムの流れを記述する

- 4-1 制御構造とは ……………………………………………… 138
- 4-2 逐次実行する ……………………………………………… 139
- 4-3 条件ごとに分岐する ……………………………………… 140
- 4-4 処理を繰り返す …………………………………………… 146
- 4-5 複数の条件を振り分ける ………………………………… 162
- 4-6 任意の場所にジャンプする ……………………………… 169

4-1 制御構造とは

　前章までに、変数と式について説明しましたが、サンプルプログラムのところどころにifやwhileといったものが登場しました。これらを用いた構造のことを「制御構造」と言います。制御構造は、C言語の文を実行する順序を決めるものと捉えてください。これをしっかりと理解すると、いよいよプログラムらしいことをC言語で実装できるようになります。覚えなくてはならないことは今までより少ないので、気負わずに取り組んでみましょう。

　プログラムでは、数値計算以外の大部分を制御構造が占めています。書かれた順番どおりに文や式を実行すること、条件によって処理の内容を分岐すること、それらを繰り返すことは、すべて制御構造です。そのため、プログラムと制御構造は、切っても切り離せないものなのです。ちなみに、プログラミング言語で実装するアルゴリズムは、「逐次実行」、「分岐」、「繰り返し」の3つさえ使いこなせれば、すべて実装可能です。実際には、関数などの概念を使ったほうがより綺麗にプログラムを書くことができますので、それしか使わないということではありませんが、それだけ制御構造は大事なものです。

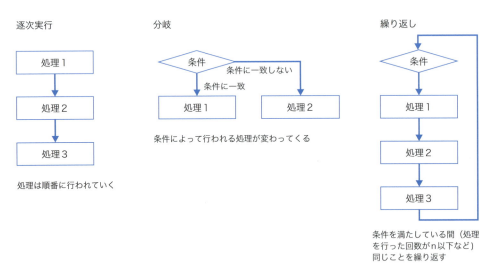

●図4-1　3つの制御構造

4-2 逐次実行する

　順番にプログラムを実行していくことを、「逐次実行」と言います。C言語は、プログラムを書いた順番で処理が進むので、逐次実行については、上から順番に書いていけばよいだけです。
　たとえば、

```
a = 1;
b = 2;
```

と書けば、変数aへ1を代入するという処理が行われた後、変数bへ2を代入する処理が行われます。分岐、繰り返しを使わない限りは、逐次実行で、順番に実行されると覚えておいてください。
　最近のコンピュータは、マルチコアやマルチプロセッサといって、複数のCPUを搭載しているものが珍しくありません。複数のCPUが搭載されていると、同時に複数の処理が行われ、処理が高速になります。
　では、逐次実行で書かれたプログラムをマルチコアやマルチプロセッサのコンピュータで実行すると、順番ではなく、複数行が同時に実行されたりするのでしょうか？
　答えは、「されません」です。あくまでも逐次実行は、書かれた順番にだけ処理が実行されます。複数の処理を同時に行いたい場合は、「マルチスレッド」という仕組みを使ってプログラムを書く必要があります。
　Unix系のOSでマルチスレッドを実現するには、一般的に「pthread」というライブラリを使います。マルチスレッドは、通信処理の受信を複数に走らせたり、通信処理とユーザーインターフェースを個別に走らせたり、便利で効率的、高速なプログラミングが可能になりますが、複数の処理で変数を共有するときの「排他処理」の問題などもあり、なかなか難しいものでもあります。
　本書を読破し終えたら、次はpthreadの本を読んで勉強するのも面白いかもしれません。

4-3 条件ごとに分岐する

分岐に関しては、「if文」を使います。ifは英語で「もしも」という意味なので、「もし～ならば」という感じで利用します。

if

一番基本的なif文は、次のように記述します。

● 構文

```
if (条件) {
    // 処理
}
```

条件の中には、式を記述します。一般的には、等価であるかどうかや、大なり小なり（>、<）を使った比較についての条件式を書きます。3-1節でも説明しましたが、C言語の式はすべて値を持ちます。1 + 1という式であれば、2という値を持ちます。C言語のif文は、式の値が0であれば偽、それ以外であれば真として扱われますので、次のようなプログラムも問題なくコンパイルして動作させることができます。

```
if (1 + 1) {
    printf("真¥n");
}
```

ただ、このような分岐は意味がないので、気をつけましょう。

■ブロックの意味

if文では、分岐先の処理が「{ }」で括られています。これは「ブロック」と呼び、文を1つのまとまりとして扱う単位になります。

if文で処理を分岐させた先には、通常複数の文がありますので、ブロックで記述することが多いのです。しかし、分岐先に1つの文しかない場合は、次のようにブロックにしないで記述もできます。

```
if (1 + 1)
    printf("真¥n");
```

else

if文は「もし〜ならば」の他に、「そうではないならば」も記述することができます。その際は、elseを利用します。

```
if (条件) {
    // 処理
} else {
    // 処理
}
```

さらに、elseには条件を追加することもできます。その場合は、次のような記述になります。

```
if (条件1) {
    // 処理
} else if (条件2) {
    // 処理
} else if (条件3) {
    // 処理
} else {
    // 処理
}
```

これまでのサンプルプログラムでif文は登場していますが、elseは説明だけでしたので、実験してみましょう。

● リスト 4-1　if_else.c

```c
#include <stdio.h>

int
main(int argc, char *argv[])
{
    int a = 1;

    if (a == 1) {
        printf("a is 1¥n");
    } else if (a == 2) {
        printf("a is 2¥n");
    } else {
        printf("a is neither 1 nor 2¥n");
    }

    return 0;
}
```

● Makefile.if_else

```
PROGRAM =       if_else
```

```
OBJS     =      if_else.o
SRCS     =      $(OBJS:%.o=%.c)
CC       =      gcc
CFLAGS   =      -g -Wall
LDFLAGS  =

$(PROGRAM):$(OBJS)
    $(CC) $(CFLAGS) $(LDFLAGS) -o $(PROGRAM) $(OBJS) $(LDLIBS)
```

◉ビルド

```
$ make -f Makefile.if_else
gcc -g -Wall    -c -o if_else.o if_else.c
gcc -g -Wall    -o if_else if_else.o
$
```

◉実行例

```
$ ./if_else
a is 1
$
```

　サンプルでは、変数aに1が代入されているので、a is 1と表示されました。変数aの初期値を変化させて、実験してみましょう。

ブロックなしのif文

```
if (a == 1) {
    printf("a is 1¥n");
}
```

は、ブロックを使わずに、

```
if (a == 1)
    printf("a is 1¥n");
```

と書くことも可能です。行数が節約できて便利に見えますが、いくつか落とし穴があります。
　まずは、リスト4-1で、ブロックを使わなくしたものです。

◉リスト4-2　if_else_2.c

```
#include <stdio.h>

int
main(int argc, char *argv[])
{
    int a = 1;
```

```
    if (a == 1)
        printf("a is 1¥n");
    else if (a == 2)
        printf("a is 2¥n");
    else
        printf("a is neither 1 nor 2¥n");

    return 0;
}
```

●Makefile.if_else_2

```
PROGRAM   =       if_else_2
OBJS      =       if_else_2.o
SRCS      =       $(OBJS:%.o=%.c)
CC        =       gcc
CFLAGS    =       -g -Wall
LDFLAGS   =

$(PROGRAM):$(OBJS)
    $(CC) $(CFLAGS) $(LDFLAGS) -o $(PROGRAM) $(OBJS) $(LDLIBS)
```

　このプログラムは、リスト4-1とまったく同じ動作をしますので、実行結果も同じです。では、ここでprintf("a is 1¥n");をコメントアウトしてみましょう。コメントアウトとは、//や/*〜*/によってプログラムの文を無効化することです。//や/*〜*/は注釈（コメント）を書くこと以外にも、実験のために一時的に無効化する場合にも利用しますので、覚えておいてください。

```
#include <stdio.h>

int
main(int argc, char *argv[])
{
    int a = 1;

    if (a == 1)
        //printf("a is 1¥n");
    else if (a == 2)
        printf("a is 2¥n");
    else
        printf("a is neither 1 nor 2¥n");

    return 0;
}
```

　この状態でもう一度ビルドを行うと、次のようにコンパイルエラーになってしまいました。

●ビルド

```
$ make -f Makefile.if_else_2
cc -g -Wall   -c -o if_else_2.o if_else_2.c
if_else_2.c: In function 'main':
if_else_2.c:10: error: expected expression before 'else'
make: *** [if_else_2.o] Error 1
$
```

ifの次には必ず有効な文かブロックが必要なのにコメントアウトしてしまったので、いきなりelseが現れるようになってしまったからです。コンパイラにとっては、次のように認識されています。

```
    if (a == 1)
    else if (a == 2)
```

リスト4-1のサンプルプログラムであれば、中の処理をコメントアウトしたとしても、ブロックは生きているのでこのようなことにはなりません。いろいろと試行錯誤しているときに一部をコメントアウトして動作を確認したりすることがありますが、ブロックを使わないif文を使っていると、このようなときに思わぬエラーに出くわすことがあります。特に初心者のうちは、if文（や他の制御文）は、必ずブロックと利用することをおすすめします。

同じような危ない例として、次のようなことも考えられます。

●リスト4-3　if_else_3.c

```c
#include <stdio.h>

int
main(int argc, char *argv[])
{
    int a = 1;

    if (a != 0)
        printf("a is %d¥n", a);

    return 0;
}
```

●Makefile.if_else_3

```
PROGRAM    =        if_else_3
OBJS       =        if_else_3.o
SRCS       =        $(OBJS:%.o=%.c)
CC         =        gcc
CFLAGS     =        -g -Wall
LDFLAGS    =

$(PROGRAM):$(OBJS)
    $(CC) $(CFLAGS) $(LDFLAGS) -o $(PROGRAM) $(OBJS) $(LDLIBS)
```

このプログラムのprintf("a is %d¥n", a);の後に、printf("a have value¥n");を追加することを考えてみましょう。次のように追加すると、コンパイルエラーにはなりませんが、変数aが0以外のときでもprintf("a have value¥n");が実行されてしまい、プログラムの意味としては間違いになってしまいます。

```
if (a != 0)
    printf("a is %d¥n", a);
    printf("a have value¥n");
```

if (a != 0)で分岐しているのは、printf("a is %d¥n", a);までで、その後は分岐外の処理となってしまいます。ブロックを使ってわかりやすく表現すると、次のようになります。

```
if (a != 0) {
    printf("a is %d¥n", a);
}
printf("a have value¥n");
```

このような間違いはコンパイルエラーにはならないので、プログラムを実行してみて「なんか変だな……」とかなり悩むことになります。

4-4　処理を繰り返す

　コンピュータが強力な情報処理を行えるのは、繰り返しで同じようなことをものすごい速度で行うことができるからです。繰り返しには、while、do while、forの3種類があり、それぞれ特徴があります。

while

　whileは、英語「～の間」という意味なので、条件に当てはまっている間、繰り返し処理をしてくれます。if文がわかれば、文法は同じなのでかんたんです。次のように書くと、条件を満たしている間、処理を行い続けます。

```
while (条件) {
    // 処理
}
```

　すでに第2章のサンプルでwhileが登場していますので、少し違うサンプルを動かしてみましょう。1＋2＋3＋4＋5＋6＋7＋8＋9＋10の解を求めるプログラムです。数学が好きな人であれば、この解は等差数列の総和を求める公式でかんたんに求められるとご存じでしょうが、繰り返しのサンプルなのでwhileを使います。ちなみに、公式を使えば（10×（1＋10））÷2で求められます。

● リスト4-4　while.c

```c
#include <stdio.h>

int
main(int argc, char *argv[])
{
    int answer;
    int cnt;

    answer = 0;
    cnt = 0;
    while (cnt < 10) {
        answer = answer + (cnt + 1);
        cnt = cnt + 1;
    }
    printf("answer = %d\n", answer);
```

```
        return 0;
}
```

● **Makefile.while**

```
PROGRAM   =       while
OBJS      =       while.o
SRCS      =       $(OBJS:%.o=%.c)
CC        =       gcc
CFLAGS    =       -g -Wall
LDFLAGS   =

$(PROGRAM):$(OBJS)
    $(CC) $(CFLAGS) $(LDFLAGS) -o $(PROGRAM) $(OBJS) $(LDLIBS)
```

● ビルド

```
$ make -f Makefile.while
gcc -g -Wall    -c -o while.o while.c
gcc -g -Wall    -o while while.o
$
```

● 実行例

```
$ ./while
answer = 55
$
```

　できる限りかみ砕いたサンプルにしてみましたが、もう少し詳しく説明します。変数 answer も、変数 cnt も while の実行前は 0 です。そのため、初めて while を実行するとき 0＜10 となり条件を満たしますので、ブロック内が実行されます。ブロックでは、answer と cnt を 1 増やした値を加算して、answer に代入しています。つまり、初回では answer ＝ 0 ＋（0 ＋ 1）[※1] となるのです。

※1　()は不要ですが、わかりやすくするためにつけています。

　次に cnt の値を 1 増やして、再度 while の条件チェックが実行されます。1 ＜ 10 となり、まだ条件を満たしているので、再びブロック内が実行されます。これが、cnt ＜ 10 を満たさなくなるまで続きます。
　表に整理すると次のようになります。

answerの値	cntの値	answerに代入する式
0	0	0 + (0 + 1) つまり 0 + 1
1	1	1 + (1 + 1) つまり 1 + 2
3	2	3 + (2 + 1) つまり 3 + 3
6	3	6 + (3 + 1) つまり 6 + 4
10	4	10 + (4 + 1)　つまり 10 + 5
15	5	15 + (5 + 1)　つまり 15 + 6
21	6	21 + (6 + 1)　つまり 21 + 7
28	7	28 + (7 + 1)　つまり 28 + 8
36	8	36 + (8 + 1)　つまり 36 + 9
45	9	45 + (9 + 1)　つまり 45 + 10
55	10	cnt < 10 を満たさなくなるので、ブロックは実行されない

●表4-1　answerに代入する式

　answerに代入する式が、1＋2＋3＋4＋5＋6＋7＋8＋9＋10を順番に行っていることになっていることに着目してください。意外とややこしいので、理解できない場合は自分で表を書いて、次のように途中にprintf()を入れ込んで値の動きを追ってみてください。

```
while (cnt < 10) {
    answer = answer + (cnt + 1);
    printf("answer = %d + (%d + 1)¥n", answer, cnt);
    cnt = cnt + 1;
    printf("cnt = %d + 1¥n", cnt);
}
```

Note　無限ループ

　プログラミングにおいてなくてはならない繰り返しの処理ですが、一歩間違えると重大なバグが生じてしまいます。よくあるものが「無限ループ」と呼ばれる現象です。いつまで経っても条件を満たし続けるため、永久にwhile文が実行され続けてしまうのです。たとえば、今回のリスト4-4のwhile (cnt < 10)を、while (cnt < cnt + 10)などとうっかりして書いてしまうと、永久に条件を満たしてしまうのでプログラムが終わらなくなってしまいます。よくあるパソコンのプログラムの「フリーズ」や「固まる」といった現象の大半はこの無限ループによるバグです。複雑なプログラムになると、通常の範囲での利用であればきちんと繰り返しを終了できても、特定の条件が重なると繰り返しが終わらなくなることがあるのです。繰り返しを使わなくてはまともなプログラムは書けませんが、注意しないとバグになってしまうので気をつけましょう。

　せっかくなので、whileの条件を書き換えて、無限ループの実験をしてみましょう。終了させるときは、control＋cを押せば強制終了できるので、安心してください。

　今回のサンプルプログラムでは、while (cnt != 10) と書くことも間違いではありませんが、cntの値を3ずつ増やすように改造したときにやはり無限ループになります。しかし、cnt < 10としておけば、少なくとも無限ループになることはないので、繰り返しのときは極力範囲を指定できる < や > で条件を書くようにしましょう。

break

　繰り返し処理は、条件を満たさなくなれば自動的に終了します。しかし、その条件を満たさなくなる前に、特定の条件で繰り返しを終了したいときがあります。そのときのために、「break文」があります。繰り返し中にbreak文があると、その時点で無条件に繰り返しを終了します。

```
while (条件) {
    // 処理
    break;   ← ここで繰り返しが終了する
}
```

　そのため、break文はif文と組み合わせて使うことが一般的です。

```
while (条件) {
    // 処理
    if (条件) {
        break;   ← ここで繰り返しが終了する
    }
}
```

　せっかくなので、break文を使った素数を求めるサンプルプログラムを紹介します。

◉ リスト4-5 　prime.c

```
#include <stdio.h>

int
main(int argc, char *argv[])
{
    int i, j, end;
    int flag_not_prime;        // 0なら素数、1なら素数ではない

    end = 100;                 // 100までの素数を求める

    i = 1;

    while (i <= end) {         // 1 ～ end まで繰り返して調べる
        flag_not_prime = 0;
        j = 2;
        while (j < i) {        // 2 ～ 今注目している数(i - 1)まででiを割ってみる
            if (i % j == 0) {  // 余りが0(割り切れた)なら素数ではない
                flag_not_prime = 1;
                break;         // 割り切れてしまったら、繰り返す必要がないのでbreakする
            }
            j = j + 1;
        }
        if (flag_not_prime == 0) {
            printf("%d\n", i); // ここまで到達したら、i は素数
        }
```

```c
        i = i + 1;
    }
    return 0;
}
```

● Makefile.prime

```makefile
PROGRAM =       prime
OBJS    =       prime.o
SRCS    =       $(OBJS:%.o=%.c)
CC      =       gcc
CFLAGS  =       -g -Wall
LDFLAGS =

$(PROGRAM):$(OBJS)
    $(CC) $(CFLAGS) $(LDFLAGS) -o $(PROGRAM) $(OBJS) $(LDLIBS)
```

● ビルド

```
$ make -f Makefile.prime
gcc -g -Wall    -c -o prime.o prime.c
gcc -g -Wall    -o prime prime.o
$
```

● 実行例

```
$ ./prime
1
2
3
5
7
11
13
17
19
23
29
31
37
41
43
47
53
59
61
67
71
73
79
83
```

```
89
97
$
```

　素数とは、1とその数自身以外で割り切れない数のことなので、正しい結果になっていることがわかると思います。

　最初の繰り返し条件で、1〜100までの数を調べています。

```
while (i <= end) {
    i = i + 1;
}
```

　このwhileのブロック内のもう1つのwhileで、2から順番に剰余算を行って、割り切れるかどうか調べています。なぜ2から順番にかというと、1では必ず割り切れてしまいますし、そもそも素数の定義が「1とその数自身以外で割り切れない数」だからです。

　たとえば変数iが4のときは、このwhile内のブロックは4%2を行います。4÷2は割り切れるので、ifのブロックを実行して変数flag_not_primeに1を代入します。さらに、割り切れてしまったらもう素数ではないことが確定しますので、4%3を行う意味はありません。そこで、break文でこの繰り返しを終了しています。

```
j = 2;
while (j < i) {
    if (i % j == 0) {
        flag_not_prime = 1;
        break;
    }
    j = j + 1;
}
```

　break文とは直接関係ありませんが、flag_not_primeのような0か1しか値を持たない変数（データ型としてはintなので、−2,147,483,648〜2,147,483,647まで表現できます）のことを「フラグ」と呼びます。

　繰り返しのwhileが2箇所出てきて複雑ですが、人間が計算をすると時間がかかることを瞬時に求めるコンピュータらしいサンプルプログラムだったと思います。難しいと感じたら、こちらも途中に変数の値を表示するprintf()を仕込んだりして、動きを目で追ってみましょう。たとえば、変数endの値を5にして、繰り返し部分を次のように書き換えてみます。

```
while (i <= end) {              // 1 〜 end まで繰り返して調べる
    printf("\nTest for %d\n", i);
    flag_not_prime = 0;
    j = 2;
    while (j < i) {             // 2 〜 今注目している数(i - 1)まででiを割ってみる
```

```
            printf("    Can %d divide by %d?¥n", i, j);
            if (i % j == 0) {     // 余りが0(割り切れた)なら素数ではない
                printf("        Yes, not prime¥n");
                flag_not_prime = 1;
                break;            // 割り切れてしまったら、繰り返す必要がないのでbreakする
            }
            printf("        No, continue¥n");
            j = j + 1;
        }
        if (flag_not_prime == 0) {
            printf("    %d is prime¥n", i);     // ここまで到達したら、i は素数
        }
        i = i + 1;
    }
```

こうすると、次のようになぜその数が素数として選ばれたかわかると思います。

```
Test for 1
    1 is prime

Test for 2
    2 is prime

Test for 3
    Can 3 divide by 2?
        No, continue
    3 is prime

Test for 4
    Can 4 divide by 2?
        Yes, not prime

Test for 5
    Can 5 divide by 2?
        No, continue
    Can 5 divide by 3?
        No, continue
    Can 5 divide by 4?
        No, continue
    5 is prime
```

continue

　break文の他にも、繰り返し中に使えるものに「continue文」があります。break文はそこで繰り返しを止めてしまいましたが、continue文はそこで繰り返しの先頭に戻り、やり直します。

```
    while (条件) {   ①
        // 処理
```

```
        continue;      ←ここで①に戻る
    }
```

こちらもbreak文同様if文と組み合わせて使うのが一般的です。

```
while (条件) {          ①
    // 処理
    if (条件) {
        continue;      ←ここで①に戻る
    }
}
```

リスト4-5は素数を求めるものでしたが、最初に1が表示されてしまいました。厳密に言うと素数には素因数分解の一意性を成立させるために1を含みません。そこで、continue文を使って1を表示させないようにしてみます。

● リスト4-6　prime_2.c

```c
#include <stdio.h>

int
main(int argc, char *argv[])
{
    int i, j, end;
    int flag_not_prime;          // 0なら素数, 1なら素数ではない

    end = 100;                   // 100までの素数を求める

    i = 1;

    while (i <= end) {           // 1 ～ end まで繰り返して調べる
        flag_not_prime = 0;
        j = 2;
        while (j < i) {          // 2 ～ 今注目している数(i - 1)まででiを割ってみる
            if (i % j == 0) {    // 余りが0(割り切れた)なら素数ではない
                flag_not_prime = 1;
                break;           // 割り切れてしまったら、繰り返す必要がないのでbreakする
            }
            j = j + 1;
        }
        if (i == 1) {
            i = i + 1;
            continue;            // 1は素数には含まないため、while (i <= end) に戻る
        }
        if (flag_not_prime == 0) {
            printf("%d\n", i);   // ここまで到達したら、i は素数
        }
        i = i + 1;
    }
```

```c
    return 0;
}
```

● Makefile.prime_2

```
PROGRAM =       prime_2
OBJS    =       prime_2.o
SRCS    =       $(OBJS:%.o=%.c)
CC      =       gcc
CFLAGS  =       -g -Wall
LDFLAGS =

$(PROGRAM):$(OBJS)
    $(CC) $(CFLAGS) $(LDFLAGS) -o $(PROGRAM) $(OBJS) $(LDLIBS)
```

● ビルド

```
$ make -f Makefile.prime_2
gcc -g -Wall    -c -o prime_2.o prime_2.c
gcc -g -Wall    -o prime_2 prime_2.o
$
```

● 実行例

```
$ ./prime_2
2
3
5
7
11
13
17
19
23
29
31
37
41
43
47
53
59
61
67
71
73
79
83
89
97
$
```

きちんと2から順番に表示されるようになりました。本来であれば、最初のi = 1;をi = 2;にすればよいだけですが、例のためcontinue文を使いました。continueする前にi = i + 1;を行わないと変数iの値が永久に変化することがなくなり、無限ループになってしまいます。break文やcontinue文は制御の流れを強制的に変更するものなので、そういうことにならないよう注意しましょう。

■円周率を求める

while文の説明の終わりに、少し先の章の内容を先取りしますが、サンプルとして円周率を求めるプログラムを紹介します。先取りの内容は、「キャスト」と「乱数」だけなので、数学に興味のある方は楽しめるのではないかと思います。

● リスト4-7　pi.c

```c
#include <stdio.h>
#include <stdlib.h>               // srand(), rand()のため
#include <time.h>                 // time() のため

int
main(int argc, char *argv[])
{
    double x, y, insect_cnt;
    int i;

    insect_cnt = 0.0;
    i = 0;

    srand(time(NULL));            // 乱数を使うためのおまじない

    while (i < 100000000) {       // 1億回繰り返す
        x = (double) rand() / RAND_MAX;  // 変数x に0～1までの間の乱数を得る
        y = (double) rand() / RAND_MAX;  // 変数y に〃
        if (x * x + y * y < 1.0) {       // 半径1.0の扇形の中に収まるか？(円の方程式)
            insect_cnt = insect_cnt+1.0;
                        // 1億回中、半径1.0の扇形に収まった回数を変数insect_cntに記憶
        }
        i = i + 1;
    }

    // insect_cnt / i は、1億回中、半径1.0の扇形に収まった確率
    // 扇形を4倍すると円の面積となるので、* 4.0
    printf("%f\n", insect_cnt / i * 4.0);

    return 0;
}
```

● Makefile.pi

```
PROGRAM =       pi
OBJS    =       pi.o
```

```
SRCS        =       $(OBJS:%.o=%.c)
CC          =       gcc
CFLAGS      =       -g -Wall
LDFLAGS     =

$(PROGRAM):$(OBJS)
    $(CC) $(CFLAGS) $(LDFLAGS) -o $(PROGRAM) $(OBJS) $(LDLIBS)
```

● **ビルド**

```
$ make -f Makefile.pi
gcc -g -Wall   -c -o pi.o pi.c
gcc -g -Wall   -o pi pi.o
$
```

● **実行例**

```
$ ./pi
3.141556    ※Core2Duo 2.4GHzのコンピュータで結果が出るのに5秒程かかります
$
```

このプログラムは、「モンテカルロ法」を利用して円周率を求めるプログラムです。モンテカルロ法とは確率とは直接関係のない問題を、確率を利用して解く手法です。

円周率を求める場合、まずは、適当に乱数でx座標とy座標を決めて、円の方程式に代入します。円の方程式は$x^2 \times y^2 = r^2$なので、x * x + y * yが1の範囲内に収まっていれば、乱数で決めた座標は半径が1の円の中に収まっていることがわかります。

```
x = (double) rand() / RAND_MAX;
y = (double) rand() / RAND_MAX;
if (x * x + y * y < 1.0) {
}
```

この処理を相当数（多ければ多いほど精度が上がります）繰り返し、半径が1の円の中に収まった回数を数えておきます。今回のプログラムでは、(double) rand() / RAND_MAXとして、0〜1の間の乱数を得ています。負の数にはならないため、正確には半径が1の扇形となります。繰り返しが終わったら、半径が1の円の中に収まった回数を繰り返した回数で割り、確率を求めます。実際には扇形で計算したので、4倍して円全体の面積とします。

```
insect_cnt / i * 4.0
```

半径が1の円の面積は、円周率と等しいので、この計算の結果が円周率になります。繰り返し条件を変更すると、どんどん精度が変わっていきます。1,000回くらいでは、3.12などとかなりいい加減な数になります。条件を変更して、実験してみましょう。

ちなみに「乱数の種（Seed）」として現在時刻を利用しているので、実行するたびに結果は微妙に異

なります。

　ここまで学習すると、結構いろいろとできることも広がりますので、是非サンプル以外のプログラムも作って実験してみてください。

for／do～while

　if文とwhile文を学習すると、さまざまなアルゴリズムが実装できるようになります。その一例として、素数を求めるサンプルプログラムや、円周率を求めるサンプルプログラムを紹介しました。これらのサンプルを眺めていると、while文は以下のパターンとなっていることがわかると思います。

```
条件のための変数の初期化
while (条件) {
    変数の値を増やす
}
```

　素数を求めるサンプルのこの部分は、次のようになっています。

```
i = 1;
while (i <= end) {      // 1 ～ end まで繰り返して調べる
    i = i + 1;
}
```

　必ずではありませんが、多くの繰り返し処理はこの形になります。そこで、C言語にはこの形の繰り返しをすっきり記述するための「for文」が用意されています。

■for

　for文は、基本的にはwhile文と同じですが、「繰り返しの前に行う処理」、「繰り返し条件」、「繰り返しの最中に行う処理」を1行で書くことができます。

```
for (繰り返しの前に行う処理; 条件; 繰り返しの最中に行う処理) {
}
```

　先ほどの例をfor文で書くと、次のようになります。

```
for (i = 1; i <= end; i = i + 1) {
}
```

　いかがでしょうか。while文よりすっきりしていませんか。
　for文のi = i + 1は、ブロック内の処理が終わった後に実行されます。その後、繰り返し条件の判定が行われます。
　リスト4-6をfor文で書き直したサンプルプログラムを動かして、実際の動きを見てみましょう。

● リスト4-8　prime_3.c

```c
#include <stdio.h>

int
main(int argc, char *argv[])
{
    int i, j, end;
    int flag_not_prime;             // 0なら素数，1なら素数ではない

    end = 100;                      // 100までの素数を求める

    for (i = 1; i <= end; i = i + 1) {  // 1 ～ end まで繰り返して調べる
        flag_not_prime = 0;
        for (j = 2; j < i; j = j + 1) { // 2 ～ 今注目している数(i - 1)まででiを割ってみる
            if (i % j == 0) {           // 余りが0(割り切れた)なら素数ではない
                flag_not_prime = 1;
                break;                  // 割り切れてしまったら、繰り返す必要がないのでbreakする
            }
        }
        if (i == 1) {
            continue;                   // 1は素数には含まないため、while (i <= end) に戻る
        }
        if (flag_not_prime == 0) {
            printf("%d\n", i);          // ここまで到達したら、i は素数
        }
    }
    return 0;
}
```

● Makefile.prime_3

```
PROGRAM   =      prime_3
OBJS      =      prime_3.o
SRCS      =      $(OBJS:%.o=%.c)
CC        =      gcc
CFLAGS    =      -g -Wall
LDFLAGS   =

$(PROGRAM):$(OBJS)
	$(CC) $(CFLAGS) $(LDFLAGS) -o $(PROGRAM) $(OBJS) $(LDLIBS)
```

● ビルド

```
$ make -f Makefile.prime_3
gcc -g -Wall    -c -o prime_3.o prime_3.c
gcc -g -Wall    -o prime_3 prime_3.o
$
```

● 実行例

```
$ ./prime_3
```

```
2
3
5
7
11
13
17
19
23
29
31
37
41
43
47
53
59
61
67
71
73
79
83
89
97
$
```

　結果はまったく同じですが、プログラムはだいぶすっきりしました。特に、while文のサンプルプログラムではcontinue時にもi = i + 1を行ってあげる必要がありましたが、for文では必ず繰り返すときにi = i + 1を自動的に行ってくれることもよい点です。

■**カウンタ**

　for文を使うと、繰り返し中の処理でi = i + 1を書かなくてもよくなるのでプログラムがすっきりしますが、3-3節で登場したインクリメントの演算子（++）を使うとさらにすっきりします。i = i + 1は、変数iの値を1増やす処理なので、そのままi++と記述できます。

```
for (i = 1; i <= end; i = i + 1)
```

```
for (i = 1; i <= end; i++)
```

　実際のプログラムでは、i = i + 1と書くことはまずなく、i++と書くことがほとんどです。なぜかというと、繰り返しでは順番に数値を処理することが多いからです。このように、繰り返す回数を数えたりする変数を総称してカウンタやループカウンタと呼びます。

　覚えたての頃は、for文よりwhile文のほうがわかりやすいかもしれませんが、C言語で多用する文法

なので使いこなせるようになりましょう。せっかくなので、while.cのサンプルプログラム（リスト4-4）もfor文で書き直してみてください。

■do〜while

whileは、繰り返しを開始する前に、そもそも条件に当てはまらなければ繰り返し処理は行われません。当たり前ですが、次のような繰り返し条件で、最初からcntが10以上の場合、ブロック内の処理は一切行われないのです。

```
while (cnt < 10) {
}
```

しかし、それでは都合が悪い場合のために、do while文があります。do whileでは、必ず繰り返し処理を一度は行って、最後に条件を確認します。

```
do {
    // 処理
} while (条件);
```

できることは同じ繰り返し処理なので、while文やfor文と違いありませんが、どんな条件でも必ず1回はブロック内が実行されるので対話的な処理を書く際に便利です。単純な対話処理のサンプルプログラムで実験してみましょう。内容はサイコロプログラムです。

●リスト4-9　dice.c
```
#include <stdio.h>
#include <stdlib.h>                    // srand(), rand()のため
#include <time.h>                      // time() のため

int
main(int argc, char *argv[])
{
    int c;

    srand(time(NULL));                 // 乱数を使うためのおまじない

    do {
        printf("%d\n", rand() % 6 + 1); // 1〜6までのランダムな数値を得る
        c = getchar();                  // 1文字キーボードから入力を得る
    } while (c != 'q');                 // 入力された1文字がqではない間繰り返す
    return 0;
}
```

●Makefile.dice
```
PROGRAM =       dice
OBJS    =       dice.o
```

```
SRCS        =       $(OBJS:%.o=%.c)
CC          =       gcc
CFLAGS      =       -g -Wall
LDFLAGS     =

$(PROGRAM):$(OBJS)
    $(CC) $(CFLAGS) $(LDFLAGS) -o $(PROGRAM) $(OBJS) $(LDLIBS)
```

●ビルド

```
$ make -f Makefile.dice
gcc -g -Wall   -c -o dice.o dice.c
gcc -g -Wall   -o dice dice.o
$
```

●実行例

```
$ ./dice
2     ← サイコロの目は2だった
      ← [enter]キーを入力
5     ← 次のサイコロの目は5だった
      ← [enter]キーを入力
1     ← 次のサイコロの目は1だった
q     ← [q]キーを入力してから、[enter]キーを入力
$     ← プログラムが終了
```

　このプログラムは実行すると、ランダムな数値（サイコロの目）を表示します。そのまま、[enter]を入力するたびにランダムな数値を表示しますが、[q]と[enter]を入力するとプログラムを終了します。

　このプログラムは、do～whileを使わなくても書くことができますが、whileを使うと次のように1文字キーボードから入力するgetchar()関数を2回書くことになり、見通しが若干悪くなります。

```
    do {
        printf("%d¥n", rand() % 6 + 1);  // 1～6までのランダムな数値を得る
        c = getchar();                    // 1文字キーボードから入力を得る
    } while (c != 'q');                   // 入力された1文字がqではない間繰り返す

                    ▼

    c = getchar();                        // 1文字キーボードから入力を得る
    while (c != 'q') {                    // 入力された1文字がqではない間繰り返す
        printf("%d¥n", rand() % 6 + 1);  // 1～6までのランダムな数値を得る
        c = getchar();                    // 1文字キーボードから入力を得る
    }
```

　while文やfor文と比べて利用頻度は低いですが、いざというとき最適なものを選択できるように、do whileについても覚えておきましょう。

4-5 複数の条件を振り分ける

if文ほどは多用しませんが、処理の分岐に便利なのが振り分けを行う「switch文」です。

switch

if文では、複数の条件を次のように記述しました。

```
if (条件1) {
    // 処理
} else if (条件2) {
    // 処理
} else if (条件3) {
    // 処理
} else {
    // 処理
}
```

それぞれの条件がまったく別の変数を参照していたりする場合は仕方がありませんが、同じ変数の値に応じて処理を分けたい場合はもう少しすっきりと書きたいものです。そのためにswitch文があります。

```
switch (対象の変数) {
case 条件1: ←ここではif文のような条件ではなく、「定数式」を書きます
    //処理
case 条件2:
    //処理
case 条件3:
    //処理
}
```

ブロックを使用しないif文（4-3節のリスト4-2）の分岐部分は、次のようになっていました。

```
if (a == 1)
    printf("a is 1¥n");
else if (a == 2)
    printf("a is 2¥n");
else
    printf("a is neither 1 nor 2¥n");
```

すべての分岐について、変数aを参照しています。これは、switch文では次のように記述できます。

```
switch (a) {
case 1:
    printf("a is 1¥n");
    break;
case 2:
    printf("a is 2¥n");
    break;
default:
    printf("a is neither 1 nor 2¥n");
    break;
}
```

どれにもマッチしないときは、defaultが実行されます。ここではswitch文ならではのサンプルプログラムの紹介はしないので、まずは自身でリスト4-2を改造して、実験してみてください。

switchの注意点

あっさりとした紹介だった割には、switch文は意外と難しい文法だったと思います。筆者も初心者の頃はよく間違えてしまいました。実は、switch文には基本的な事項に落とし穴がいっぱいあります。

■条件として「定数式」しか扱えない

if文では、条件にとして結果が0か1にしかならない比較（<、<=、=>、>）や等価（==、!=）、いわゆる「条件式」を用いました。では、定数式とは何なのでしょうか。その名のとおり、結果が定数となるような式のことです。リスト4-2を改造したときの「1」や「2」のことです。また、定数になるからといって代入文を使うことはできません。この定数式の部分を、ラベルと呼びます。

if文であれば、代入式の結果、その式が持つ値によって分岐することができました。たとえば、3-2節のリスト3-7のような分岐も正常に動きます。

```
if (a = 1 - 1) {
    printf("True");
}
```

しかし、switch文ではこのような代入式と、if文で多用する条件式は使うことができません。次のようなものはコンパイルエラーになってしまいます。

```
    switch (a) {
    case b = 1 - 1:
        break;
    }

    switch (a) {
    case b > 1 - 1:
```

```
        break;
    }
```

```
error: case label does not reduce to an integer constant
```

■ブロックが必須

また、if文ではブロックを使うことはオプションでした。基本的には間違いを少なくするためにブロックを使うべきですが、使わないこともできました。

switch文もブロックが必須ではなく、なくても記述することができます。しかし、ブロックを使わないと、switch文の定数式を除いて1行しかプログラムを書けません。そうすると、次のような分岐までしか書くことができません。

```
switch (a)
case 1:
    printf("a is 1¥n");
```

switch文では複数の条件を一度に書けるのに意味がなくなってしまいます。そのため、switch文では必ずブロックを使うようにしましょう。

■ //FALLTHRU

switch文のbreakについても注意が必要です。switch文は、上から条件に当てはまる定数式を見つけていきますが、breakがないとそこから下にあるプログラムをすべて実行します。

```
switch (対象の変数) {
case 条件1:
    //処理
case 条件2:
    //処理    ←①変数が条件2を満たす場合、ここからプログラムが実行される
case 条件3:
    //処理    ←②条件2のときの処理が終わったら、条件3の処理も実行される
}
```

たとえば、次のようなプログラムがあった場合、変数aの値が2だとすると、printf("a is 2¥n");とprintf("a is neither 1 nor 2¥n");が両方実行されてしまいます。

```
switch (a) {
case 1:
    printf("a is 1¥n");
case 2:
    printf("a is 2¥n");
default:
    printf("a is neither 1 nor 2¥n");
}
```

それを防ぐためには、必ずbreakが必要です。

```
switch (a) {
case 1:
    printf("a is 1¥n");
    break;
case 2:
    printf("a is 2¥n");
    break;
default:
    printf("a is neither 1 nor 2¥n");
    break;
}
```

ごくまれにあえてbreakを使わないでswitch文を書くこともあります。たとえば、if文で次のように書く場合です。

```
if (a == 1 || a == 2) {
    printf("a is 1 or 2¥n");
} else {
    printf("other¥n");
}
```

switch文では、次のようになります。

```
switch (a) {
case 1:
    //FALLTHRU
case 2:
    printf("a is 1 or 2¥n");
    break;
default:
    printf("other¥n");
    break;
}
```

あえてbreakを使わないときのswitch文の動きを使った書き方です。ただ、一般的にプログラマはswitch文にbreak文がないと潜在的なバグではないか？と疑ってしまうので、コメント（注釈）でFALLTHRUと書いています。コメントなのでコンパイラには影響ありませんが、このような書き方をする場合は、後から読む人があえてbreakを書いていないと確信できるようにFALLTHRUと書いてあげましょう。

■ **//NOT REACHED**

同様のコメントとして、NOT REACHEDというものがあります。switch文は、break文と併用して使うことがほとんどなので、break文まで到達しない場合でも念のために書くことが多いです。たとえば、

switch文の中で関数の実行をやめてreturnする場合や、次に説明するgoto文で別の場所にジャンプするような場合です。その場合は、「switch文なのでbreakを書いたけど、実行されませんよ」という意味でNOT REACHEDというコメントを書きます。

次の例では、分岐した後にreturn文で関数自体の実行を止めてしまっています。そのため、break;は実行されないわけですが、念のため書いておいて、コメントで実行されていないことを明示してあります。

```
switch (a) {
case 1:
    printf("a is 1¥n");
    return 1;
    //NOT REACHED
    break;
case 2:
    printf("a is 2¥n");
    return 2;
    //NOT REACHED
    break;
default:
    printf("a is neither 1 nor 2¥n");
    return 0;
    //NOT REACHED
    break;
}
```

繰り返しになりますが、FALLTHRUやNOT REACHEDはコメント（注釈）なのでプログラムの実行への影響はありません。しかし、switch文は難しいので間違いを防ぐためにも書くようにしましょう。

電卓のサンプル

いろいろと先に説明しましたが、ここで慣れるために1つサンプルプログラムを実行しておきましょう。

◉ リスト4-10　switch.c

```
#include <stdio.h>

int
main(int argc, char *argv[])
{
    int a, b;
    int op;
    int answer;

    a = 1;
    b = 2;
    op = '+';
```

```c
    switch (op) {
    case '+':
        answer = a + b;
        break;
    case '-':
        answer = a - b;
        break;
    case '*':
        answer = a * b;
        break;
    case '/':
        if (b == 0) {
            printf("divide by zero¥n");
        } else {
            answer = a / b;
        }
        break;
    default:
        printf("operator unknown¥n");
        break;
    }

    printf("%d %c %d = %d¥n", a, op, b, answer);

    return 0;
}
```

● Makefile.switch

```
PROGRAM  =      switch
OBJS     =      switch.o
SRCS     =      $(OBJS:%.o=%.c)
CC       =      gcc
CFLAGS   =      -g -Wall
LDFLAGS =

$(PROGRAM):$(OBJS)
    $(CC) $(CFLAGS) $(LDFLAGS) -o $(PROGRAM) $(OBJS) $(LDLIBS)
```

● ビルド

```
$ make -f Makefile.switch
gcc -g -Wall   -c -o switch.o switch.c
gcc -g -Wall   -o switch switch.o
$
```

● 実行例

```
$ ./switch
1 + 2 = 3
$
```

変数aと、変数bに計算させたい数値を代入して、変数opに演算子の文字を代入すると計算をしてくれます。次のようにすると、ゼロ除算のエラーも表示します。

```
a = 1;
b = 0;
op = '/';
```

case '+':が、なぜ定数式かというと、+という文字自体が数値として扱えるからです。+は16進数で2B、10進数で43です。C言語では' 'で括ると文字がASCIIコードの数値として扱えます。もちろん、'+'を43と書いても間違いではありませんが、人間が読むときによくわからなくなるので'+'のほうがよいでしょう。詳しくは2-3節の図2-6「ASCIIコード表」を参照してください。

このようにたくさん分岐条件があるときにswitch文は有用です。複雑で間違えやすいことも多いですが、if文同様しっかりと覚えておきましょう。

4-6 任意の場所にジャンプする

goto

最後の制御構造は「goto文」です。goto文は他の制御文と違い、任意の場所に自由に制御を飛ばすことができます。BASICのような言語では一般的なのですが、C言語のような構造化された言語では多用してはいけないと言われています。

それは、他の制御文と違いあまりにも自由なため、バグを生みやすいからです。では、文法を見てみましょう。

　　goto ラベル名;

ラベル名:

ラベル名をプログラム中のどこかに書いておいて、そのラベル名を指定すると、その場所にプログラムの実行が移ります。サンプルプログラムを実行して動きを見てみましょう。

● リスト4-11　goto.c

```c
#include <stdio.h>

int
main(int argc, char *argv[])
{
    goto label_1;

    printf("This statement doesn't execute.\n");

label_1:

    return 0;
}
```

● Makefile.goto

```
PROGRAM    =    goto
OBJS       =    goto.o
SRCS       =    $(OBJS:%.o=%.c)
CC         =    gcc
CFLAGS     =    -g -Wall
```

```
LDFLAGS =

$(PROGRAM):$(OBJS)
    $(CC) $(CFLAGS) $(LDFLAGS) -o $(PROGRAM) $(OBJS) $(LDLIBS)
```

◉ビルド

```
$ make -f Makefile.goto
gcc -g -Wall   -c -o goto.o goto.c
gcc -g -Wall   -o goto goto.o
$
```

◉実行例

```
$ ./goto
$
```

　printf()関数が書いてありますが、goto文で飛ばされてしまっているので実行しても何も表示されません。

　繰り返しから抜けるときbreak文では、今実行中のwhileやforからしか抜けられませんので、多重になっているときはgotoで抜けると便利です。しかし、多用するとプログラムの流れがわかりにくくなり、バグの原因となりやすいので注意して使うようにしましょう。

```
    while (条件) {         ← while ①
        //処理
        while (条件) {     ← while ②
            //処理
            while (条件) { ← while ③
                break;     ← このbreakでは、while③しか抜けられない。
                             すべてのwhileを抜ける場合は、gotoを使うと良い
            }
            while (条件) { ← while ④
                goto label; ← このgotoですべてのwhileを抜けられる。
            }
        }
    }
label:
```

■ gotoで書く繰り返し

　プログラミングに慣れていないと、whileやforなどをうまく扱えず、やむを得ずgotoを多用してしまうことがあります。では、gotoを使うと何がだめなのでしょうか。まずは、繰り返しをgotoで書いてみましょう。2-3節のリスト2-5（ASCIIコード表を描くプログラム）を改造してみました。

◉リスト4-12　ascii_2.c

```
#include <stdio.h>
```

```c
int
main(int argc, char *argv[])
{
    int character = 0;

loop:
    printf("%c ", character);
    character = character + 1;
    if ((character % 16) == 0) {
        printf("¥n");
    }
    if (character < 256) {
        goto loop;
    }

    return 0;
}
```

● Makefile.ascii_2

```
PROGRAM  =      ascii_2
OBJS     =      ascii_2.o
SRCS     =      $(OBJS:%.o=%.c)
CC       =      gcc
CFLAGS   =      -g -Wall
LDFLAGS  =

$(PROGRAM):$(OBJS)
    $(CC) $(CFLAGS) $(LDFLAGS) -o $(PROGRAM) $(OBJS) $(LDLIBS)
```

● ビルド

```
$ make -f Makefile.ascii_2
gcc -g -Wall   -c -o ascii_2.o ascii_2.c
gcc -g -Wall   -o ascii_2 ascii_2.o
$
```

● 実行例

```
$ ./ascii_2



  ! " # $ % & ' ( ) * + , - . /
0 1 2 3 4 5 6 7 8 9 : ; < = > ?
@ A B C D E F G H I J K L M N O
P Q R S T U V W X Y Z [ ¥ ] ^ _
` a b c d e f g h i j k l m n o
p q r s t u v w x y z { | } ~
```

```
? ? ? ? ? ? ? ? ? ? ? ? ? ? ?
? ? ? ? ? ? ? ? ? ? ? ? ? ? ?
? ? ? ? ? ? ? ? ? ? ? ? ? ? ?
? ? ? ? ? ? ? ? ? ? ? ? ? ? ?
? ? ? ? ? ? ? ? ? ? ? ? ? ? ?
? ? ? ? ? ? ? ? ? ? ? ? ? ? ?
? ? ? ? ? ? ? ? ? ? ? ? ? ? ?
? ? ? ? ? ? ? ? ? ? ? ? ? ? ?
$
```

いかがでしょうか。まったく同じ結果になりますが、while文を使ったものよりプログラムが読みにくいと思います。まだ読めますね。では、4-4節のリスト4-5（素数を求めるプログラム）をgotoで書いてみましょう。

● リスト4-13　prime_4.c

```c
#include <stdio.h>

int
main(int argc, char *argv[])
{
    int i, j, end;
    int flag_not_prime;

    end = 100;

    i = 1;

label_1:
    if (i <= end) {
        flag_not_prime = 0;
        j = 2;
label_2:
        if (j < i) {
            if (i % j == 0) {
                flag_not_prime = 1;
                goto label_3;
            }
            j = j + 1;
            goto label_2;
        }
label_3:
        if (i == 1) {
            i = i + 1;
            goto label_1;
        }
        if (flag_not_prime == 0) {
            printf("%d\n", i);
        }
```

```
        i = i + 1;
        goto label_1;
    }
    return 0;
}
```

● Makefile.prime_4

```
PROGRAM =       prime_4
OBJS    =       prime_4.o
SRCS    =       $(OBJS:%.o=%.c)
CC      =       gcc
CFLAGS  =       -g -Wall
LDFLAGS =

$(PROGRAM):$(OBJS)
    $(CC) $(CFLAGS) $(LDFLAGS) -o $(PROGRAM) $(OBJS) $(LDLIBS)
```

● ビルド

```
$ make -f Makefile.prime_4
gcc -g -Wall    -c -o prime_3.o prime_4.c
gcc -g -Wall    -o prime_4 prime_4.o
$
```

● 実行例

```
$ ./prime_4
2
3
5
7
11
13
17
19
23
29
31
37
41
43
47
53
59
61
67
71
73
79
83
```

```
89
97
$
```

　こちらもちゃんと同じ結果ですね。しかし、ソースコードはいかがでしょうか。かなりややこしいものになっています。筆者もこれを書くために、今までのサンプル以上に時間がかかってしまいました。
　BASICやアセンブリ言語ではgotoしか使えないため、このような感じでプログラミングを行いますが、C言語のようにしっかりした制御構造が使えるものでは、極力利用を避けるのが賢明でしょう。このような理由から、C言語より新しいJava言語ではgoto文を仕様から削除しています。

Chapter 5

プログラムを機能でまとめる

- 5-1 関数の基本 —————————————————————————— 176
- 5-2 文字列を表示する ————————————————————— 184
- 5-3 文字列を入力する ————————————————————— 192
- 5-4 時間を取得する ——————————————————————— 203
- 5-5 乱数を使用する ——————————————————————— 208
- 5-6 標準関数が使えないケース ———————————————— 212

5-1　関数の基本

　これまでの内容は、C言語の基本中の基本だったので、あまり動きがあるものではありませんでした。しかし、関数を使いこなせるようになると、OSやコンピュータに用意されたさまざまな機能が使えるようになり、対話的なプログラムが作れるようになります。

　関数には、主に入出力（キーボードからの入力、画面への出力）や文字列操作に使われ、どのようなC言語処理系にも用意されている（OSに依存しない）標準関数があります。前章までに登場した、文字を表示するprintf()や、乱数を得るためのrand()、キーボードから入力を行うためのgetchar()も、実は関数です。標準関数を覚えれば、C言語の基本は覚えたと言っても過言ではありません。

　数学での関数は、ある変数によって決まる値あるいはその対応を表す式のことです。次のような感じですね。

$$f(x) = ax + b$$

　C言語などのプログラミング言語では、システムの状態によって返ってくる値が変化することもありますが、ほとんど似たようなものです。C言語では、まとまった機能ごとに関数を作って、それを組み合わせてプログラミングしていきます。

引数（パラメータ）

　関数は、引数（パラメータ）を受け取って、内部で定義されたさまざまな処理を行って、最後に結果を戻り値（関数の実行が終わったとき、呼び出し元の関数に渡す値）として返します。そのため、コンパイラがその関数がどのような引数を受けとり、どのようなデータ型の戻り値を返すかわかるように、最初に「プロトタイプ宣言」という宣言が必要です。変数を使う前に宣言する必要があるのと同じようなものだと考えてください。

プロトタイプ宣言とヘッダファイル

　これまでもたくさん使ってきたprintf()関数を使うときには、プロトタイプ宣言はしませんでした。それは、includeしているstdio.hの中に、すでに宣言されているからです。システムで標準的に利用する関数は、stdio.hのような「ヘッダファイル」の中にプロトタイプ宣言があります。逆に言うと、関数を使うためにヘッダファイルをインクルードするのです。ちなみに、printf()のプロトタイプ宣言は次のよう

になっています。

```
int printf(const char * __restrict, ...);
```

　自分で関数を作るときは、プロトタイプ宣言をしてから実際の関数を定義します。このあたりは実際にプログラムを書いてみることが一番理解しやすいので、サンプルプログラムで実験してみましょう。

● リスト5-1　func.c

```c
#include <stdio.h>

// プロトタイプ宣言
// 引数としてint型の変数を2個受けとり、int型の値を返す関数sumを定義
int sum(int, int);

// 関数の実体
int
sum(int a, int b)
{
    int return_value;

    return_value = a + b;

    return return_value;
}

int
main(int argc, char *argv[])
{
    int num_1;
    int num_2;
    int answer;

    num_1 = 1;
    num_2 = 2;

    answer = sum(num_1, num_2); // 関数を利用

    printf("answer = %d¥n", answer);

    return 0;
}
```

● Makefile.func

```
PROGRAM     =       func
OBJS        =       func.o
SRCS        =       $(OBJS:%.o=%.c)
CC          =       gcc
CFLAGS      =       -g -Wall
```

```
LDFLAGS =

$(PROGRAM):$(OBJS)
	$(CC) $(CFLAGS) $(LDFLAGS) -o $(PROGRAM) $(OBJS) $(LDLIBS)
```

●ビルド

```
$ make -f Makefile.func
gcc -g -Wall   -c -o func.o func.c
gcc -g -Wall   -o func func.o
$
```

●実行例

```
$ ./func
answer = 3
$
```

　この例では、引数を2個受け取って、その値を足した結果を返すsum()という関数を定義して利用しました。main()関数で変数num_1と変数num_2に入れた1という数値と2という数値は、sum()関数の中では変数aと変数bに格納され、利用することができます。それをsum()の中で足し算をして、return文でint型の数値としてmain()関数に返しました。main()関数の中では、変数answerにその結果を代入して、最後にprintf()で画面に表示しています。

　変数num_1と変数num_2に代入する値を変化させたりして、動きを確認してみましょう。また、main()関数とsum()関数がまったく別の枠組みで動いていることを確認するために、変数の名前を変更したりしてみましょう。

同名の変数

　もう1つ、関数は違う枠組みだということを知るために、次のサンプルプログラムを動かしてみましょう。基本的には先ほどのものと変わりませんが、実行前と実行後に値が変わっていないことを確認してみます。

●リスト5-2　func_2.c

```c
#include <stdio.h>

// プロトタイプ宣言
// 引数としてint型の変数を2個受けとり、int型の値を返す関数subを定義
int sub(int, int);

// 関数の実体
int
sub(int a, int b)
{
    a -= b;      // 受け取った変数a自体に計算の結果を代入
```

```c
                    // (a = a - b) と同じ意味
    return a;
}

int
main(int argc, char *argv[])
{
    int a;
    int answer;

    a = 2;

    printf("before sub() a = %d\n", a);    // 関数実行前の a の値

    answer = sub(a, 1);                    // 関数には変数以外にも、
                                           // 対応するデータ型を渡せる

    printf("after sub() a = %d\n", a);     // 関数実行後の a の値

    printf("answer = %d\n", answer);

    return 0;
}
```

● **Makefile.func_2**

```
PROGRAM    =       func_2
OBJS       =       func_2.o
SRCS       =       $(OBJS:%.o=%.c)
CC         =       gcc
CFLAGS     =       -g -Wall
LDFLAGS    =

$(PROGRAM):$(OBJS)
    $(CC) $(CFLAGS) $(LDFLAGS) -o $(PROGRAM) $(OBJS) $(LDLIBS)
```

● **ビルド**

```
$ make -f Makefile.func_2
gcc -g -Wall   -c -o func_2.o func_2.c
gcc -g -Wall   -o func_2 func_2.o
$
```

● **実行例**

```
$ ./func_2
before sub() a = 2
after sub() a = 2
answer = 1
$
```

同じaという変数名をmain()関数でもsub()関数でも利用していますが、中に入っている値以外に関連性はなく、sub()で変数の値を書き換えてもmain()の変数aには影響がないことがわかりました。

なぜかというと、2-2節の「変数は通常「スタック」に確保される」で説明したように、変数は通常スタックに確保されます。関数は呼び出すたびに、呼び出し前の関数のメモリ上のありか（アドレス）をスタックに積んで、呼び出し先の関数の実行が終わると、スタックから呼び出し元の関数に戻るような動きをします。

関数を呼んでその先で変数を使うということは、呼び出し元とはまったく違うメモリ領域に変数が確保されることになります。そのため、たとえ名前が同じだろうが、値を別の関数で書き換えようが一切の影響はないのです。

第2章の図を、今回のサンプルプログラムの例に当てはまると次のようになります。

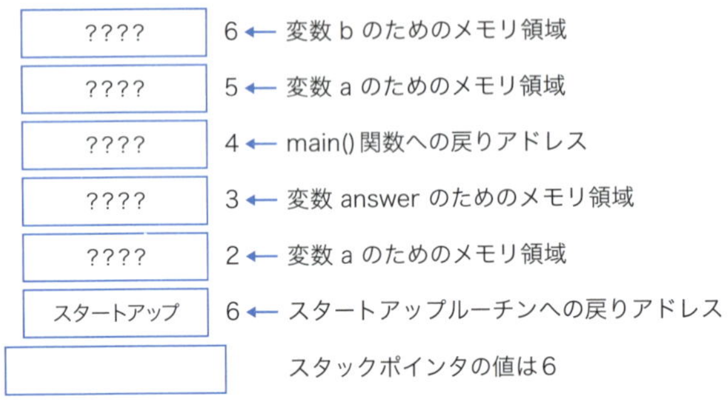

```
????         6 ← 変数 b のためのメモリ領域
????         5 ← 変数 a のためのメモリ領域
????         4 ← main()関数への戻りアドレス
????         3 ← 変数 answer のためのメモリ領域
????         2 ← 変数 a のためのメモリ領域
スタートアップ  6 ← スタートアップルーチンへの戻りアドレス
                スタックポインタの値は6
```

●図5-1　関数の内と外で変数がとられる様子

5の領域を書き換え（2−1の結果を代入）しても、2の領域には影響がないことが図を見ると明らかですね。

宣言と違う関数呼び出し

関数の作り方がわかったので、C言語の関数の怖い点を紹介します。実は、C言語では関数の宣言と違う形で関数を呼び出してもエラーになりません。リスト5-2では、きちんとプロトタイプ宣言を行いましたし、その関数を利用する呼び出し元（サンプルではmain()関数）より先に関数を宣言しているので、大きな問題にはなりません。しかし、次の条件のときは、警告もエラーにもならず、しかも実行時のエラーすらありません。

・プロトタイプ宣言がない
・コンパイラのオプションに警告を厳しくする-Wall（またはそれに準ずるオプション）を与えていない
・関数の定義が呼び出し元よりもソースコードの下にある

このようなときは、なんとなく動くけどエラーにならないという状態になります。エラーにならないということは、実際にプログラムを使っていて特定の条件のときだけ結果がおかしくなり、問題の発見が非

常に困難になったりします。

わかりやすいサンプルプログラムで実験してみましょう。

● リスト5-3　func_3.c

```c
#include <stdio.h>

int
main(int argc, char *argv[])
{
    int num_1;
    int num_2;
    int answer;

    num_1 = 1;
    num_2 = 2;

    answer = sum(num_1, num_2);    // 関数を利用

    printf("answer = %d\n", answer);

    return 0;
}

// 関数の実体
int
sum(double a, double b)
{
    int return_value;

    return_value = a + b;

    return return_value;
}
```

● Makefile.func_3

```
PROGRAM    =       func_3
OBJS       =       func_3.o
SRCS       =       $(OBJS:%.o=%.c)
CC         =       gcc
CFLAGS     =       -g
LDFLAGS    =

$(PROGRAM):$(OBJS)
    $(CC) $(CFLAGS) $(LDFLAGS) -o $(PROGRAM) $(OBJS) $(LDLIBS)
```

● ビルド

```
$ make -f Makefile.func_3
gcc -g -Wall    -c -o func_3.o func_3.c
```

```
gcc -g -Wall  -o func_3 func_3.o
$
```

● 実行例

```
$ ./func_3
answer = 0
$
```

　1＋2の結果を実行したのに0という結果になってしまいました。理由はよく見ればわかりますが、sum()関数はdouble型のデータを引数として受け付けるように書かれています。しかし、main()関数でsum()関数にはint型のデータを渡しています。3-4節の「ビット演算の注意点」で説明しましたが、float型やdouble型は内部構造が整数型とはまったく違います。そのため、おかしな結果になってしまいました。

　コンパイラはプログラムの冒頭にプロトタイプ宣言がないため、main()関数の処理を行っているときにsum()関数へはどのような引数を与えることが正解なのか知りません。そのため、何の警告もエラーも出しませんでした。リンクの段階では、プログラムの意味は一切考慮されず、関数の名前だけで呼び出し先を決定するのでこれまたエラーになりませんでした。

　これを防ぐためには、関数の宣言をするときには、その関数を呼び出すプログラムの前に必ずプロトタイプ宣言を行うようにします。

main()関数の開始より前に、この宣言を書いておく。
↓
```
// プロトタイプ宣言
// 引数としてdouble型の変数を2個受け取り、int型の値を返す関数sumを定義
int sum(double, double);
```

　こうすると、コンパイラはあらかじめsum()関数がdouble型の引数を受け取ることがわかりますので、暗黙の型変換で対応してくれます。

● 実行例

```
$ ./func_3
answer = 3
$
```

　結果は正しく3となります。
　また、コンパイラにも必ず-Wallオプションを付ける癖をつけましょう。サンプルのMakefileであれば、CFLAGSに-Wallを適用するだけです。

```
CFLAGS   =       -g
```
▽

```
CFLAGS    =       -g -Wall
```

● ビルド

```
$ make -f Makefile.func_3
gcc -g -Wall    -c -o func_3.o func_3.c
func_3.c: In function 'main':
func_3.c:13: warning: implicit declaration of function 'sum'
gcc -g -Wall   -o func_3 func_3.o
$
```

　こうすることにより、コンパイラが警告を出してくれるので、気がつくことができます。
　このような間違いは、詳しい人でもついついしてしまうことがあります。普段からプロトタイプ宣言をきちんと書く、コンパイラには警告を多く出すオプションを与える、ということを心がけて、いざというときに困らないようにしましょう。

5-2 文字列を表示する

printf()

文字列の表示には、これまでのサンプルで使ってきているprintf()関数を使います。%dやら%cやら、書式指定があるので最初は戸惑ったかもしれませんが、サンプルプログラムで多用したのでそろそろ慣れてきたのではないでしょうか。

printf()関数は、文字列の表示をするための関数ですが、前述のとおりさまざまな書式指定があります。第1引数には、「フォーマット」を指定します。フォーマットには、そのまま表示したい文字列や第2引数以降の変数や値について、どのような書式で出力するかを指定します。

第1引数が"hello, world¥n"であれば、そのまま画面にはhello, world[改行]と表示されます。"character is = %c¥n"であれば、%cの部分は次の引数に与えられた変数や値を文字として表示します。この%cなどを「変換指定」と呼びます。これまでのサンプルプログラムでは、%dや%cといった感じで%記号の後に1文字だけアルファベットを付けて変換指定をしていましたが、実はもっと細かくいろいろなことが指定できます。

変換指定には、次の項目をそれぞれ指定できます。

%[フラグ][最小フィールド幅][.精度][長さ修飾子]変換指定子

[]内のものは、オプションなので必ずしも指定する必要はありません。順番に主な項目を説明します。実際には、優先順位などがありますので、コンパイラのマニュアルを読んだり、実際に実験して動きを確かめましょう。

printfの変換指定

■フラグ

フラグ	説明
#	値を「表記法がわかる形式」に変換する。たとえば変換指定子がoのときは、0+8進数（10進数の10なら012）として表示される[※1]
0	表示文字数が最小フィールド幅未満の場合に、最小フィールド幅になるように0を表示する。たとえば、%04dという変換指定の場合、0がフラグで、4が最小フィールド幅。このとき10という値を表示しようとすると、フィールド幅（桁数）は2なので、2個分0で埋められて、0010と表示される
スペース	表示文字数が最小フィールド幅未満の場合に、最小フィールド幅になるように空白を表示する
-	表示を左揃えにする（通常は右揃え）。たとえば、|%-4d|%-4d|という変換指定で10と20という値を表示すると、|10 |20 |と表示される。表計算ソフトの左揃えのような表示をするときに使用
+	常に符号を表示する。通常は、正の数はそのまま表示されるが、+を指定すると+記号も表示されるようになる

●表5-1　代表的なフラグ

[※1] そのまま表示してしまうと10進数なのか8進数なのか区別がつきません。コンピュータの世界では、先頭に0が付いた数値は8進数だという文化があります。わざわざ「この数値は8進数だから"number = 0%o"にしよう」としなくても、"number = %#o"とすることで、自動的に先頭に0が表示されるようになります。

この他にもフラグはありますが、あまり使わないものなので、コンパイラのマニュアルを参照してください。

■最小フィールド幅

0フラグやスペースフラグと組み合わせて使います。

変換指定	引数	表示
%04d	10	0010
% 4d	10	10
%d	10	10

●表5-2　最小フィールド幅

■精度

.に続き、表示される最小の桁数を指定や最大文字列長を指定します。数値（%dなど）と文字列（%s）のときで、動きが変わります。

変換指定	引数	表示
%.4d	900	0900
%.4d	1000	1000
%.5s	"hello, world"	hello

●表5-3　制度

■長さ修飾子

長さ修飾子	説明
hh	引数のデータ型はchar型
h	引数のデータ型はshort型
l	引数のデータ型はlong型
ll	引数のデータ型はlong long型
j	引数のデータ型はintmax_t型
z	引数のデータ型はsize_t型
t	引数のデータ型はptrdiff_t型
L	引数のデータ型はlong double型

◉表5-4　長さ修飾子

size_t型はメモリ領域の大きさを表すためによく使います。結果をprintf()関数で表示するときに、%dなどと指定すると警告が出てしまう場合は、%zuと変換指定をします。

また、64ビットの数を表示するときには%lldを使います。こちらは、2-2節のリスト2-2でも使いました。

■変換指定子

変換指定子	説明
d	引数のデータを符号付き10進数で表示
i	引数のデータを符号付き10進数で表示
u	引数のデータを符号なし10進数で表示
o	引数のデータを符号なし8進数で表示
x	引数のデータを符号無し16進数で表示（アルファベットを小文字で表示）
X	引数のデータを符号無し16進数で表示（アルファベットを大文字で表示）
e	引数のデータを指数形式の浮動小数点として表示（eを小文字で表示）
E	引数のデータを指数形式の浮動小数点として表示（Eを大文字で表示）
f	引数のデータを小数点形式の浮動小数点として表示
F	引数のデータを小数点形式の浮動小数点として表示
g	eまたはfのうち適した方で表示
G	EまたはFのうち適した方で表示
a	引数のデータを16進数浮動小数点で表示（アルファベットを小文字で表示）
A	引数のデータを16進数浮動小数点で表示（アルファベットを大文字で表示）
c	引数のデータを文字として表示（数値をASCII表と照らし合わせて、適切な文字として表示される。65という数値ならAと表示される）
s	引数のデータを文字列として表示
p	ポインタの値
n	整数変数に出力済み文字数を格納
%	%自体を出力

◉表5-5　変換指定子

かなり項目が多くて、混乱しそうですが、通常はd、x、f、c、sを覚えておけばそう困ることはない

でしょう。必要に応じてコンパイラのマニュアルを参照してください。％は変換指定のための記号として利用されているので、そのままでは表示できません。そのため、消費税率を表示したい場合で％自体を表示したいときは、％％と連ねて書きます。

```
    printf("tax = %f %%\n", tax);
```

すでにprintf()はたくさん利用していますが、せっかくなのでいろいろな書式指定を利用したサンプルプログラムを動かしてみましょう。

● リスト5-4　format.c

```c
#include <stdio.h>

int
main(int argc, char *argv[])
{
    printf("%#o\n", 8);
    printf("%04d\n", 10);
    printf("% 4d\n", 10);

    printf("|%-4d|%-4d|\n|%4d|%4d|\n", 1, 2, 1, 2);

    printf("%+d\n", 10);
    printf("%+d\n", -10);

    printf("%.4d\n", 10);
    printf("%.5s\n", "hello, world\n");

    printf("%hhu\n", 255);
    printf("%hhu\n", 256);
    printf("%hhu\n", 257);

    printf("%e\n", 0.1);
    printf("%f\n", 0.1);

    printf("%%\n");

    return 0;
}
```

● Makefile.format

```
PROGRAM  =       format
OBJS     =       format.o
SRCS     =       $(OBJS:%.o=%.c)
CC       =       gcc
CFLAGS   =       -g -Wall
LDFLAGS  =
```

```
$(PROGRAM):$(OBJS)
    $(CC) $(CFLAGS) $(LDFLAGS) -o $(PROGRAM) $(OBJS) $(LDLIBS)
```

●ビルド

```
$ make -f Makefile.format
gcc -g -Wall   -c -o format.o format.c
gcc -g -Wall   -o format format.o
$
```

●実行例

```
$ ./format
010
0010
  10
|1  |2  |
|  1|  2|
+10
-10
0010
hello
255
0
1
1.000000e-01
0.100000
%
$
```

printf()が、かなり多彩な表現をできる関数だと実感できたのではないでしょうか。すべてを知っている必要はありませんが、いろいろと実験して変換指定に慣れておきましょう。

> **Note 変換指定の変換**
>
> printf()関数は「変換指定の変換」をすることができます。たとえば、リスト5-4のprintf("%04d¥n", 10);の4の部分をさらに、引数として与えることができてしまうのです。printf("%0*d¥n", 4, 10);と書くと、*記号に引数の4があてがわれて、printf("%04d¥n", 10);と同じ意味になります。これを応用すると、printf("|%*c|¥n", 9, ' ');のように、引数で指定した個数分（例では10個）だけ空白を表示したりすることができます。もちろん引数には変数が利用できますので、文字だけで表のようなものを描くときに便利です。

> **Note printf()の戻り値**
>
> printf()関数の引数について説明してきましたが、この関数の戻り値は何でしょうか。printf()関数は、表示に成功した場合は表示した文字数を返します。ピンとこないと思いますので、サンプルプログラムで実験してみましょう。

● リスト 5-5　format_2.c

```c
#include <stdio.h>

int
main(int argc, char *argv[])
{
    int return_val;

    return_val = printf("hello, world¥n");
    printf("return_val is %d¥n", return_val);

    //この様に書いても問題はありません
    printf("return_val is %d¥n", printf("hello, world¥n"));

    return 0;
}
```

● Makefile.format_2

```
PROGRAM =       format_2
OBJS    =       format_2.o
SRCS    =       $(OBJS:%.o=%.c)
CC      =       gcc
CFLAGS  =       -g -Wall
LDFLAGS =

$(PROGRAM):$(OBJS)
    $(CC) $(CFLAGS) $(LDFLAGS) -o $(PROGRAM) $(OBJS) $(LDLIBS)
```

● ビルド

```
$ make -f Makefile.format_2
gcc -g -Wall   -c -o format_2.o format_2.c
gcc -g -Wall   -o format_2 format_2.o
$
```

● 実行例

```
$ ./format_2
hello, world
return_val is 13
hello, world
return_val is 13
$
```

　「hello, world」はスペースを含めて12文字ですが、実際には改行があるので、13文字という結果になりました。エラーが発生すると、－1などの負数が返りますが、printf()関数でエラーが発生することはまれなので、滅多にお目にかかることはできません。

printf()関数の引数の数

このprintf()は、実は少し特殊な関数です。関数では、どんなデータ型の引数をいくつ受け取るかというプロトタイプ宣言を行いましたが、これまでのサンプルプログラムを見直してみるとprintf()関数には引数が1個だったり、2個だったり、3個だったり、場合によって引数が変化していることに気が付くと思います。

```
printf("char_min = %d, char_max = %d\n", char_min, char_max);
1つめの引数："char_min = %d, char_max = %d\n" という文字列定数
2つめの引数：変数char_min
3つめの引数：変数char_max

printf("character is = %c\n", character);
1つめの引数："character is = %c\n" という文字列定数
2つめの引数：変数character

printf("\n");
1つめの引数："\n" という文字列定数
```

このように、場合によって引数の数が変わる関数のことを「可変長引数の関数」と呼びます。プロトタイプ宣言の中に、次のように … があれば可変長引数の関数です。

```
int   printf(const char * __restrict, ...);
```

可変長引数の関数を作ることは難しいので、本書では利用する際の注意点の紹介にとどめておきます。

■printf()関数の引数の数を間違えた場合

printf()関数の引数の数を間違えると何が起きるのでしょうか？ 次のサンプルプログラムを動かしてみましょう。文字列の引数が4つ必要ですが、それが1つも指定されていない間違ったプログラムです。

●リスト5-6　format_3.c

```c
#include <stdio.h>

int
main(int argc, char *argv[])
{
    printf("%s %s %s %s\n");

    return 0;
}
```

●Makefile.format_3

```
PROGRAM  =      format_3
OBJS     =      format_3.o
```

```
SRCS        =       $(OBJS:%.o=%.c)
CC          =       gcc
CFLAGS      =       -g -Wall
LDFLAGS     =

$(PROGRAM):$(OBJS)
    $(CC) $(CFLAGS) $(LDFLAGS) -o $(PROGRAM) $(OBJS) $(LDLIBS)
```

● ビルド

```
$ make -f Makefile.format_3
gcc -g -Wall    -c -o format_3.o format_3.c
format_3.c: In function 'main':
format_3.c:6: warning: too few arguments for format
format_3.c:6: warning: too few arguments for format
gcc -g -Wall    -o format_3 format_3.o
$
```

● 実行例

```
$ ./format_3
?Gb?^? ?Gb?^? %s %s %s %s
Segmentation fault (core dumped)
$
```

　gccコマンドに-Wallという警告を厳しくするオプションを付けているので、ビルド時に引数が足りないという警告が表示されていますが、エラーにはならずコンパイルもリンクも完了しました。そしていざ実行してみると、わけのわからない文字列が表示されて強制終了されてしまいます。printf()関数が、有効なデータが入っていないスタックを参照してしまったためです。

　これがC言語の怖いところで、致命的な結果を伴う問題であっても、文法上問題がなければ警告しかしてくれません（古いコンパイラでは警告すらしません）。そのため、ソースコードを書いているときには気が付かず、動かしてみてから問題が発覚することが多いです。特に文字列周りはこういったエラーが起きやすいので、気を付けましょう。

5-3 文字列を入力する

　文字の入力については、4-4節のサイコロプログラム（リスト4-9）でgetchar()関数を使いました。getchar()関数は、1文字＋[enter]が入力されると入力された1文字、もしくは何も入力せずに[enter]が入力された場合は改行文字を戻り値として受け取れるというものです。非常にシンプルですね。では、文字列はどのように受け取ればよいのでしょうか。

scanf

　printf()関数と逆の動きをするscanf()関数を利用するという方法が、入門書ではよく紹介されます。scanf()関数は、名前の最後にある「f」が示すとおり、さまざまな書式での柔軟な入力が可能で便利なのですが、使い方を間違えるとprintf()関数以上に危険なものです。たとえば、char one_string[14];という配列にscanf()関数を使って文字列を入力させるためには次のようにします。

```
scanf("%s", one_string);
```

　しかし、この方法では入力された文字が配列のサイズを超えた場合、かんたんにプログラムが異常終了してしまいます。回避する方法としては、次のように、変換指定にきちんと入力される文字列の最大値を入れればよいのですが、その他にも考慮すべき点があり初心者向きではありません。

```
scanf("%13s", one_string);
```

　また、scanf()関数はprintf()関数と同じように変換指定が利用できるので、文字列以外にも数値などもダイレクトに取り込むことができます。しかし、それを使うためにはC言語の鬼門と言われるポインタをしっかり理解していなければならず難しいので、本書ではfgets()という関数を使う方法を紹介します。

fgets

　fgets()関数でキーボードから文字列を入力するには、次のように記述します。

```
fgets(char型の配列名, 配列のサイズ, stdin);
```

　配列のサイズや、stdinといった見慣れない言葉が出てきたので、説明します。

第2章で、C言語には厳密には文字列を表すデータ型がないので、文字の配列を利用すると説明しました。そのため、文字列を格納するための配列を渡してあげる必要があります。直感的には、変数名 = fgets() のようにしたくなりますが、これができない理由は文字列のデータ型が配列であることに起因します。その理由は、第7章「データをまとめて場所を指し示す」を読めばわかるようになりますので、今の段階では引数として配列を渡す必要があると覚えてください。

それから、配列は任意の要素を並べることができるメモリ領域のことなので、サイズを指定する必要があります。最後のstdinは、「標準入力」を表します。標準入力とは、一般的なコンピュータでは、キーボードのことだと考えてください。

実は、fgets()関数はファイル（ストリーム）から文字列を読むための関数なのですが、C言語が生まれ育ったUnixではさまざまなデバイスをファイルとして抽象化するという考え方があります。そのため、stdinというファイル（ストリーム）を指定すると、キーボードから読み取ることができるようになるのです。これらは、「標準ストリーム」と呼ばれ、stdin、stdout、stderrの3つが存在します。stdinは特別な設定をしなければ、キーボードから文字列を読み取りますし、stdoutとstderrはコンソール（画面）に文字列を出力します。

printf()関数は、stdoutに文字列を出力しますが、ファイルに文字列を出力するためのfprintf()という関数でもストリームにstdoutを指定すれば、printf()関数とまったく同じ結果になります。標準ストリームの詳しいことについては、Unixの入門書を参照していただくとして、さっそく文字列の入力の実験をしてみましょう。

● リスト5-7 input.c

```
#include <stdio.h>

int
main(int argc, char *argv[])
{
    char one_string[16];

    printf("input> ");                        // 入力を促すプロンプトを表示

    fgets(one_string, 16, stdin);             // one_string[] に文字列を入力

    printf("Your input is %s", one_string);   // 入力した文字列を表示

    return 0;
}
```

● Makefile.input

```
PROGRAM   =      input
OBJS      =      input.o
SRCS      =      $(OBJS:%.o=%.c)
CC        =      gcc
CFLAGS    =      -g -Wall
LDFLAGS   =
```

```
$(PROGRAM):$(OBJS)
    $(CC) $(CFLAGS) $(LDFLAGS) -o $(PROGRAM) $(OBJS) $(LDLIBS)
```

●ビルド

```
$ make -f Makefile.input
gcc -g -Wall   -c -o input.o input.c
gcc -g -Wall   -o input input.o
$
```

●実行例

```
$ ./input
input> hello, world        ← hello, world [enter] と入力
Your input is hello, world

$
```

　入力した文字が、fgets()関数の次の行のprintf()関数でしっかりと表示されたと思います。今回はchar型の配列の要素数として16を用いました。文字列は、第2章で説明したように最後を表すために'¥0'が入りますし、enterを入力しているので改行文字'¥n'も入ります。つまり、このサンプルプログラムは実質14文字まで入力できるわけですが、もっと長い文字列を入力したらどうなるのでしょうか。

●実行例

```
$ ./input
input> this is very long string !!! ← this is very long string !!! [enter] と入力
Your input is this is very lo
$
```

　途中で打ち切って入力されました。もし打ち切られないと、バッファオーバーフローという深刻な問題が発生するので、これで問題ありません。もう少し長い文字列の入力が必要なら、配列の要素数を大きくしましょう。

> **Note　実際の配列より大きなサイズの指定**
>
> 　リスト5-7では、char one_string[16]と宣言した配列をfgets()関数に16というサイズとともに渡して利用しました。では、この16という数字を間違って256と入力してしまうとどうなるのでしょうか。input.cのchar one_string[16];はそのままで、fgets(one_string, 256, stdin);として実験してみましょう。
>
> ●実行例
>
> ```
> $ ./input
> input> hello, world        ← hello, world [enter] と入力
> Your input is hello, world
> ```

hello, worldについては問題なく動作しました。

次に、this is extremely very very long long string !!!と入力してみましょう。

● 実行例

```
$ ./input
input> this is extremely very very long long string !!!
Your input is this is extremely very very long long string !!!

Abort (core dumped)
$
```

文字列が打ち切られることなく表示されましたが、その後にエラーが発生してプログラムが異常終了してしまいました。これが、よくセキュリティ問題などでも取りざたされる「バッファオーバーフロー」という問題です。実際には配列の要素数（バッファ）は16個しか確保していないのに48文字も入力したため、本来書き込んではいけないメモリ領域にまで文字列が書き込まれ、異常動作してしまいました。

0	1	2	3	4	5	6	7	8	9	10	11	12	13	14	15	ここから先はone_string[16]ではない！
t	h	i	s		i	s		e	x	t	r	e	m	e	l	重要なデータが入っているかもしれない

● 図5-2　バッファオーバーフロー

この問題の恐ろしいところは、まずコンパイル時に警告すら出ないということです。動かして、実際にエラーが発生してはじめて問題が発覚します。さらに、環境やプログラムの状態によって起きるときもあれば、起こらないこともあるのです。筆者のMacBookでは、this is extremely very very long long string !!!と入力したらエラーになりましたが、this is very long string !!!と少々長いくらいでは何も起きませんでした。

● 実行例

```
$ ./input
input> this is very long string !!!
Your input is this is very long string !!!

$
```

もしこのプログラムが通信で文字列を入力するタイプのものだった場合、悪意のあるクラッカーがプログラムの制御を奪えるように工夫した長いデータを流し込んでコンピュータを乗っ取ってしまうかもしれません。非常に危険なので常に注意する必要があるのですが、渡すサイズをタイプミスしてしまうことなどはあるかもしれませんし、あとから配列の宣言だけ変更して関数への引数を変更し忘れるかもしれません。そのようなときは、3-4節で紹介したsizeof演算子を利用しましょう。sizeof演算子は変数のサイズを教えてくれます。そのため、fgets(one_string, 16, stdin);などではなく、

fgets(one_string, sizeof(one_string), stdin);と書いておくことで、タイプミスすれば少なくともコンパイルエラーになるでしょうし、one_stringの宣言を変更すると自動的に関数に渡されるサイズも変更されます。

文字列を数値に変換する（strtol）

　文字列を入力する方法を紹介しましたが、文字列はchar型の配列です。仮に、1234[※2]という数値を入力したとしても、変数としては次のように配列であることに変わりはありません。

```
 0  1  2  3  4  5  6  7  8  9 10 11 12 13 14 15
49 50 51 52 ¥0
```

●図5-3　数値に見えても文字列

※2　数値の49、50、51、52は、ASCII文字の1、2、3、4です。

　計算を行いたい場合は当然整数を扱うデータ型のほうがよいので、何らかの方法で変換する必要があります。このような場合は、strtol()関数を利用します。

　　　strtol(char型の配列名，最後の文字の格納先，基数）；

　最後の文字の格納先は、まじめなエラー処理を行うときに必要になりますが、ポインタを理解していないと混乱してしまいますので、今回は利用しないことにします。利用しない場合はNULLと書いておきます。基数には、入力された文字列による数値が8進数なのか、10進数なのか、16進数なのかを指定します。通常は、人間に入力させる数値は10進数のことが多いので、10と指定すれば問題ないでしょう。strtol()関数を利用するためには、stdlib.hというファイルをインクルードする必要があります。strtol()関数に、変換したい文字列を渡すと、long型の整数が戻り値として受け取れます。
　さっそくサンプルプログラムで実験しましょう。せっかくなので、前節で学んだ要素も入れてみました。その分プログラムが長くなっていますが、1つ1つ復習しながら読んでいけば必ず理解できます。

●リスト5-8　simple_cal.c

```c
#include <stdio.h>
#include <stdlib.h>

int
main(int argc, char *argv[])
{
    char input_string[16];
    long a, b;
    long op;
    long answer;
    int c;
```

```c
do {
    printf("Input number> ");    // 入力を促すプロンプトを表示
    // input_string[] に文字列を入力
    fgets(input_string, sizeof(input_string), stdin);
    // 変数aに入力された文字列を整数のデータ型に変換して代入
    a = strtol(input_string, NULL, 10);

    printf("Input number> ");    // 入力を促すプロンプトを表示
    // input_string[] に文字列を入力
    fgets(input_string, sizeof(input_string), stdin);
    // 変数bに入力された文字列を整数のデータ型に変換して代入
    b = strtol(input_string, NULL, 10);

    printf("+---Operator menu---+\n");
    printf("|  1. +%*c|\n", 13, ' ');
    printf("|  2. -%*c|\n", 13, ' ');
    printf("|  3. *%*c|\n", 13, ' ');
    printf("|  4. /%*c|\n", 13, ' ');
    printf("+-------------------+\n"); // メニュー画面を表示
    printf("Input operator number> "); // プロンプトを表示
    // input_string[] に文字列を入力
    fgets(input_string, sizeof(input_string), stdin);
    op = strtol(input_string, NULL, 10);

    switch (op) {
    case 1:
        answer = a + b;
        break;
    case 2:
        answer = a - b;
        break;
    case 3:
        answer = a * b;
        break;
    case 4:
        if (b == 0) {
            printf("divide by zero\n");
            continue;
        } else {
            answer = a / b;
        }
        break;
    default:
        printf("operator unknown\n");
        continue;
        //NOT REACHED
        break;
    }
    printf("answer is %ld\n", answer);
```

```c
            printf("Input q[return] to quit, [return] to continue.\n");
            c = getchar();
    } while (c != 'q');

    return 0;
}
```

● Makefile.simple_cal

```
PROGRAM  =      simple_cal
OBJS     =      simple_cal.o
SRCS     =      $(OBJS:%.o=%.c)
CC       =      gcc
CFLAGS   =      -g -Wall
LDFLAGS  =

$(PROGRAM):$(OBJS)
    $(CC) $(CFLAGS) $(LDFLAGS) -o $(PROGRAM) $(OBJS) $(LDLIBS)
```

● ビルド

```
$ make -f Makefile.simple_cal
gcc -g -Wall   -c -o simple_cal.o simple_cal.c
gcc -g -Wall   -o simple_cal simple_cal.o
$
```

● 実行例

```
$ ./simple_cal
Input number> 1           ← 1 [enter] を入力
Input number> 2           ← 2 [enter] を入力
+---Operator menu---+
|  1. +             |
|  2. -             |
|  3. *             |
|  4. /             |
+-------------------+
Input operator number> 1  ← 足し算をしたいので、1 [enter] を入力
answer is 3               ← 1 + 2 の結果 3 が表示された！
Input q[return] to quit, [return] to continue.
q                         ← q [enter] を入力したのでプログラムが終了した
$

$ ./simple_cal
Input number> 1073741824  ← 1073741824 [enter] を入力
Input number> 536870912   ← 536870912 [enter] を入力
+---Operator menu---+
|  1. +             |
|  2. -             |
|  3. *             |
|  4. /             |
```

```
+------------------+
Input operator number> 4      ← 割り算をしたいので、4 [enter] を入力
answer is 2                   ← 1073741824 ÷ 536870912 の結果 2 が表示された！
Input q[return] to quit, [return] to continue.
                              ← 引き続き計算をしたいので [enter] を入力
Input number> 65535           ← 65535 [enter] を入力
Input number> 4               ← 4 [enter] を入力
+---Operator menu---+
|  1. +             |
|  2. -             |
|  3. *             |
|  4. /             |
+-------------------+
Input operator number> 3      ← かけ算をしたいので、3 [enter] を入力
answer is 262140              ← 65535 x 4 の結果 262140 が表示された！
Input q[return] to quit, [return] to continue.
q                             ← q [enter] を入力したのでプログラムが終了した
$
```

　今回は4-5節のリスト4-10を拡張して、対話的な簡易計算機にしてみました。たかだか2つの数の加減乗算をするために、メニューを表示したり大げさな作りですが、対話的なプログラムは立派に見えるのでなんとなくやる気が出てくるのではないでしょうか。今までに紹介したサンプルプログラムでは、文字列や数値の入力についての説明をしていなかったため、何らかの値をプログラムの中に埋め込んでいました。たとえば、素数を表示するリスト4-8では、end = 100と、上限値をプログラムの中に埋め込んでいました。fgets()関数とstrtol()関数を利用すればこれを対話的なものに改造することができます。ぜひチャレンジしてみてください。

　ちなみに、リスト5-8には、問題があります。たとえば、Input number>に数値以外のものを入力するとエラーにはならず、「0」として扱われてしまいます。また、Input number>にものすごく長い文字列を入力すると、おかしな動作になります。

● **実行例**

```
$ ./simple_cal
Input number> 12345678901234567890123456789012345 ← 12345678901234567890123456789012345 [enter] を入力
Input number> +---Operator menu---+
|  1. +             |
|  2. -             |
|  3. *             |
|  4. /             |
+-------------------+
Input operator number> operator unknown
answer is 4294967296
Input q[return] to quit, [return] to continue.
q
$
```

12345678901234456789012345678901234567890[enter]と入力すると、次に何も入力していないのに勝手にanswer is 4294967296と表示されてしまいます。

まず、次に何も入力していないのに勝手にプログラムの実行が進んでしまった理由は、配列input_stringに収まりきらないほど長い文字列が入力されたので、プログラムの内部的なメモリに収まりきらなかった文字列が残ってしまったからです。そうすると、次にfgets()関数を実行したときに自動的に残った分が入力されてしまうのです。

これを防ぐためには、「読み捨て」という処理が必要になります。

それから、結果が4294967296になってしまった理由は、「たまたま」です。変数answerを初期化していなかったため、たまたま4294967296という数値が格納されていたにすぎません。みなさんの環境では、まったく別の数値かもしれません。

それから致命的なのは、BSD系のOSでは、入力待ちの際に[control]キーを押しながら[D]を押すと、無限ループになってしまいます。これは、[control]+[D]は、もうこれ以上stdinには入力がないという意味なので、以後何度fgets()関数やgetchar()関数を呼んでも何も入力されずに戻ってしまうのです。これに対応するためには、C言語の標準で決められていることだけでは対応できないので、OSに合わせてあげる必要があります。

このように、入力が伴うプログラムは考えることがたくさんあり、とても大変です。また、対応するためには本節で学んだこと以上の知識が必要です。参考までにこれらの問題に対応したバージョンも掲載しておきますので、先まで学習を進めた後に、再度見直してみてください。プログラムのエラー処理は大変！ということを実感できると思います。ちなみに、プログラム中に出てくる NULLという定数は、ポインタが何も指し示していない状態を表すもので、stdio.h に定義されています。

● リスト5-9　simple_cal_2.c

```c
#include <stdio.h>
#include <stdlib.h>
#include <errno.h>
#include <limits.h>

int
input_number_from_console(const char *prompt,
                          const char *err_msg,
                          long *number)
{
    char input_string[16];
    char *endptr;

    if (number == NULL) {
        printf("Error.\n");
        return -1;
    }

    printf("%s", prompt);          // 入力を促すプロンプトを表示
    // input_string[] に文字列を入力
    if (fgets(input_string, sizeof(input_string), stdin) == NULL) {
```

```c
                // BSDでは、これがないと無限ループになることがある
                fseek(stdin, 0, SEEK_END);
                printf("%s", err_msg);
                return -1;
        }

        errno = 0;                      // errno.h に定義された大域変数を初期化
        // 入力された最後の文字をendptrに記録
        *number = strtol(input_string, &endptr, 10);
        if (errno != 0 || *endptr != '\n' ||
            (*number < LONG_MIN || LONG_MAX < *number)) {
                fseek(stdin, 0, SEEK_END);
                printf("%s", err_msg);
                return -1;
        }

        return 0;
}

int
main(int argc, char *argv[])
{
        long a, b;
        long op;
        long answer;
        int c;

        do {
                answer = 0;

                if (input_number_from_console("Input number> ",
                                              "\nInput error.\n",
                                              &a) == -1) {
                        continue;
                }

                if (input_number_from_console("Input number> ",
                                      "\nInput error.\n",
                                      &b) == -1) {
                        continue;
                }

                printf("+---Operator menu---+\n");
                printf("|  1. +%*c|\n", 13, ' ');
                printf("|  2. -%*c|\n", 13, ' ');
                printf("|  3. *%*c|\n", 13, ' ');
                printf("|  4. /%*c|\n", 13, ' ');
                printf("+-------------------+\n");
                if (input_number_from_console("Input operator number> ",
                                              "\nInput error.\n",
```

```
                                    &op) == -1) {
            continue;
        }

        switch (op) {
        case 1:
            answer = a + b;
            break;
        case 2:
            answer = a - b;
            break;
        case 3:
            answer = a * b;
            break;
        case 4:
            if (b == 0) {
                printf("divide by zero\n");
                continue;
            } else {
                answer = a / b;
            }
            break;
        default:
            printf("operator unknown\n");
            continue;
            //NOT REACHED
            break;
        }
        printf("answer is %ld\n", answer);

        printf("Input q[return] to quit, [return] to continue.\n");
        c = getchar();
        if (c == EOF) {
            // BSDでは、これがないと無限ループになることがある
            fseek(stdin, 0, SEEK_END);
        }
    } while (c != 'q');

    return 0;
}
```

Makefile.simple_cal_2
```
PROGRAM   =      simple_cal_2
OBJS      =      simple_cal_2.o
SRCS      =      $(OBJS:%.o=%.c)
CC        =      gcc
CFLAGS    =      -g -Wall
LDFLAGS   =

$(PROGRAM):$(OBJS)
    $(CC) $(CFLAGS) $(LDFLAGS) -o $(PROGRAM) $(OBJS) $(LDLIBS)
```

5-4 時間を取得する

time

　入出力ができるようになったので、さまざまなタイプのプログラムがある程度作れるようになってきました。ここで時間が扱えるようになると、さらにプログラミングの幅が広がります。この節から扱うデータ型も増えてきますし、関数の使い方は実際にマニュアルに書いてあるようなプロトタイプ宣言で紹介します。まずは、コンピュータの内蔵時計から現在時刻を取得するtime()関数です。

```
time_t time(time_t *tloc);
```

　time()関数は、実行すると戻り値に現在の時刻をtime_tというデータ型で返します。実は、引数にtime_t型の変数のポインタを渡してそこに入れてもらうこともできますが、まだポインタを学習していないので、今回は関数の戻り値で時刻をもらいましょう。ポインタ型の引数を要求する関数に何も渡したくないときは、NULLを渡します。

　time_tというデータ型は、多くの環境で単なる整数（long型のことが多い）として扱われますが、必ずしもそうであるとは限りません。time()関数を使う場合、データ型の宣言ではきちんとtime_t型を利用しましょう。

　time()関数やtime_tというデータ型はtime.hというヘッダファイルで指定されているので、利用するときはincludeします。

```
time_t now;
now = time(NULL);
```

　このようにすると、現在の時刻をnowという変数に得られます。では、現在時刻を取得して表示するサンプルプログラムを実行してみましょう。

●リスト5-10　now.c

```
#include <stdio.h>
#include <time.h>

int
main(int argc, char *argv[])
{
    time_t now;
```

```
    now = time(NULL);

    printf("now %ld\n", now);

    return 0;
}
```

● Makefile.now

```
PROGRAM  =       now
OBJS     =       now.o
SRCS     =       $(OBJS:%.o=%.c)
CC       =       gcc
CFLAGS   =       -g -Wall
LDFLAGS  =

$(PROGRAM):$(OBJS)
    $(CC) $(CFLAGS) $(LDFLAGS) -o $(PROGRAM) $(OBJS) $(LDLIBS)
```

● ビルド

```
$ make -f Makefile.now
gcc -g -Wall   -c -o now.o now.c
gcc -g -Wall   -o now now.o
$
```

● 実行例

```
$ ./now
now 1512979461
$
```

　無事現在時刻が表示されました……と言いたいところですが、わけのわからない数値が出力されました。この数値は、一般的なUnix系のOSでは1970年1月1日からの経過秒です。

　1時間は3,600秒です。1日は24時間なので、24×3,600＝86,400秒です。1年は365日なので、365×86,400＝31,536,000です。

1,512,979,461÷31,536,000≒47.9

　このサンプルを実行したのは2017年なので、計算は合いますね。

■ 実行時間を計測する

　人間がぱっと見てわかる形式ではないのが残念ですが、せっかくなのでこの機能を利用してプログラムの実行時間を計ってみましょう。時間がかかる処理ということで、4-4節の円周率を求めるプログラム（リスト4-7）を改造することにしました。

● リスト5-11　pi_2.c

```c
#include <stdio.h>
#include <stdlib.h>                         // srand(), rand()のため
#include <time.h>                           // time() のため

int
main(int argc, char *argv[])
{
    double x, y, insect_cnt;
    time_t t1, t2;
    int i;

    insect_cnt = 0.0;
    i = 0;

    srand(time(NULL));                      // 乱数を使うためのおまじない

    t1 = time(NULL);
    while (i < 100000000) {                 // 1億回繰り返す
        x = (double) rand() / RAND_MAX;     // 変数x に0～1までの間の
                                            // 乱数を得る
        y = (double) rand() / RAND_MAX;     // 変数y に0～1までの間の
                                            // 乱数を得る
        if (x * x + y * y < 1.0) {          // 半径1.0の扇形の中に
                                            // 収まるか？(円の方程式)
            insect_cnt = insect_cnt+1.0;    // 1億回中、半径1.0の扇形に
                                            // 収まった回数を
                                            // 変数insect_cntに記憶
        }
        i = i + 1;
    }
    t2 = time(NULL);

    // insect_cnt / i は、1億回中、半径1.0の扇形に収まった確率
    // 扇形を4倍すると円の面積となるので、* 4.0
    printf("%f¥n", insect_cnt / i * 4.0);

    printf("process time = %ld sec¥n", t2 - t1);

    return 0;
}
```

● Makefile.pi_2

```
PROGRAM   =     pi_2
OBJS      =     pi_2.o
SRCS      =     $(OBJS:%.o=%.c)
CC        =     gcc
CFLAGS    =     -g -Wall
LDFLAGS   =
```

```
$(PROGRAM):$(OBJS)
    $(CC) $(CFLAGS) $(LDFLAGS) -o $(PROGRAM) $(OBJS) $(LDLIBS)
```

●ビルド

```
$ make -f Makefile.pi_2
gcc -g -Wall   -c -o pi_2.o pi_2.c
gcc -g -Wall   -o pi_2 pi_2.o
$
```

●実行例

```
$ ./pi_2
3.141517
process time = 2 sec
$
```

きちんと2秒[※3]という結果が表示されました。

※3 計測値はCore i7 2.3GHzのコンピュータでの結果です。Unix系のOSでは、time_t型は1970年1月1日からの経過秒で表すことが決まっていますが、C言語の仕様としては決められたことではないので、違うOSもありえます。その場合は、秒で表示されないこともあります。

ctime

経過時間は、計算するのは楽なのですが、やはり人間がぱっと見てわかるような形式で欲しいものです。
そんなときには、ctime()関数を使います。

```
char *ctime(const time_t *clock);
```

ctime()関数をしっかりと理解するためには、ポインタを知っている必要がありますが、ポインタの学習までこの関数を使えないのは悲しいので、使い方だけ紹介しておきましょう。

●リスト5-12 now_2.c

```c
#include <stdio.h>
#include <time.h>

int
main(int argc, char *argv[])
{
    time_t now;

    now = time(NULL);

    printf("now %s", ctime(&now));
```

```
    return 0;
}
```

● Makefile.now_2

```
PROGRAM =       now_2
OBJS    =       now_2.o
SRCS    =       $(OBJS:%.o=%.c)
CC      =       gcc
CFLAGS  =       -g -Wall
LDFLAGS =

$(PROGRAM):$(OBJS)
    $(CC) $(CFLAGS) $(LDFLAGS) -o $(PROGRAM) $(OBJS) $(LDLIBS)
```

● ビルド

```
$ make -f Makefile.now_2
gcc -g -Wall    -c -o now_2.o now_2.c
gcc -g -Wall    -o now_2 now_2.o
$
```

● 実行例

```
$ ./now
now Mon Dec 11 17:09:44 2017
$
```

　カレンダー形式で時刻情報が表示されました。

　この関数には、「マルチスレッド」という仕組みでプログラムを作ったときに問題があります。ctime()関数は、文字列として時刻情報を処理してそれを呼び出し元のプログラムに返却しているため、関数内部で静的変数を利用しています。静的変数については、2-4節の「静的変数」を参照してください。マルチスレッドという仕組みは、同一のプログラム（プロセス）の中で複数の処理が同時に走ります。そのときに、スタックは共有されませんが、大域変数や静的変数は共有されてしまいます。その複数の処理の中で、同時にctime()関数を呼ぶと、同時に1つの静的変数の書き換えが生じてしまって、意図しない結果になってしまいます。ctime()関数のように、ごくわずかのデータを扱う関数では意図しない結果が起きることはまれですが、対策版としてUnix系のシステムではctime_r()という関数がありますので、マルチスレッドで作るプログラムは、そちらを使いましょう。マルチスレッドや、ctime_r()はC言語の標準ではないため、本書の範囲を超えますが、今後マルチスレッドのプログラムを作る場合に思い出してください。

5-5 乱数を使用する

「乱数」とは規則性がなく、出現の確率が均等な数字のことです。たとえば、サイコロの目は乱数で、前に出た目の数から次の目は予測できませんね。この乱数は、4-4節のリスト4-7、リスト4-9で使いましたが、あまり説明しませんでしたので、ここで説明します。

rand()関数

乱数を得るためには、rand()関数を使います。

```
int rand(void);
```

voidとは、何も引数をとらないという意味です。

rand()関数による乱数は、0～RAND_MAXという数値の間で出現します。RAND_MAXは一般的には2,147,483,647[※4]であることが多いようです。

このことを踏まえてリスト4-7を見てみると、次のプログラムの意味がわかってくると思います。

※4　2,147,483,647はシステム依存です。

```
x = (double) rand() / RAND_MAX;
```

rand()関数で求めた乱数（0～RAND_MAX）を、RAND_MAXで割っています。たとえば、rand()関数の結果が3だったとします。そうすると、3÷2,147,483,647＝0.00000000139698となり、0～1までの間の乱数を得ることができます。ちなみに、(double)は2-5節で説明した「キャスト」です。rand()の本来の結果であるint型をdouble型として扱うためにあります。

では次に、リスト4-9のrand()関数を使っているところも見てみましょう。

```
rand() % 6 + 1
```

rand()関数で求めた乱数（0～RAND_MAX）を6で割った余りを求めます。そうすると、結果は必ず0～5の範囲となります。そのため、結果に1を足して、1～6の乱数を得ています。

乱数は、数値計算やゲームではよく使われますので、覚えておきましょう。

srand()関数

　コンピュータで作り出すことができる乱数は、実際には疑似乱数といって本物の乱数ではありません。コンピュータはプログラムで指示されたとおりに動くので、結局は何らかの規則に従って数を生成するためです。しかし、かんたんに予測できてしまっては乱数の役目を果たさないので、極力規則性がないように見せるため初期化する必要があります。その初期化を行うのが、srand()関数です。

```
void srand(unsigned seed);
```

　このvoidは、戻り値がないという意味です。
　リスト4-7やリスト4-9を見ると、seedという引数にtime()関数の結果を渡していることがわかります。その瞬間の時刻は二度と再現できないので、規則性があったとしてもより乱数っぽく見えるためです（実際には、コンピュータの時計を調整すれば再現できますが、一般的な話ということで理解してください）。

```
srand(time(NULL));          // 乱数を使うためのおまじない
```

　rand()関数、srand()関数は、どちらもstdlib.hというヘッダファイルに定義されているので、使用する際はインクルードを忘れないようにしましょう。

randが疑似乱数であることを確認する

　rand()関数は、疑似乱数だということを説明しました。しかし、リスト4-9を実行しても毎回違う結果となるので、なかなか実感できないと思います。そこで、rand()関数が疑似乱数だということを実感できるサンプルプログラムを動かしてみましょう。中身は、リスト4-9とほとんど同じですが、srand()関数に渡す値をtime()関数の戻り値ではなく、0という数値にしてあります。

●リスト5-13　pseudorandom.c

```
#include <stdio.h>
#include <stdlib.h>                    // srand(), rand()のため

int
main(int argc, char *argv[])
{
    int c;

    srand(0);

    do {
        printf("%d¥n", rand() % 6 + 1);  // 1～6のランダムな数値を得る
        c = getchar();                   // 1文字キーボードから入力を得る
    } while (c != 'q');                  // 入力された1文字がqではない間繰り返す
    return 0;
}
```

● Makefile.pseudorandom

```
PROGRAM  =       pseudorandom
OBJS     =       pseudorandom.o
SRCS     =       $(OBJS:%.o=%.c)
CC       =       gcc
CFLAGS   =       -g -Wall
LDFLAGS  =

$(PROGRAM):$(OBJS)
    $(CC) $(CFLAGS) $(LDFLAGS) -o $(PROGRAM) $(OBJS) $(LDLIBS)
```

● ビルド

```
$ make -f Makefile.pseudorandom
gcc -g -Wall   -c -o pseudorandom.o pseudorandom.c
gcc -g -Wall   -o pseudorandom pseudorandom.o
$
```

● 実行例

```
$ ./pseudorandom
1        ← サイコロの目は1だった
         ← [enter]キーを入力
4        ← 次のサイコロの目は4だった
         ← [enter]キーを入力
6        ← 次のサイコロの目は6だった
         ← [enter]キーを入力
5        ← 次のサイコロの目は5だった
q        ← [q]キーを入力してから、[enter]キーを入力
$./pseudorandom  ← 再度起動
1        ← サイコロの目は1だった
         ← [enter]キーを入力
4        ← 次のサイコロの目は4だった
         ← [enter]キーを入力
6        ← 次のサイコロの目は6だった
         ← [enter]キーを入力
5        ← 次のサイコロの目は5だった
q        ← [q]キーを入力してから、[enter]キーを入力
$./pseudorandom  ← 再度起動
1        ← サイコロの目は1だった
         ← [enter]キーを入力
4        ← 次のサイコロの目は4だった
         ← [enter]キーを入力
6        ← 次のサイコロの目は6だった
         ← [enter]キーを入力
5        ← 次のサイコロの目は5だった
q        ← [q]キーを入力してから、[enter]キーを入力
$./pseudorandom  ← 再度起動
```

3回やってみましたが、必ず同じ結果になってしまっています。rand()関数の結果は、srand()関数

に渡される値によって固定だということが実感できたのではないでしょうか。それはすなわち、どんなOSでどんなコンパイラを利用して作られたプログラムかということがわかれば、結果が予測できてしまうことに繋がります。そのため、暗号処理などで乱数が必要なときには、もっと高性能な乱数を生成する関数が利用されます。または、ハードウェア乱数発生器という周囲の放射線などを検知して予測不可能な乱数を生成するデバイスが利用されることもあります。

5-6 標準関数が使えないケース

　関数自体について、また、入出力、時間、乱数を扱う標準的な関数の扱い方を学びました。これまでに登場した、printf()、fgets()、rand()、time()などは「標準Cライブラリ」と呼ばれ、ほとんどのC言語のコンパイラで利用可能です。C99の規格にもちゃんと含まれているものです。しかし、C99の規格を満たした環境でも、使えないことがあります。それは、「フリースタンディング環境」でC言語を利用する場合です。

　フリースタンディング環境とは、組み込みシステムのマイコンなど、OSの制御下ではない実行環境のことです。たとえば、湯沸かし器の制御プログラムをC言語で作ろうとします。非常に安価に作る必要があるので、メモリや外部記憶装置（多くの場合ROM）などは最低限の容量しかありません。このような場合、容量の少なさからOSを動かすことはできないので、フリースタンディング環境となります。対して、OSの制御化の環境を「ホスト環境」と言ったりします。

　ホスト環境でC99対応のコンパイラを利用している限りは、紹介した標準Cライブラリは必ず使えます。しかし、フリースタンディング環境の場合は、限られたものしか使えません。C99で利用できると規定されている標準Cライブラリは、次のものだけです。

- float.h
- limits.h
- stdarg.h
- stddef.h
- iso646.h
- stdbool.h
- stdint.h

　これらの中には、データ型や定数しか定義されておらず、printf()やfgets()といった関数は一切含まれていません。先ほどの例で考えると、湯沸かし器にはモニタもキーボードもないので、そもそもprintf()やfgets()を実装しようがないですね（もし、湯沸かし器に桁数の少ない液晶やボタンがついていれば、それっぽいものは実装可能ですが、C99の仕様を満たすprintf()などは実装できないのです）。

　そのため、標準Cライブラリは C99 の一部だから、いつでもどこでも使えると考えていると痛い目をみることがあります。たとえば、秋葉原で「C言語で開発可能！マイコンキット」といったマイコンを入手したとします。そのようなマイコンでは、printf()などが利用できない可能性があります。たとえ液晶が

付属していたとしても、そのマイコン専用の命令を使う必要があったりします。

　確かに、標準関数はC言語の一部ですが、C言語の本質は文法と制御文だけです。ホスト環境であっても、最近はGUI環境が当たり前なので、利用する関数も専用のもので標準Cライブラリはあまり使いません。その場合は、C言語の知識だけでなく、OSや環境の知識が必要になります。このあたりがC言語の難しいところです。Javaであれば環境なども含めてJavaなので、1つの環境で覚えれば別の環境でもそのまま知識が通用します。しかし、C言語ではそうもいきません。C言語の基本を覚えたら、次は自分の使っている環境についての理解を深めましょう。

> **Note** 便利な機能を使うには
>
> 　JavaやLLと異なるC言語の特徴の1つとして、コンテナやコレクションクラスというものがない点があげられます。コレクションクラスとは、共通した操作方法で抽象的なデータ型を扱うことができる概念のことです。文字列や、配列などがそれにあたりますが、コレクションの文字列や配列はC言語のそれよりも高機能です。
>
> 　たとえば、Javaの文字列や配列はその変数自体に、変数の中身を操作したり、参照したりできる仕組みがあります。one_stringという文字列（C言語では、char型の配列ですが、Javaでは文字列というデータ型です）の長さを知りたければ、one_string.length()と実行する感じです。何がうれしいかというと、C言語ではこのような仕組みがないので、文字列の長さを知りたい場合は、自分でそのようなプログラムを書く必要があります。2-3節で説明したとおり、C言語の文字列は単なるchar型の配列で、文字列の最後に'¥0'が入っているものです。つまり、次のサンプルコードのようなプログラムを書くことになるのです。

● リスト5-14　string_length.c

```
#include <stdio.h>

int
main(int argc, char *argv[])
{
    char one_string[16] = "hello, world¥n";
    int length;

    length = 0;
    while (one_string[length] != '¥0') {
        length = length + 1;
    }

    printf("length is %d¥n", length);

    return 0;
}
```

● Makefile.string_length

```
PROGRAM    =    string_length
OBJS       =    string_length.o
SRCS       =    $(OBJS:%.o=%.c)
```

```
CC       =     gcc
CFLAGS   =     -g -Wall
LDFLAGS  =

$(PROGRAM):$(OBJS)
    $(CC) $(CFLAGS) $(LDFLAGS) -o $(PROGRAM) $(OBJS) $(LDLIBS)
```

◉ ビルド

```
$ make -f Makefile.string_length
gcc -g -Wall   -c -o string_length.o string_length.c
gcc -g -Wall   -o string_length string_length.o
$
```

◉ 実行例

```
$ ./string_length
length is 13
$
```

　文字列以外でも、データをどんどんため込んであとから並べ替えるといったことも、コレクションクラスを使えばかんたんです。しかしそういったものが標準で存在しないC言語では、やはりプログラマ自身でそのようなプログラムを書く必要があります。そのためには、C言語の文法、それからアルゴリズムを身につけなくてはなりません。第1章でも説明しましたが、このあたりがC言語を難しいと感じさせてしまうところです。ぜひ本書でC言語の基本を理解したら、アルゴリズムをしっかりと身につけてください。そうすれば、手間はかかりますが、C言語でもいろいろなプログラムを作れるようになります。

Chapter 6

さまざまな前処理を行う

6-1　ファイルの内容で置き換える ──────────────── 216
6-2　1対1で置き換える ──────────────────── 223
6-3　defineしたものを無効にする ──────────────── 225
6-4　条件でコンパイルする ─────────────────── 226
6-5　関数のようなマクロ関数 ────────────────── 231

6-1 ファイルの内容で置き換える

第1章で解説したように、C言語で書かれたソースコードをコンパイルする前には、プリプロセッサによってプリプロセス（前処理）が行われます。プリプロセッサの命令は、厳密にはCコンパイラに対する命令ではありません。このあたりがわかりにくいことも、C言語につまづきやすい原因かもしれません。

最も使われるプリプロセッサ命令は、本書でも何度も登場した#includeでしょう。#includeは、#include <ファイル名>と書かれた場合、その行自体をC:¥gnupack-pretest_devel-2016.07.09¥app¥cygwin¥cygwin¥usr¥includeや/usr/includeといったディレクトリから探したファイル名で置換する命令です。

```
#include <stdio.h>
```

```
# 1 "nop.c"
# 1 "<built-in>"
# 1 "<command-line>"
# 1 "nop.c"
# 1 "/usr/include/stdio.h" 1 3 4
# 64 "/usr/include/stdio.h" 3 4
# 1 "/usr/include/_types.h" 1 3 4
# 27 "/usr/include/_types.h" 3 4
# 1 "/usr/include/sys/_types.h" 1 3 4
# 32 "/usr/include/sys/_types.h" 3 4
# 1 "/usr/include/sys/cdefs.h" 1 3 4
# 33 "/usr/include/sys/_types.h" 2 3 4
# 1 "/usr/include/machine/_types.h" 1 3 4
# 34 "/usr/include/machine/_types.h" 3 4
# 1 "/usr/include/i386/_types.h" 1 3 4
# 37 "/usr/include/i386/_types.h" 3 4
typedef signed char __int8_t;



typedef unsigned char __uint8_t;
typedef short __int16_t;
typedef unsigned short __uint16_t;
typedef int __int32_t;
typedef unsigned int __uint32_t;
typedef long long __int64_t;
```

```
typedef unsigned long long __uint64_t;

typedef long __darwin_intptr_t;
typedef unsigned int __darwin_natural_t;
# 70 "/usr/include/i386/_types.h" 3 4
typedef int __darwin_ct_rune_t;
～中略～
extern void funlockfile (FILE *__stream) __attribute__ ((__nothrow__));
# 844 "/usr/include/stdio.h" 3 4
```

　もう少しinclude命令について、詳しく説明します。ファイル名には通常ヘッダファイルと呼ばれるファイルを指定します。ヘッダファイルには、データ型や定数、それから関数の定義などをすることが一般的です。

　<>でファイル名を括った場合は、C:¥gnupack-pretest_devel-2016.07.09¥ app¥cygwin¥cygwin¥usr¥includeや/usr/includeといった標準Cライブラリのヘッダファイルが置いてあるディレクトリからそのファイルを探します。しかし、自分でも関数をたくさん作ったりすると、その関数群専用のヘッダファイルが欲しくなることがあります。そのようなときには、""でファイル名を括ると、元ファイルと同じディレクトリからファイルを探してくれます。

　まずは、サンプルプログラムをビルドしてみましょう。

● リスト6-1　main.c

```c
#include <stdio.h>          // printf()関数などの標準Cライブラリのためのヘッダファイルをインクルード
#include "functions.h"      // 自分で作った関数群が定義されたfunctions.hをインクルード

int
main(int argc, char *argv[])
{
    int num_1;
    int num_2;
    int answer;

    num_1 = 1;
    num_2 = 2;

    // functions.hにプロトタイプ宣言されたsum()関数を実行
    answer = sum(num_1, num_2);
    printf("answer = %d¥n", answer);

    // functions.hにプロトタイプ宣言されたsub()関数を実行
    answer = sub(num_1, num_2);
    printf("answer = %d¥n", answer);

    // functions.hにプロトタイプ宣言されたmul()関数を実行
    answer = mul(num_1, num_2);
    printf("answer = %d¥n", answer);
```

```
    // functions.hにプロトタイプ宣言されたdiv()関数を実行
    answer = div(num_1, num_2);
    printf("answer = %d\n", answer);

    return 0;
}
```

● リスト6-2　functions.h

```
// プロトタイプ宣言
// 引数としてint型の変数を2個受けとり、int型の値を返す関数sumを定義
int sum(int, int);
// 引数としてint型の変数を2個受けとり、int型の値を返す関数subを定義
int sub(int, int);
// 引数としてint型の変数を2個受けとり、int型の値を返す関数mulを定義
int mul(int, int);
// 引数としてint型の変数を2個受けとり、int型の値を返す関数divを定義
int div(int, int);
```

● リスト6-3　functions.c

```
// sum()関数の実体
int
sum(int a, int b)
{
    int return_value;

    return_value = a + b;

    return return_value;
}

// sub()関数の実体
int
sub(int a, int b)
{
    int return_value;

    return_value = a - b;

    return return_value;
}

// mul()関数の実体
int
mul(int a, int b)
{
    int return_value;

    return_value = a * b;
```

```
    return return_value;
}

// div()関数の実体
int
div(int a, int b)
{
    int return_value;

    return_value = a / b;

    return return_value;
}
```

● Makefile.include

```
PROGRAM =       include
OBJS    =       main.o functions.o
SRCS    =       $(OBJS:%.o=%.c)
CC      =       gcc
CFLAGS  =       -g -Wall
LDFLAGS =

$(PROGRAM):$(OBJS)
    $(CC) $(CFLAGS) $(LDFLAGS) -o $(PROGRAM) $(OBJS) $(LDLIBS)
```

● ビルド

```
$ make -f Makefile.include
gcc -g -Wall    -c -o main.o main.c
gcc -g -Wall    -c -o functions.o functions.c
gcc -g -Wall    -o include main.o functions.o
$
```

　今回は自分で定義したヘッダファイルの実験なので、「分割コンパイル」にしてみました。ビルドのときの表示がいつものサンプルプログラムとは違い、3行表示されていると思います。

　最初の行でmain.cがコンパイル、アセンブルされてmain.oが生成されます。

```
gcc -g -Wall    -c -o main.o main.c
```

　次の行でfunctions.cがコンパイル、アセンブルされてfunctions.oが生成されます。

```
gcc -g -Wall    -c -o functions.o functions.c
```

　最後の行でmain.oとfunctions.oと標準Cライブラリがリンクされて、includeという実行ファイルが生成されます。

```
gcc -g -Wall  -o include main.o functions.o
```

　少し回り道をして、なぜ分割コンパイルと自分で定義したヘッダファイルが重要なのかを考えてみましょう。第5章で、関数を作って使う場合は、必ずプロトタイプ宣言を行いましょうと説明しました。分割コンパイルのためにファイルを分けてプログラムを書いているときに、functions.cに新たな関数を追加するとしましょう。そうすると、main.cには新たにそのプロトタイプ宣言を追加しなくてはなりません。もう1つ、main.cとfunctions.cの開発者が別の人だったとします。functions.cの担当の人が、関数の宣言を少し変更してしまいましたが、main.cの担当の人はそのことを知らずmain.cのプロトタイプ宣言を変更しませんでした。もしかすると、コンパイルやリンクは異常なく終了して、実行時に何らかのエラーが出るかもしれません。

　このようなことを避けるために、functions.cの担当の人は、プロトタイプ宣言をfunctions.hに書いておきます。main.cの担当の人は、それをインクルードするだけにします。こうすると、functions.cに変更があったらコンパイル時に警告やエラーが出るので、main.cの担当の人は気が付いて関数の利用箇所を修正できます。

　また、一人で開発しているときで、別のプログラムでもfunctions.cを使いたくなった場合、そのファイルとfunctions.hをコピーして別のプログラムでインクルードすれば、すぐにfunctions.cの中の関数を利用できるようになります。

　このような理由から、複数のファイルに分けてプログラムを書いて分割コンパイルをするときは、ヘッダファイルに定義を分けることが多いのです。標準Cライブラリの関数の定義がヘッダファイルにまとめられているのも、その考えを推し進めたものだと捉えてください。たとえば、標準Cライブラリのヘッダファイルがなければ、みなさんがprintf()関数やfgets()関数を利用するときに、毎回自分のプログラムの冒頭にそれらのプロトタイプ宣言を書かなくてはならなくなり、非常に大変です。

●毎回使う関数分だけ、書くのは大変…
```
int printf(const char *format, ...);
char *fgets(char *str, int size, FILE *stream);
typedef long time_t;
time_t time(time_t *tloc);
char *ctime(const time_t *clock);
```

ヘッダファイルを使えば楽ちん
```
#include <stdio.h>
#include <time.h>
```

●実行例
```
$ ./include
answer = 3
answer = -1
answer = 2
answer = 0
```

```
$
```

　実行結果はみなさんの予想したとおりになったと思います。では、復習を兼ねてリスト6-1の中で、#include "functions.h"はどのように置換されたか見てみましょう。

```
$ gcc -E main.c > main.txt
```

　main.txtをテキストエディタで開いてみると、次のようにちゃんと置換されていることが確認できるでしょう。

```
～先頭省略～
# 2 "main.c" 2
# 1 "functions.h" 1

int sum(int, int);
int sub(int, int);
int mul(int, int);
int div(int, int);
# 3 "main.c" 2
～以後省略～
```

　ちなみに、意外と知られていませんがinclude命令ではヘッダファイル以外でも読み込んで置換させることができます。遊びだと思って次のサンプルをビルドしてみましょう。

● リスト6-4　a.c

```
#include "a.5"
;
    return 0;
}
```

● リスト6-5　a.1

```
#include <stdio.h>
```

● リスト6-6　a.2

```
#include "a.1"

int
```

● リスト6-7　a.3

```
#include "a.2"

main(int argc, char *argv[])
{
```

●**リスト6-8**　a.4

```
printf
```

●**リスト6-9**　a.5

```
#include "a.3"
#include "a.4"
("hello, world¥n")
```

●**ビルド**

```
$ gcc -g -Wall a.c -o a
$
```

●**実行例**

```
$ ./a
hello, world
$
```

　テキストファイルであればなんでもインクルードできます。こんな使い方は絶対にしませんが、ここまででたらめに分割すれば、includeがテキストの置換であることをより強く実感できるでしょう。

6-2 1対1で置き換える

include命令と似たようなものに、define命令があります。includeがファイルから置換していたのと違い、defineではソースコード中の内容で置換することができます。

```
#define 置換前 置換後
```

4-4節の素数を求めるプログラム（リスト4-5）では、どの数までの素数を求めるかをend = 100;としていました。これは、次のように書いても動きます。

```
#define MAX 100
    end = MAX;
```

プリプロセス時にソースコード中のMAXという文字列が、define命令で100に置換されるからです。さっそく実験してみましょう。

● リスト6-10　define.c

```c
#include <stdio.h>

#define INTEGER_NUM_1   100
#define FLOAT_NUM_1     3.14
#define STRING_1        "%s"
#define STRING_2        "hello, world\n"

int
main(int argc, char *argv[])
{
#define INTEGER_NUM_2   200
#define FLOAT_NUM_2     2.71

    int a = INTEGER_NUM_1;
    printf("%d %d\n", a, INTEGER_NUM_2);

    float b = FLOAT_NUM_1;
    float c = FLOAT_NUM_2;

    printf("%f %f\n", b, c);

    printf(STRING_1, STRING_2);
```

```
    return 0;
}
```

● Makefile.define

```
PROGRAM  =      define
OBJS     =      define.o
SRCS     =      $(OBJS:%.o=%.c)
CC       =      gcc
CFLAGS   =      -g -Wall
LDFLAGS  =

$(PROGRAM):$(OBJS)
    $(CC) $(CFLAGS) $(LDFLAGS) -o $(PROGRAM) $(OBJS) $(LDLIBS)
```

● ビルド

```
$ make -f Makefile.define
gcc -g -Wall   -c -o define.o define.c
gcc -g -Wall   -o define define.o
$
```

● 実行例

```
$ ./define
100 200
3.140000 2.710000
hello, world
$
```

いかがでしょうか。単純なテキスト置換だということがわかりますね。

6-3 defineしたものを無効にする

　一度define命令を書くと、以降の行ではずっと有効になってしまいます。なんらかの理由でdefine命令で置換を指示したものを無効化したい場合のために、undef命令があります。使い方はかんたんで、次のようにします。

```
#undef 無効化したいdefine
```

● 例
```
#undef INTEGER_NUM_1
```

　リスト6-10のmain()関数の直前に、例の#undef INTEGER_NUM_1を書いて実験してみましょう。int a = INTEGER_NUM_1; の行で、エラーとなります。

6-4 条件でコンパイルする

値の内容で条件コンパイル（if）

このdefineは、もう1つ別な使い方もできます。そのための命令がifです。if命令を使うと、defineされた値によって、処理ではなくソースコード自体を分岐させる（そもそもコンパイルしない）ことができます。非常にわかりにくいので、次のサンプルコードで実験してみましょう。

● リスト6-11　define_2.c

```
#define TEST    1

#if TEST == 1
#include <stdio.h>
int
main(int argc, char *argv[])
{
    printf("hello, world\n");

    return 0;
}
#else
#endif
```

まずは、gccコマンドで実験です。

```
$ gcc -E define_2.c > define_2.txt
```

生成されたdefine_2.txtをテキストエディタで開くと、最下部にきちんとmain()関数が入っています。では、#define TEST 1を#define TEST 0に変更して実験してみましょう。

なんと、define_2.txtの内容がほとんど空っぽになってしまいました。

```
# 1 "define_2.c"
# 1 "<built-in>"
# 1 "<command-line>"
# 1 "define_2.c"
```

これはなぜかというと、#define TEST 1のときは、#if TEST == 1に当てはまるので#if～#elseの間の内容が利用されましたが、#define TEST 0とするとこのif命令の条件に一致しなくなるので、

#else～#endifまでの内容、つまり空っぽとなったからです。

　今度は、#define TEST 1の行自体を削除してみましょう。その代わり、gccコマンドのオプションを少し変化させます。

```
$ gcc -E -DTEST=1 define_2.c > define_2.txt

$ gcc -E -DTEST=0 define_2.c > define_2.txt
```

　-DTEST=1のときは、きちんとmain()関数があって、-DTEST=0のときにはなかったと思います。このように、defineする内容はコンパイラ（正確にはプリプロセッサ）へのオプションとしても指定できます。

　この機能は、C言語以外ではあまり見られません。この機能は、たとえばプログラム中にWindows用、Linux用とそれぞれ書いておいて、Makefileの編集だけで両方の環境に対応したりする場合に使われます。

■定義済みか調べて条件コンパイル（ifdef／ifndef）

　いちいちifの後に条件を書かなくても、ifdefという命令を使えばif TEST == 1と同じ効果があります。逆にif TEST == 0と同じ意味になるifndefも利用できます。

```
#ifdef TEST
#include <stdio.h>
int
main(int argc, char *argv[])
{
    printf("hello, world¥n");

    return 0;
}
#else
#endif

#ifndef TEST
#else
#include <stdio.h>
int
main(int argc, char *argv[])
{
    printf("hello, world¥n");

    return 0;
}
#endif
```

　便利な機能ですが、多用するとプログラムがよくわからなくなりがちなので、しっかり考えた上で利用するようにしましょう。

定義済みdefine

gccコマンドではすでに内部でたくさんの文字列がdefineされています。たとえばLinux上のgccであれば、何もオプションをつけなくてもすでに#define linux 1された状態でプリプロセスされます。つまり、Linux専用の部分は次のように書くことができます。

```
#ifdef linux
    //Linux専用の処理
#else
    //Linux以外のOS用の処理
#endif
```

これらの一覧は、次のようにgccコマンドにオプションを付ければ得ることができます。複数の環境で動かすことを想定したプログラムを書くときは、このような定義済みの値を利用するのも手です。

● 実行例

```
$ gcc -dM -xc -E /dev/null
#define __DBL_MIN_EXP__ (-1021)
#define __FLT_MIN__ 1.17549435e-38F
#define __DEC64_DEN__ 0.000000000000001E-383DD
#define __CHAR_BIT__ 8
#define __WCHAR_MAX__ 2147483647
#define __NO_MATH_INLINES 1
#define __DBL_DENORM_MIN__ 4.9406564584124654e-324
#define __FLT_EVAL_METHOD__ 0
#define __DBL_MIN_10_EXP__ (-307)
#define __FINITE_MATH_ONLY__ 0
#define __DEC64_MAX_EXP__ 384
#define __SHRT_MAX__ 32767
#define __LDBL_MAX__ 1.18973149535723176502e+4932L
～中略～
#define _LP64 1
#define __GNUC_PATCHLEVEL__ 1
#define __LDBL_HAS_INFINITY__ 1
#define __INTMAX_MAX__ 9223372036854775807L
#define __FLT_DENORM_MIN__ 1.40129846e-45F
#define __PIC__ 2
#define __FLT_MAX__ 3.40282347e+38F
#define __SSE2__ 1
#define __FLT_MIN_10_EXP__ (-37)
#define __INTMAX_TYPE__ long int
#define __DEC128_MAX_EXP__ 6144
#define __GNUC_MINOR__ 2
#define __DBL_MAX_10_EXP__ 308
#define __LDBL_DENORM_MIN__ 3.64519953188247460253e-4951L
#define __STDC__ 1
#define __PTRDIFF_TYPE__ long int
#define __DEC128_MANT_DIG__ 34
```

```
#define __LDBL_MIN_10_EXP__ (-4931)
#define __llvm__ 1
#define __GNUC_GNU_INLINE__ 1
#define __SSE3__ 1
$
```

> **Note** 定義済みdefineと変数名が被る場合
>
> 定義済みの#define linux 1などを利用することは、複数の環境で動かさなければならないプログラムを書くときに非常に便利ですが、落とし穴があります。次のサンプルコードでは、何が起こるでしょうか。

● リスト6-12　define_3.c

```c
#include <stdio.h>

int
main(int argc, char *argv[])
{
    char linux[16] = "For Linux!";

    printf("%s¥n", linux);

    return 0;
}
```

● Makefile.define_3

```
PROGRAM    =    define_3
OBJS       =    define_3.o
SRCS       =    $(OBJS:%.o=%.c)
CC         =    gcc
CFLAGS     =    -g -Wall
LDFLAGS    =

$(PROGRAM):$(OBJS)
    $(CC) $(CFLAGS) $(LDFLAGS) -o $(PROGRAM) $(OBJS) $(LDLIBS)
```

● ビルド (Mac OS X Lion)

```
$ make -f Makefile.define_3
gcc -g -Wall   -c -o define_3.o define_3.c
gcc -g -Wall   -o define_3 define_3.o
$
```

● ビルド (Linux)

```
$ make -f Makefile.define_3
gcc -g -Wall   -c -o define_3.o define_3.c
define_3.c: In function 'main':
define_3.c:6: error: expected identifier or '(' before numeric constant
```

```
define_3.c:8: warning: format '%s' expects type 'char *', but argument 2 has type 'int'
$
```

　macOSでは正常にビルドできたのに、Linuxではおかしなことになってしまいました。これは、Linux上のgccでは常に#define linux 1とされているので、次の部分がおかしな置換をされてしまったからです。

```
    char linux[16] = "For Linux!";
```

```
    char 1[16] = "For Linux!";
```

　だいたいはgcc上で常に定義されているものは、__（アンダースコア２個）が先頭に付いていますのでこのようなことはありませんが、まれにこのようなものもありますので注意しましょう。Linuxの他にこのような問題が起きやすいものとして、i386とunixなどがあります。
　プリプロセッサの動きを知らないとなかなか気が付きにくいですね。

6-5　関数のようなマクロ関数

　define命令では、引数を受け取って置換することもできます。つまり、関数のようなものを作ることができるのです。このようなものを「マクロ関数」と言います。

マクロ関数の作り方

　たとえば、6-1節のヘッダファイルの実験（リスト6-3）で使ったsum()と同じ動きをするマクロ関数を作るには、次のように記述します。

```
#define SUM(a, b)    a + b
```

　まずはサンプルプログラムで動きを見てみましょう。

● リスト6-13　define_4.c

```c
#include <stdio.h>

#define SUM(a, b)    a + b
#define SUB(a, b)    a - b
#define MUL(a, b)    a * b
#define DIV(a, b)    a / b

int
main(int argc, char *argv[])
{
    int num_1;
    int num_2;
    int answer;

    num_1 = 1;
    num_2 = 2;

    answer = SUM(num_1, num_2);
    printf("answer = %d\n", answer);

    answer = SUB(num_1, num_2);
    printf("answer = %d\n", answer);

    answer = MUL(num_1, num_2);
```

```c
        printf("answer = %d¥n", answer);

        answer = DIV(num_1, num_2);
        printf("answer = %d¥n", answer);

        return 0;
}
```

● Makefile.define_4

```
PROGRAM =       define_4
OBJS    =       define_4.o
SRCS    =       $(OBJS:%.o=%.c)
CC      =       gcc
CFLAGS  =       -g -Wall
LDFLAGS =

$(PROGRAM):$(OBJS)
    $(CC) $(CFLAGS) $(LDFLAGS) -o $(PROGRAM) $(OBJS) $(LDLIBS)
```

● ビルド

```
$ make -f Makefile.define_4
gcc -g -Wall   -c -o define_4.o define_4.c
gcc -g -Wall   -o define_4 define_4.o
$
```

● 実行例

```
$ ./define_4
answer = 3
answer = -1
answer = 2
answer = 0
$
```

予想どおりの結果になりましたね。

マクロと関数の違い

　このマクロ関数は、「名前(引数)」の形なのでどこからどう見ても関数です。しかし、実際には関数とマクロ関数はまったく別物です。なぜかというと、これも他のdefineと同じように単なるテキスト置換によって実現されているに過ぎないからです。

　リスト6-13のgccコマンドにオプションを付けて見てましょう。

```
$ gcc -E define_4.c > define_4.txt
```

　生成したdefine_4.txtをテキストエディタで開いてみると、SUM(a, b)などと書いた場所が跡形もな

くなっていることが確認できます。

```
    answer = SUM(num_1, num_2);
    printf("answer = %d¥n", answer);

    answer = SUB(num_1, num_2);
    printf("answer = %d¥n", answer);

    answer = MUL(num_1, num_2);
    printf("answer = %d¥n", answer);

    answer = DIV(num_1, num_2);
    printf("answer = %d¥n", answer);
```

```
    answer = num_1 + num_2;
    printf("answer = %d¥n", answer);

    answer = num_1 - num_2;
    printf("answer = %d¥n", answer);

    answer = num_1 * num_2;
    printf("answer = %d¥n", answer);

    answer = num_1 / num_2;
    printf("answer = %d¥n", answer);
```

マクロ関数は関数にするまでもない小さな機能をたくさん使うようなときに利用しますが、あくまでもテキストの置換によるものだと覚えておきましょう。

マクロ関数の注意点

マクロ関数は便利なので、C言語ではよく利用されます。さすがに先のSUM()のようなものは実用的ではないので使いませんが、テキスト置換なのでデータ型を意識しなくてもよいため、変数aと変数bの値の入れ替えに次のようなマクロ関数を利用したりします。

```
#define SWAP(a, b)    a ^= b; b ^= a; a ^= b;
```

しかし、マクロ関数には落とし穴があります。まずは正しく動作するサンプルプログラムを動かしてみましょう。

● リスト6-14　define_5.c

```
#include <stdio.h>

#define SWAP(a, b)    a ^= b; b ^= a; a ^= b;
```

```c
int
main(int argc, char *argv[])
{
    int num_1;
    int num_2;

    num_1 = 1;
    num_2 = 2;

    printf("num_1 = %d, num_2 = %d\n", num_1, num_2);
    SWAP(num_1, num_2);
    printf("num_1 = %d, num_2 = %d\n", num_1, num_2);

    return 0;
}
```

● Makefile.define_5

```
PROGRAM     =       define_5
OBJS        =       define_5.o
SRCS        =       $(OBJS:%.o=%.c)
CC          =       gcc
CFLAGS      =       -g -Wall
LDFLAGS     =

$(PROGRAM):$(OBJS)
    $(CC) $(CFLAGS) $(LDFLAGS) -o $(PROGRAM) $(OBJS) $(LDLIBS)
```

● ビルド

```
$ make -f Makefile.define_5
gcc -g -Wall    -c -o define_5.o define_5.c
gcc -g -Wall    -o define_5 define_5.o
$
```

● 実行例

```
$ ./define_5
num_1 = 1, num_2 = 2
num_1 = 2, num_2 = 1
$
```

　変数num_1と変数num_2の値が入れ替わりました。
　次に、if文を使って変数num_1が0のときだけこの処理を行うようにしてみましょう。あえて、ブロックを使わないで書きます。

```c
    printf("num_1 = %d, num_2 = %d\n", num_1, num_2);
    SWAP(num_1, num_2);
    printf("num_1 = %d, num_2 = %d\n", num_1, num_2);
```

```
    printf("num_1 = %d, num_2 = %d¥n", num_1, num_2);
    if (num_1 == 0)
        SWAP(num_1, num_2);
    printf("num_1 = %d, num_2 = %d¥n", num_1, num_2);
```

● **実行例**

```
$ ./define_5
num_1 = 1, num_2 = 2
num_1 = 2, num_2 = 3
$
```

なんだかおかしいですね。そもそもサンプルプログラムでは変数num_1は1なので、マクロ関数SWAP()は実行されないはずですが、微妙に値が入れ替わっています。いつものgcc -Eで、どうしてこのようになったか調べてみましょう。

```
$ gcc -E define_5.c > define_5.txt
```

SWAP()は関数ではないので、コンパイル前に置換されて次のようになります。

```
    printf("num_1 = %d, num_2 = %d¥n", num_1, num_2);
    if (num_1 == 0)
        num_1 ^= num_2; num_2 ^= num_1; num_1 ^= num_2;;
    printf("num_1 = %d, num_2 = %d¥n", num_1, num_2);
```

if文は{}で括らないと、次の1文しか条件分岐しないので、わかりやすく書くと次のようなプログラムとして解釈されてしまったのです。

```
    if (num_1 == 0) {
        num_1 ^= num_2;
    }
    num_2 ^= num_1;
    num_1 ^= num_2;
```

そもそもif文の中をブロックにすればこのような異常は起きませんが、共同で作業している人が必ずしもif文をブロックで書いてくれないかもしれませんし、一切警告もエラーもでないのでSWAP()自体で対応したいものです。このようなときは、マクロ関数が単なるテキスト置換だということを逆手にとって、次のように書いておきましょう。

```
#define SWAP(a, b)    {a ^= b; b ^= a; a ^= b;}
```

このように書けば、意図したとおりに動いて安全です。

```
    // ブロックを使わないif文でも
    if (num_1 == 0)
        {num_1 ^= num_2; num_2 ^= num_1; num_1 ^= num_2;};

    // ブロックを使ったif文でも
    printf("num_1 = %d, num_2 = %d\n", num_1, num_2);
    if (num_1 == 0) {
        {num_1 ^= num_2; num_2 ^= num_1; num_1 ^= num_2;};
    }
    printf("num_1 = %d, num_2 = %d\n", num_1, num_2);
```

ちなみにマクロ関数では、内部で分岐するような複雑な処理も書くことができます。その場合、使う制御文によってはコンパイルエラーになってしまうこともあるので、次のように繰り返さないdo while文を使います。

```
#define SWAP(a, b)      do {                                            \
                            (a) ^= (b);                                 \
                            (b) ^= (a);                                 \
                            (a) ^= (b);
                        } while (0)
途中にif文を書いたりしても平気
```

この例では関係ありませんが、(a)や(b)は、変数や数値ではなくて式を書いたとしても優先順位の問題が起きないように書きます。￥は改行後もdefineの続きであることを示しています。

また、通常は関数呼び出しの後は必ず;を書くので、while (0)の後には;を書かないことがポイントです。今すぐ使う知識ではありませんが、覚えておいて損はないでしょう。

Chapter 7

データをまとめて場所を指し示す

7-1 配列とは	238
7-2 ポインタとは	243
7-3 ポインタ変数を関数でやりとりする	268
7-4 ポインタとキャスト	277
7-5 ダブルポインタ、トリプルポインタ	284
7-6 特別なポインタ	296

7-1 配列とは

配列については第2章でかんたんにしか触れなかったので、改めて説明しておきましょう。

■配列は同じデータ型の変数を並べたもの

配列とは変数の一種で、同じデータ型の変数をメモリ上の連続した領域に並べたもののことです。

■配列の宣言

配列は、データ型 変数名[要素の数];の順に宣言します。

```
int number_array[8];
```

■メモリイメージ

32ビットCPUのコンピュータでは、一般的にint型は4バイト（32ビット）なので、次の図のようになります。図では、number_arrayという配列が0x00001040～0x0000105Cというアドレスにあるとしています。アドレスの進み具合も、4バイトごとです[※1]。

※1 実際のコンピュータでは、4GBフルにメモリが実装されていないかもしれませんし、仮想メモリを使っていたり、図とは異なる場合があります。

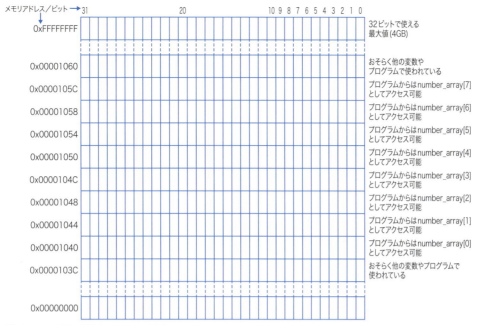

●図7-1　配列の置かれるイメージ(1)

　この図は非常に見難いので、配列を図解する際、一般的には右にメモリアドレスが延びるようなものを用います。

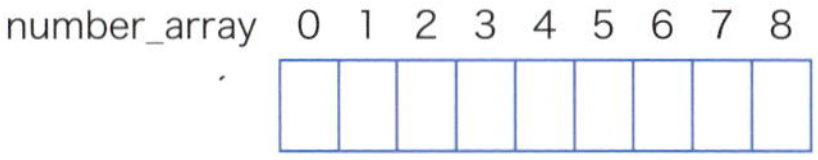

number_array　0 1 2 3 4 5 6 7 8

●図7-2　配列の置かれるイメージ(2)

　0～8までの数値は「添え字」や「インデックス」と呼び、配列の何番目の要素にアクセスするかを指定します。

　配列は初期化時に値を入れることもできます。

　　　データ型 変数名[要素の数] = {変数名[0]の値，変数名[1]の値，，，変数名[要素の数-1]の値};

　　　int number_array[8] = {-3, -2, -1, 0, 1, 2, 3, 4};

初期化のときに、要素の数より少ない数しか初期値を書かなかった場合、残りは0になります。

　　　int number_array[8] = {-1};

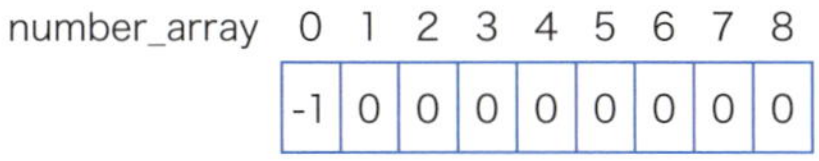

number_array　0 1 2 3 4 5 6 7 8
　　　　　　　 -1 0 0 0 0 0 0 0

●図7-3　配列の初期化の様子

7-1 配列とは

239

配列の概念は今までも説明してきましたが、サンプルプログラムで理解を深めておきましょう。内容としては4-4節の1〜10までの和を求めるプログラム（リスト4-4）と同様です。

● リスト7-1　for_array.c

```c
#include <stdio.h>

int
main(int argc, char *argv[])
{
    int number_array[] = {1, 2, 3, 4, 5, 6, 7, 8, 9, 10,
                          -1}; // -1は番兵
    int i, answer;

    for (i = 0, answer = 0; number_array[i] != -1; i++) {
        answer += number_array[i];
    }
    printf("answer = %d\n", answer);

    return 0;
}
```

● Makefile.for_array

```
PROGRAM =       for_array
OBJS    =       for_array.o
SRCS    =       $(OBJS:%.o=%.c)
CC      =       gcc
CFLAGS  =       -g -Wall
LDFLAGS =

$(PROGRAM):$(OBJS)
    $(CC) $(CFLAGS) $(LDFLAGS) -o $(PROGRAM) $(OBJS) $(LDLIBS)
```

● ビルド

```
$ make -f Makefile.for_array
gcc -g -Wall   -c -o for_array.o for_array.c
gcc -g -Wall   -o for_array for_array.o
$
```

● 実行例

```
$ ./for_array
answer = 55
$
```

きちんと55になりましたね。配列number_array[]の最後に−1が入っていますが、これは番兵といって、特別な値を入れておいてそれを見つけたら繰り返しをやめる場合に使います。この例では、負数は扱わないので−1を番兵に使いましたが、負数を扱う場合はうまく動かないので、その際は繰り返

し回数を条件にすることが多いです。

　繰り返し回数を条件にする場合、今までのサンプルでは数値で直接指定していましたが、sizeof演算子をうまく使うと便利です。int型の配列は一般的に一要素が4バイトなので、i < sizeof(number_array)という条件にすると、10要素ある場合4倍の40回繰り返してしまって、おかしなことになります。そのような場合は、i < (sizeof(number_array) / sizeof(number_array[0]))と指定すると、どんなサイズのデータ型でも利用できて便利です。覚えておきましょう。

文字列

　第2章でも説明しましたが、C言語には文字列型というデータ型はないのでchar型の配列で代用しています。

　文字列の場合も基本的には配列なので文法に相違はありません。ただ、初期化時に文字列を指定した場合は最後に'¥0'が自動的に入れられます。

```
char one_string[] = "hello, world¥n";
```

one_string　0 1 2 3 4 5 6 7 8 9 10 11 12 13
　　　　　　| h | e | l | l | o | , |　| w | o | r | l | d | ¥n | ¥0 |

●図7-4　文字列の置かれるイメージ (1)

　ちなみにchar型は1バイトなので、32ビットのシステムでは次のようなイメージになります。

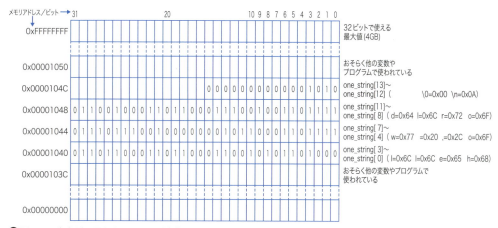

●図7-5　文字列の置かれるイメージ (2)

　この図は右下開始の32ビット単位なので、逆順になってしまいわかりにくいですが、何となくイメージをつかめば問題ないです。なぜこの図を出したかというと、改めて整数も文字列コンピュータの内部ではメモリ上に格納された数値でしかないという点を認識するためです。

　内容を先取りしてしまいますが、面白いサンプルプログラムを動かしてみましょう。詳細は理解できな

くても、コンピュータの内部ではすべての情報が数値として扱われていることを理解できれば問題ありません。

● リスト7-2　intworld.c

```c
#include <stdio.h>

int
main(int argc, char *argv[])
{
    int number_array[] = {0x6c6c6568, 0x77202c6f,
                          0x646c726f, 0x0000000a};
    //int number_array[] = {0x68656c6c, 0x6f2c2077,
    //                      0x6f726c64, 0x0a000000}; PowerPCなどではこちらを使ってください

    printf("%s", (char *) number_array);

    return 0;
}
```

● Makefile.intworld

```
PROGRAM =       intworld
OBJS    =       intworld.o
SRCS    =       $(OBJS:%.o=%.c)
CC      =       gcc
CFLAGS  =       -g -Wall
LDFLAGS =

$(PROGRAM):$(OBJS)
    $(CC) $(CFLAGS) $(LDFLAGS) -o $(PROGRAM) $(OBJS) $(LDLIBS)
```

● ビルド

```
$ make -f Makefile.intworld
gcc -g -Wall   -c -o intworld.o intworld.c
gcc -g -Wall   -o intworld intworld.o
$
```

● 実行例

```
$ ./intworld
hello, world
$
```

　0x6c6c6568、0x77202c6f、0x646c726f、0x0000000aなどという数値しか指定していないのに、hello, worldと表示されました。不思議ですが、このサンプルで、とにかく何でもメモリなのだということが実感できたのではないでしょうか。

7-2 ポインタとは

ポインタとは、直訳すると「指し示す物」のことです。C言語に限らず、レーザーポインタやマウスポインタなど指し示すものがありますね。では、C言語では何を指し示すのでしょうか。それは、「変数や関数などの場所」です。つまり、メモリのアドレスだと考えていただいて結構です。

変数の場所を求める

まずは、変数のアドレスを取得するところからはじめてみましょう。取得するには＆演算子を使います。この演算子は同じ＆記号を使う他の演算子とはまったく関連はありません。「アドレスだから論理積なんだ…」とかいうことは一切ないため、誤解しないようにしてください。

```
データ型 変数名;
&変数名   // アドレスが取得できます
```

取得しただけでは何の役にも立たないので、printf()関数で表示してみましょう。printf()関数にはポインタの値を表示するための変換指定子として%pがあります。さっそくサンプルプログラムで実験してみましょう。

● リスト7-3　addr.c

```c
#include <stdio.h>

int
main(int argc, char *argv[])
{
    double number_1;
    int number_2;
    char character;

    printf("address of number_1 is %p\n", &number_1);
    printf("address of number_2 is %p\n", &number_2);
    printf("address of character is %p\n", &character);

    number_1 = 0.1;
    number_2 = 1;
    character = 'a';

    printf("number_1 is %f\n", number_1);
```

```
        printf("number_2 is %d¥n", number_2);
        printf("character is %c¥n", character);

        printf("address of number_1 is %p¥n", &number_1);
        printf("address of number_2 is %p¥n", &number_2);
        printf("address of character is %p¥n", &character);

        return 0;
}
```

●Makefile.addr

```
PROGRAM =       addr
OBJS    =       addr.o
SRCS    =       $(OBJS:%.o=%.c)
CC      =       gcc
CFLAGS  =       -g -Wall
LDFLAGS =

$(PROGRAM):$(OBJS)
    $(CC) $(CFLAGS) $(LDFLAGS) -o $(PROGRAM) $(OBJS) $(LDLIBS)
```

●ビルド

```
$ make -f Makefile.addr
gcc -g -Wall   -c -o addr.o addr.c
gcc -g -Wall   -o addr addr.o
$
```

●実行例

```
$ ./addr
address of number_1 is 0x7fff63a53c20
address of number_2 is 0x7fff63a53c1c
address of character is 0x7fff63a53c1b
number_1 is 0.100000
number_2 is 1
character is a
address of number_1 is 0x7fff63a53c20
address of number_2 is 0x7fff63a53c1c
address of character is 0x7fff63a53c1b
$
```

　最初に変数のアドレスを表示して、その後値を代入してから表示しています。最後に再度アドレスを表示しています。

　いかがでしょうか。値を代入したりしても、アドレスは一切変わっていませんね。そこがその変数の、メモリ上での住所なので不変なのです。

　ここで表示したアドレスとは、配列の説明で例としてあげた0x00001040などのことです。

配列も変数の一種なので、アドレスを取得して表示することができます。

&変数名[添え字]　// アドレスが取得できます

こちらもサンプルプログラムで確認してみましょう。

◉ リスト7-4　array_addr.c

```c
#include <stdio.h>

int
main(int argc, char *argv[])
{
    double double_array[2];
    int int_array[2];
    char char_array[2];

    printf("address of double_array[0] is %p\n", &double_array[0]);
    printf("address of double_array[1] is %p\n", &double_array[1]);
    printf("address of int_array[0] is %p\n", &int_array[0]);
    printf("address of int_array[1] is %p\n", &int_array[1]);
    printf("address of char_array[0] is %p\n", &char_array[0]);
    printf("address of char_array[1] is %p\n", &char_array[1]);

    return 0;
}
```

◉ Makefile.array_addr

```
PROGRAM  =      array_addr
OBJS     =      array_addr.o
SRCS     =      $(OBJS:%.o=%.c)
CC       =      gcc
CFLAGS   =      -g -Wall
LDFLAGS =

$(PROGRAM):$(OBJS)
    $(CC) $(CFLAGS) $(LDFLAGS) -o $(PROGRAM) $(OBJS) $(LDLIBS)
```

◉ ビルド

```
$ make -f Makefile.array_addr
gcc -g -Wall    -c -o array_addr.o array_addr.c
gcc -g -Wall    -o array_addr array_addr.o
$
```

◉ 実行例

```
$ ./array_addr
address of double_array[0] is 0x7fff68372be8
address of double_array[1] is 0x7fff68372bf0
```

```
address of int_array[0] is 0x7fff68372be0
address of int_array[1] is 0x7fff68372be4
address of char_array[0] is 0x7fff68372bde
address of char_array[1] is 0x7fff68372bdf
$
```

　実行例では、double型の配列は8バイトずつアドレスが増えて、int型は4バイト、char型は1バイトずつで連続していることがわかったと思います。

　ここまではすんなり理解できると思うのですが、配列は少し特別扱いされていて、&を付けないでもアドレスを取れる場合があります。たとえば、&char_array[0]については、char_arrayと書けばまったく同じ意味になってしまいます。

　こちらも実験してみましょう。

● リスト7-5　char_array.c

```
#include <stdio.h>

int
main(int argc, char *argv[])
{
    char one_string[] = "hello, world¥n";

    printf(" one_string    : %p¥n", one_string);
    printf("&one_string[0]: %p¥n", &one_string[0]);
    printf("&one_string[1]: %p¥n", &one_string[1]);
    printf("&one_string[2]: %p¥n", &one_string[2]);
    printf("&one_string[3]: %p¥n", &one_string[3]);
    printf("&one_string[4]: %p¥n", &one_string[4]);
    printf("&one_string[5]: %p¥n", &one_string[5]);
    printf("&one_string[6]: %p¥n", &one_string[6]);
    printf("&one_string[7]: %p¥n", &one_string[7]);
    printf("&one_string[8]: %p¥n", &one_string[8]);
    printf("&one_string[9]: %p¥n", &one_string[9]);
    printf("&one_string[10]: %p¥n", &one_string[10]);
    printf("&one_string[11]: %p¥n", &one_string[11]);
    printf("&one_string[12]: %p¥n", &one_string[12]);
    printf("&one_string[13]: %p¥n", &one_string[13]);
    printf("&one_string[14]: %p¥n", &one_string[14]);

    return 0;
}
```

● Makefile.char_array

```
PROGRAM   =       char_array
OBJS      =       char_array.o
SRCS      =       $(OBJS:%.o=%.c)
CC        =       gcc
```

```
CFLAGS    =         -g -Wall
LDFLAGS   =

$(PROGRAM):$(OBJS)
    $(CC) $(CFLAGS) $(LDFLAGS) -o $(PROGRAM) $(OBJS) $(LDLIBS)
```

◉ ビルド

```
$ make -f Makefile.char_array
gcc -g -Wall    -c -o char_array.o char_array.c
gcc -g -Wall    -o char_array char_array.o
$
```

◉ 実行例

```
$ ./char_array
 one_string    : 0x7fff638a3bf2
&one_string[0]: 0x7fff638a3bf2
&one_string[1]: 0x7fff638a3bf3
&one_string[2]: 0x7fff638a3bf4
&one_string[3]: 0x7fff638a3bf5
&one_string[4]: 0x7fff638a3bf6
&one_string[5]: 0x7fff638a3bf7
&one_string[6]: 0x7fff638a3bf8
&one_string[7]: 0x7fff638a3bf9
&one_string[8]: 0x7fff638a3bfa
&one_string[9]: 0x7fff638a3bfb
&one_string[10]: 0x7fff638a3bfc
&one_string[11]: 0x7fff638a3bfd
&one_string[12]: 0x7fff638a3bfe
&one_string[13]: 0x7fff638a3bff
&one_string[14]: 0x7fff638a3c00
$
```

いかがでしょうか。one_stringと書いたときと、&one_string[0]と書いたときで、値がまったく同じになっています。そして、添え字の値を増やしていくとchar型の配列なので1ずつ値が増えていっていますね。

ここで一度実験はさておいて、復習です。第2章では、文字列を扱うためにはchar型の配列の最後に'¥0'を入れたものを使うと説明しました。その際、たとえばprintf()関数にその配列を指定するときには、one_stringとだけ指定していまいました。

```
    printf("%s", one_string);
```

配列について、one_stringと指定すると、&one_string[0]と等価でone_string[]という配列の最初の要素のアドレスになります。つまり、文字列を扱う関数は、その文字列の最初の要素のアドレスを受け取っていたということになります。

```
    char one_string[] = "hello, world¥n";
```

```
one_string  0 1 2 3 4 5 6 7 8 9 10 11 12 13
            h e l l o ,   w o r  l  d  ¥n ¥0
            ↑
            文字列を扱う関数は、ここのアドレスを受け取っていた！
```

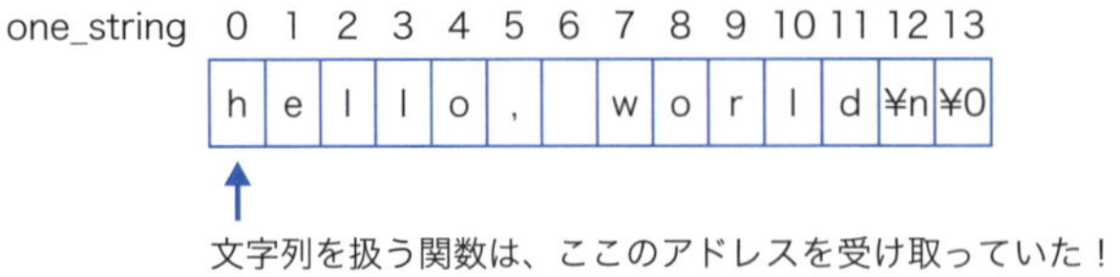

●**図7-6 文字列のアドレス**

このアドレスのことを、「配列の先頭アドレス」と言ったりします。もう少し実験してみましょう。

●**リスト7-6　char_array_2.c**

```c
#include <stdio.h>

int
main(int argc, char *argv[])
{
    char one_string[] = "hello, world¥n";

    printf(" one_string    : %s¥n", one_string);
    printf("&one_string[0]: %s¥n", &one_string[0]);
    printf("&one_string[1]: %s¥n", &one_string[1]);
    printf("&one_string[2]: %s¥n", &one_string[2]);
    printf("&one_string[3]: %s¥n", &one_string[3]);
    printf(".¥n.¥n.¥n");

    return 0;
}
```

●**Makefile.char_array_2**

```
PROGRAM  =      char_array_2
OBJS     =      char_array_2.o
SRCS     =      $(OBJS:%.o=%.c)
CC       =      gcc
CFLAGS   =      -g -Wall
LDFLAGS  =

$(PROGRAM):$(OBJS)
    $(CC) $(CFLAGS) $(LDFLAGS) -o $(PROGRAM) $(OBJS) $(LDLIBS)
```

●**ビルド**

```
$ make -f Makefile.char_array_2
gcc -g -Wall   -c -o char_array_2.o char_array_2.c
gcc -g -Wall   -o char_array_2 char_array_2.o
$
```

●実行例

```
$ ./char_array_2
 one_string    : hello, world

&one_string[0]: hello, world

&one_string[1]: ello, world

&one_string[2]: llo, world

&one_string[3]: lo, world

.
.
.
$
```

　リスト7-5のprintf()関数で、%pのところを、文字列表示の%sに変更しただけです。one_stringと&one_string[0]は、同じ値（ポインタ）になるため結果としては同じ文字列が表示されています。次の&one_string[1]は、eから始まる文字列とみなされて「ello, world¥n」になっています。その次は、「llo, world¥n」になっていますね。

　要するに、C言語の文字列は単なる配列で最後に'¥0'があることだけが条件なので、先頭として渡されるアドレスが変わると、結果として出力される文字列も変わるのです。ただ、毎回文字列を指定するのに&one_string[0]と書いたりするのは大変なので、one_stringと書けば&one_string[0]として扱われるようになっていると捉えるとイメージしやすいと思います。これは文字列以外の配列においても同じで、int型でもその他のデータ型でも「変数名」とだけ書くのと、「&変数名[0]」と書く場合はまったく同じアドレスを指定したことになります。ややこしいですが、しっかりと覚えておきましょう。

ポインタ変数

　変数の場所を取得するためには、&演算子を使えばよいことがわかりました。また、文字列のように何らかのデータ型の配列を受け取る関数は、実は文字列や配列そのものを受け取っているのではなく、その配列の先頭アドレスを受け取っていることがわかりました。

　まとめると、次のようになります。

・宣言した変数名の先頭に&を付けると、その変数が格納されている場所（アドレス）を意味するようになる

```
    int a = 1000;
```

・aと書くと、変数aに格納されているint型の値である1000を意味する
・&aと書くと、変数aのメモリ上の場所（番地＝アドレス）を意味する

- 宣言した配列の変数名は、単純にその変数名を記述すると、その配列の先頭要素の場所（アドレス）を意味するようになる

    ```
    int a[4] = {1000, 2000, 3000, 4000};
    ```

  - a[0]と書くと、配列aの先頭要素に格納されているint型の値である1000を意味する
  - aと書くと、配列aの先頭要素のメモリ上の場所（番地＝アドレス）を意味する

- 宣言した配列の変数名に添え字まで記述して、その先頭に＆を付けるとその要素の場所（アドレス）を意味するようになる

    ```
    int a[4] = {1000, 2000, 3000, 4000};
    ```

  - &a[0]と書くと、配列aの先頭要素のメモリ上の場所（番地＝アドレス）を意味する

- 文字列を受け取る関数のような配列を受け取る関数に、宣言した配列の変数名を渡すとその配列の先頭要素の場所（アドレス）を指定していることになる

    ```
    char a[] = "test";

    printf("%s", a);
    ```

  - aは、配列aの先頭要素（tが格納されている）の場所（アドレス）という意味になる

　冒頭で説明したように、ポインタとは「指し示す物」のことです。単に変数の場所がわかったところで、文字列を関数に渡すくらいしか使い道が考えられません。では、ここから「指し示す物」にはどのように関連していくのでしょうか。そのためには、ポインタ変数を理解する必要があります。

　変数のメモリ上の場所（番地＝アドレス）を取得しても、それだけでは何もできません。やはりプログラム上で何かをするためには、それ自体を変数に入れたくなります。リスト7-3を見てみるとわかりますが、この変数の場所は0x7fff63a53c20（10進数で140,734,865,161,248）とか0x7fff63a53c1c（10進数で140,734,865,161,244）だったりして、どうみても整数です。それもそのはず、メモリ上の番地は0番地からはじまって32ビットシステムであれば32ビットで表現できる最大の数である0xffffffff（10進数で4,294,967,295）までがアドレスの範囲ですし、64ビットシステムであれば64ビットで表現できる最大の数である0xffffffffffffffff（10進数で18,446,744,073,709,551,615）までが範囲となります。4,294,967,295は、キロ、メガ、ギガなどで表現すると4Gになります。ほとんどの32ビットシステムの最大メモリ搭載量が4GBなのは、ここに起因しています[※2]。

[※2] 厳密には、CPUやOSなどの仕様によって若干の違いはあります。たとえば、32ビットのWindowsでは3.12GBが利用できるメモリの最大量だったりします。

　では、変数のアドレスを記憶するためにint型などを利用すればよいと考えるかもしれませんが、これ

はいけません。専用のポインタ型の変数というものがあるので、それを利用することになります。ポインタ型の変数と言っても、普通の変数とほとんど宣言は変わりません。

　　　データ型 *変数名;

このように、変数名の先頭に*を書くだけです。
　さっそくリスト7-3を改造して、取得した変数のアドレスを変数に保存してみましょう。今までであれば、サンプルプログラムの改造は読者のみなさんに考えて作ってもらっていましたが、難関のポインタなので再度全ソースを掲載します。

● リスト7-7　addr_2.c

```c
#include <stdio.h>

int
main(int argc, char *argv[])
{
    double number_1;
    int number_2;
    char character;

    double *pnumber_1;
    int *pnumber_2;
    char *pcharacter;

    printf("address of number_1 is %p\n", &number_1);
    printf("address of number_2 is %p\n", &number_2);
    printf("address of character is %p\n", &character);

    pnumber_1 = &number_1;
    pnumber_2 = &number_2;
    pcharacter = &character;

    printf("pnumber_1 is %p\n", pnumber_1);
    printf("pnumber_2 is %p\n", pnumber_2);
    printf("pcharacter is %p\n", pcharacter);

    number_1 = 0.1;
    number_2 = 1;
    character = 'a';

    printf("number_1 is %f\n", number_1);
    printf("number_2 is %d\n", number_2);
    printf("character is %c\n", character);

    printf("address of number_1 is %p\n", &number_1);
    printf("address of number_2 is %p\n", &number_2);
    printf("address of character is %p\n", &character);
```

```c
    printf("pnumber_1 is %p¥n", pnumber_1);
    printf("pnumber_2 is %p¥n", pnumber_2);
    printf("pcharacter is %p¥n", pcharacter);

    return 0;
}
```

●Makefile.addr_2

```
PROGRAM   =     addr_2
OBJS      =     addr_2.o
SRCS      =     $(OBJS:%.o=%.c)
CC        =     gcc
CFLAGS    =     -g -Wall
LDFLAGS   =

$(PROGRAM):$(OBJS)
    $(CC) $(CFLAGS) $(LDFLAGS) -o $(PROGRAM) $(OBJS) $(LDLIBS)
```

●ビルド

```
$ make -f Makefile.addr_2
gcc -g -Wall   -c -o addr_2.o addr_2.c
gcc -g -Wall   -o addr_2 addr_2.o
$
```

●実行例

```
$ ./addr_2
address of number_1 is 0x7fff6831fc20
address of number_2 is 0x7fff6831fc1c
address of character is 0x7fff6831fc1b
pnumber_1 is 0x7fff6831fc20
pnumber_2 is 0x7fff6831fc1c
pcharacter is 0x7fff6831fc1b
number_1 is 0.100000
number_2 is 1
character is a
address of number_1 is 0x7fff6831fc20
address of number_2 is 0x7fff6831fc1c
address of character is 0x7fff6831fc1b
pnumber_1 is 0x7fff6831fc20
pnumber_2 is 0x7fff6831fc1c
pcharacter is 0x7fff6831fc1b
$
```

&number_1と指定して表示したアドレスと、pnumber_1に&number_1を代入してからpnumber_1と指定して表示したアドレスが一致しています。これで、pnumber_1にnumber_1のアドレスが記憶できたことが確認できたと思います。

さて、変数pnumber_1や変数pnumber_2、変数pcharacterはポインタ型変数です。単純に変数number_1や、変数number_2、変数characterのアドレスが格納されているだけです。これらはどうやって活用すればよいのでしょうか。

たとえば、変数number_2には数値としての「1」が格納されています。これに何らかの数値を足したいときは、number_2 + 1などと書くことができます。変数pnumber_2は、ポインタ型変数でアドレスとして「0x7fff6831fc1c」が格納されています。「0x7fff6831fc1c」が指し示すアドレスは変数number_2なので、その中には数値としての「1」が格納されています。では、変数number_2に何らかの数値を足したいときに、変数pnumber_2を利用してpnumber_2 + 1と書くと何が起きるのでしょうか。

この場合、期待した結果にはならず、結果としては0x7fff6831fc1c + 1という意味になってしまいます。なぜかというと、変数pnumber_2に格納されている「値」はあくまで0x7fff6831fc1cであって「1」ではないからです。実行例の結果は、64ビットコンピュータで行ったので桁数が多くなってややこしいので、32ビットのメモリイメージで図表します。

メモリイメージの条件は次のとおりとします。

- 変数number_2の値は1
- 変数number_2のアドレスは、0x6831FC1C
- ポインタ変数pnumber_2には、変数number_2のアドレスである0x6831FC1Cが格納されている

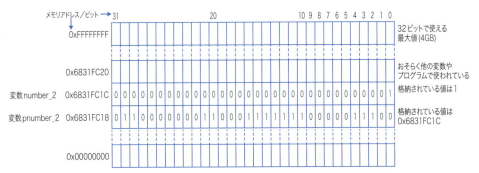

●図7-7　ポインタ変数pnumber_2には、変数number_2のアドレスである0x6831FC1Cが格納されている

2進数や16進数が出てくるとややこしいので、もう少しデフォルメしてみましょう。

メモリイメージの条件は次のとおりとします。

- 変数number_2の値は1
- 変数number_2のアドレスは、2
- ポインタ変数pnumber_2には、変数number_2のアドレスである2が格納されている

	n番地	?
	3番地	?	おそらく他の変数やプログラムで使われている
変数number_2	2番地	1
変数pnumber_2	1番地	2
	0番地	?

●図7-8 ポインタ変数pnumber_2には、変数number_2のアドレスである2が格納されている

　図を見るとわかりやすいですが、ポインタ変数pnumber_2に格納されている値は変数number_2のアドレスで、値としては数値ですがint型のように通常の演算をするためのものではありません。でも、1つ記号を追加すると、pnumber_2が指し示す先のアドレスに格納されている値が利用できるようになります。その記号が*です。

　*pnumber_2とすると、pnumber_2に格納されている2というアドレスに格納されている1という値が利用できるようになります。

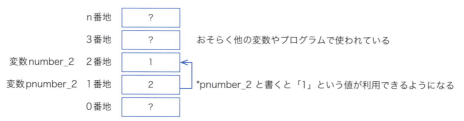

●図7-9 *pnumber_2と書くと「1」という値が利用できるようになる

　ややこしくなってきたので、ここでサンプルプログラムを実行してすっきりさせてみましょう。

● リスト7-8　addr_3.c

```c
#include <stdio.h>

int
main(int argc, char *argv[])
{
    int number_2;
    int *pnumber_2;

    number_2 = 1;              //変数number_2 に 1という値を代入
    pnumber_2 = &number_2;     //ポインタ変数pnumber_2 に
                               //変数number_2 のアドレスを代入

    // pnumber_2 と指定した場合は、number_2のアドレスとなる
    printf("address of number_2 is %p¥n", pnumber_2);

    // *pnumber_2 と指定した場合は、
    // pnumber_2が指し示す先のアドレスに格納されている値「1」になる
    printf("number_2 is %d¥n", *pnumber_2);
```

```
    return 0;
}
```

●Makefile.addr_3

```
PROGRAM   =       addr_3
OBJS      =       addr_3.o
SRCS      =       $(OBJS:%.o=%.c)
CC        =       gcc
CFLAGS    =       -g -Wall
LDFLAGS   =

$(PROGRAM):$(OBJS)
    $(CC) $(CFLAGS) $(LDFLAGS) -o $(PROGRAM) $(OBJS) $(LDLIBS)
```

●ビルド

```
$ make -f Makefile.addr_3
gcc -g -Wall   -c -o addr_3.o addr_3.c
gcc -g -Wall   -o addr_3 addr_3.o
$
```

●実行例

```
$ ./addr_3
address of number_2 is 0x7fff69fb0c24
number_2 is 1
$
```

いかがでしょうか。サンプルプログラムで実験してみるとよくわかりますね。

ようやく「ポインタ」が「指し示す物」だということが関連付いて理解できてきたと思います。ここまで理解できれば、あとはそんなに難しくありません。まだ何となく理解できないということであれば、サンプルプログラムの値を変更したりしていろいろと実験してみてください。

このようにポインタを利用して、そのポインタに格納されたアドレスが指し示す先の値を利用することを「間接参照」と言います。ですので、このとき利用した*という記号は「間接参照演算子」と呼びます。本来であればnumber_2と直接すればよいものを、pnumber_2というポインタ変数を利用して「間接的」に参照しているからです。

ポインタと配列

間接参照について学習し、とりあえずポインタとは何なのかがわかってきたと思います。しかし、いったいこれの何が嬉しいのでしょうか。実は、ポインタと配列は密接に関係していて、ポインタが使いこなせると配列を便利に扱うことができるようになります。

配列は、普通の変数とは少し宣言が違って、変数名の後ろに[]を付けていました。しかし、配列のア

ドレスを格納するためのポインタ変数は、配列だからといって何か特別なことが必要なわけではありません。

さっそく配列のアドレスをポインタ変数に格納してみましょう。

● リスト7-9　array_addr_2.c

```c
#include <stdio.h>

int
main(int argc, char *argv[])
{
    int number_array[4] = {1000, 2000, 3000, 4000};
    int *pnumber;

    pnumber = number_array;          //ポインタ変数pnumberに、
                                     //配列number_array[]の
                                     //先頭要素のアドレスを代入
                                     //pnumber = &number_array[0]; でも良い！
    printf("*pnumber is %d\n", *pnumber);

    pnumber = &number_array[1];      //ポインタ変数pnumberに、
                                     //配列number_array[1]のアドレスを代入
    printf("*pnumber is %d\n", *pnumber);

    pnumber = &number_array[2];      //ポインタ変数pnumberに、
                                     //配列number_array[2]のアドレスを代入
    printf("*pnumber is %d\n", *pnumber);

    pnumber = &number_array[3];      //ポインタ変数pnumberに、
                                     //配列number_array[3]のアドレスを代入
    printf("*pnumber is %d\n", *pnumber);

    return 0;
}
```

● Makefile.array_addr_2

```
PROGRAM    =    array_addr_2
OBJS       =    array_addr_2.o
SRCS       =    $(OBJS:%.o=%.c)
CC         =    gcc
CFLAGS     =    -g -Wall
LDFLAGS    =

$(PROGRAM):$(OBJS)
    $(CC) $(CFLAGS) $(LDFLAGS) -o $(PROGRAM) $(OBJS) $(LDLIBS)
```

● ビルド

```
$ make -f Makefile.array_addr_2
gcc -g -Wall    -c -o array_addr_2.o array_addr_2.c
```

```
gcc -g -Wall  -o array_addr_2 array_addr_2.o
$
```

● 実行例

```
$ ./array_addr_2
*pnumber is 1000
*pnumber is 2000
*pnumber is 3000
*pnumber is 4000
$
```

　予想どおりの結果になりましたでしょうか。結果が4行ありますが、それぞれnumber[0]〜number[3]の結果と等しいものが出力されています。
　なぜポインタ変数は普通の変数も配列も区別しないかというと、メモリ上では普通の変数も配列の一要素も同じサイズを利用した区画に過ぎないからです。
　では、ポインタと配列について理解したところでポインタの便利な使い方を紹介しましょう。リスト7-1を、ポインタで書き直してみました。

● リスト7-10　while_ptr.c

```c
#include <stdio.h>

int
main(int argc, char *argv[])
{
    int number_array[] = {1, 2, 3, 4, 5, 6, 7, 8, 9, 10,
                        -1}; // -1は番兵
    int answer;
    int *pnumber;

    // pnumberの配列number_array[]の先頭アドレスを入れておく
    pnumber = number_array;
    answer = 0;

    while (*pnumber != -1) {
        answer += *pnumber;
        pnumber++;
    }

    printf("answer = %d\n", answer);

    return 0;
}
```

● Makefile.while_ptr

```
PROGRAM =       while_ptr
```

```
OBJS     =     while_ptr.o
SRCS     =     $(OBJS:%.o=%.c)
CC       =     gcc
CFLAGS   =     -g -Wall
LDFLAGS  =

$(PROGRAM):$(OBJS)
    $(CC) $(CFLAGS) $(LDFLAGS) -o $(PROGRAM) $(OBJS) $(LDLIBS)
```

● ビルド

```
$ make -f Makefile.while_ptr
gcc -g -Wall   -c -o while_ptr.o while_ptr.c
gcc -g -Wall   -o while_ptr while_ptr.o
$
```

● 実行例

```
$ ./while_ptr
answer = 55
$
```

ちゃんと1〜10までの和が計算され55という結果になりました。

このプログラムで着目すべきは次の箇所です。

1. while (*pnumber != -1) {

ポインタ変数pnumberには配列number_array[]の先頭要素のアドレスが入っています。

これに間接参照演算子（*）があるので、配列number_array[]の最初の要素の値である「1」を得ることができます。−1ではないので、繰り返し処理に入ります。

2. answer += *pnumber;

ここでも*pnumberとしているので「1」です。それを変数answerに足し込みます。

3. pnumber++;

ポインタ変数であるpnumberを++演算子でインクリメントしています。普通の整数型変数などをインクリメントするとその値が1増えます。

しかし、ポインタ型変数をインクリメントした場合は単純に1増えるわけではありません。pnumberはint型のポインタ変数なので、それが指し示す場所はint型のサイズ分あります（一般的な32ビットシステムの場合4バイト）。そのため、単純にアドレスが1増えただけではおかしな場所を指してしまうことになります。アドレスを普通のint型の変数などに入れてはいけない理由がここにあるのです。

このpnumber++によって、次の繰り返し処理のときは*pnumberは「2」を指し示すことになり、目的の処理を行うことができるようになっています。

ポインタを使うことによって、簡潔に処理が書けるようになるため、C言語では多用されます。もう1つ例をあげておきます。

文字列を別の配列に代入することを考えます。

```c
char string_1[16] = "hello, world";
char string_2[16];
```

普通の変数であれば、string_2 = string_1とすれば代入できますが、配列の場合「error: incompatible types in assignment」と怒られてしまいます。string_1は配列string_1の先頭アドレスを表しますし、配列への代入は必ず要素を指定する必要があるのでstring_2側はstring_2[0]などとしてあげる必要があるからです。このような場合、通常は繰り返し処理で次のように行います。

```c
char string_1[16] = "hello, world";
char string_2[16];
int i;

for (i = 0; i < sizeof(string_2)-1 && string_1[i] != '\0'; i++) {
    string_2[i] = string_1[i];
}
string_2[i] = '\0';
```

サンプルプログラムで動きを確認してみましょう。

● リスト7-11　string_cpy.c

```c
#include <stdio.h>

int
main(int argc, char *argv[])
{
    char string_1[16] = "hello, world";
    char string_2[16] = "";
    int i;

    printf("string_2 is = %s\n", string_2);

    for (i = 0; i < sizeof(string_2)-1 && string_1[i] != '\0'; i++) {
        string_2[i] = string_1[i];
    }
    string_2[i] = '\0';

    printf("string_2 is = %s\n", string_2);

    return 0;
}
```

●Makefile.string_cpy

```
PROGRAM  =        string_cpy
OBJS     =        string_cpy.o
SRCS     =        $(OBJS:%.o=%.c)
CC       =        gcc
CFLAGS   =        -g -Wall
LDFLAGS  =

$(PROGRAM):$(OBJS)
    $(CC) $(CFLAGS) $(LDFLAGS) -o $(PROGRAM) $(OBJS) $(LDLIBS)
```

●ビルド

```
$ make -f Makefile.string_cpy
gcc -g -Wall   -c -o string_cpy.o string_cpy.c
gcc -g -Wall   -o string_cpy string_cpy.o
$
```

●実行例

```
$ ./string_cpy
string_2 is =
string_2 is = hello, world
$
```

　コピー前は、何も表示されませんがコピー後はきちんと文字列が表示されました。ポインタでも書いてみましょう。

●リスト7-12　string_cpy_2.c

```c
#include <stdio.h>

int
main(int argc, char *argv[])
{
    char string_1[16] = "hello, world";
    char string_2[16] = "";
    char *src, *dst;

    src = string_1;
    dst = string_2;

    printf("string_2 is = %s¥n", string_2);

    while (*src != '¥0') {
        *dst++ = *src++;
    }

    printf("string_2 is = %s¥n", string_2);
```

```
        return 0;
}
```

● Makefile.string_cpy_2

```
PROGRAM    =        string_cpy_2
OBJS       =        string_cpy_2.o
SRCS       =        $(OBJS:%.o=%.c)
CC         =        gcc
CFLAGS     =        -g -Wall
LDFLAGS    =

$(PROGRAM):$(OBJS)
    $(CC) $(CFLAGS) $(LDFLAGS) -o $(PROGRAM) $(OBJS) $(LDLIBS)
```

● ビルド

```
$ make -f Makefile.string_cpy_2
gcc -g -Wall    -c -o string_cpy_2.o string_cpy_2.c
gcc -g -Wall    -o string_cpy_2 string_cpy_2.o
$
```

● 実行例

```
$ ./string_cpy_2
string_2 is =
string_2 is = hello, world
$
```

　同様に動作しますね（ポインタ版は、エラーチェックはしていないので、コピー先の領域がコピー元より小さいと異常動作します）。この程度ではあまりポインタを使った利点は感じられませんが、着目している文字列の場所を覚えておいて少し複雑な文字列処理を行おうとすると、ポインタを使うほうが添え字の番号をいちいち記憶しておかなくてよくなり便利です。

　また、配列は大きなメモリ領域となりやすいです。現段階では実験のサンプルプログラムなので要素数は4とか16とか小さいですが、普通に1,024とか8,192とか指定します。たとえばchar型の配列を8,192要素で指定したとしても、たったのアルファベット8,191文字分にしかなりません。1行が長いテキストデータを扱う配列は大きく確保しますし、画像などはもっと大きな領域になるでしょう（さらにもっと大きなデータになると、スタック上には確保できなくなるので別の確保の仕方をしますが）。

　関数を呼び出すたびに、このように大きなメモリ領域をコピーしていては大変動作が遅くなってしまいます。代わりに配列の先頭アドレスを渡せば、最小限の情報で大量のデータがやり取りできるようになります。そのためにはポインタの概念は重要なのです。

　しっかりと使い方をマスターしておきましょう。

| Note | sizeof 演算子の注意点 |

何気なく、sizeof 演算子を i < sizeof(string_2) のように利用しましたが、実はここに落とし穴があります。リスト7-11を次のように変更してみましょう。

```
    char string_2[16] = "";
```

↓

```
    char dst[16] = "";
    char *string_2 = dst;
```

● 実行例

```
$ ./string_cpy
string_2 is =
string_2 is = hello,
$
```

おや、途中で表示が切れてしまいました。なぜかというと、オリジナルではsizeof(string_2)は「配列」に対して行っています。そのため、sizeof演算の結果は16となります。しかし、改造したものは、char *string_2 = dstのように、ポインタとして宣言されています。ポインタは、そのシステムで十分なメモリアドレスを格納できるサイズとなっているので、64ビットコンピュータであれば8バイトのことが多いです。そのため、sizeof演算の結果が8となってしまい、途中で文字列のコピーが停止してしまいました。

C言語では、配列変数であっても、ポインタ変数であっても、それの名前だけを書いた場合は先頭アドレスの値として扱われます。

```
    char one_string[16] = "hello, world";
    printf("%s\n", one_string);

    char *one_string = "hello, world";
    printf("%s\n", one_string);
```

どちらも、printf() 関数へはhello, worldという文字列が格納されたメモリ領域への先頭アドレスが渡されるので、まったく問題ありません。しかし、sizeof演算子は、その変数がどうやって宣言されたものなのかを厳密に区別します。

```
    char one_string[16] = "hello, world";
    printf("%zu\n", sizeof(one_string));    // <-必ず16になる

    char *one_string = "hello, world";
    printf("%zu\n", sizeof(one_string));    // <-4か8になることが多い
```

このことをしっかりと頭に入れておいてください。

添え字とアドレス演算の関係

配列、ポインタ、間接参照と学習してきました。ポインタと配列が深い関係にあることも理解できたと思います。ここで、さらに正確に理解するために、もう少し詳しくポインタと配列について学習しておきましょう。

配列は、同じデータ型分、連続した領域をメモリ上に確保したものを言います。リスト7-4の実行結果を見るとわかりますが、添え字の値を1増やすと、double型の配列は8バイトずつアドレスが増えて、int型は4バイト、char型は1バイトずつ増えていることがわかります。ポインタ変数のインクリメントでも説明しましたね。重要なことなので、図解しておきます。ビット単位のメモリイメージでは、ややこしくてわかりにくくなってしまうので、もう少しシンプルなバイト単位（1バイト＝8ビット）の図で見てみましょう。

```
address of double_array[0] is 0x7fff68372be8
address of double_array[1] is 0x7fff68372bf0
address of int_array[0] is 0x7fff68372be0
address of int_array[1] is 0x7fff68372be4
address of char_array[0] is 0x7fff68372bde
address of char_array[1] is 0x7fff68372bdf
```

アドレス	0x7fff68372be8								0x7fff68372bf0							
バイト	1	2	3	4	5	6	7	8	1	2	3	4	5	6	7	8
添え字	0								1							
値(データ)																

●図7-10　double_array

アドレス	68372be0				68372be4				（アドレス一部省略：本来は0x7fff68372be0〜）
バイト	1	2	3	4	1	2	3	4	
添え字	0				1				
値(データ)									

●図7-11　int_array

アドレス	de	df	（アドレス一部省略：本来は0x7fff68372bde〜）
バイト	1	1	
添え字	0	1	
値(データ)			

●図7-12　char_array

想定しているシステムでは、double型は8バイト（64ビット）、int型は4バイト（32ビット）、char型は1バイト（8ビット）です。添え字が1増えるごとにアドレスが、double型では8バイト、int型で

は4バイト、char型では1バイト増えています。

　つまり、添え字はデータ型のサイズごとにアドレスを進めるような働きをするのです。ここで、これはポインタをインクリメントしたときの動きと同じなのではないかと気がついたでしょうか。

　たとえば、配列double_array[]の先頭アドレスをptrというポインタ変数に入れます。

```
double *ptr = double_array;
```

　このとき、ポインタ変数ptrには0x7fff68372be8というアドレスが入っていますので、*を付けて間接参照するとdouble_array[0]と同じ値を得ることができます。次にポインタ変数ptrをインクリメントすると、アドレス（値）としては8進んで0x7fff68372bf0になります。これにも*を付けて間接参照するとdouble_array[1]と同じ値を得ることができます。

●リスト7-13　array_addr_3.c

```c
#include <stdio.h>

int
main(int argc, char *argv[])
{
    double double_array[2] = {0.1, 0.2};
    double *ptr;

    //ポインタ変数ptrに、配列double_array[]の先頭要素のアドレスを代入
    ptr = double_array;
    //ptr = &double_array[0]; でも良い！
    printf("*ptr is %f¥n", *ptr);
    printf("double_array[0] is %f¥n", double_array[0]);

    ptr++;      //ポインタの値を1増やす
    printf("*ptr is %f¥n", *ptr);
    printf("double_array[1] is %f¥n", double_array[1]);


    return 0;
}
```

●Makefile.array_addr_3

```
PROGRAM     =   array_addr_3
OBJS        =   array_addr_3.o
SRCS        =   $(OBJS:%.o=%.c)
CC          =   gcc
CFLAGS      =   -g -Wall
LDFLAGS     =

$(PROGRAM):$(OBJS)
    $(CC) $(CFLAGS) $(LDFLAGS) -o $(PROGRAM) $(OBJS) $(LDLIBS)
```

●ビルド

```
$ make -f Makefile.array_addr_3
gcc -g -Wall   -c -o array_addr_3.o array_addr_3.c
gcc -g -Wall   -o array_addr_3 array_addr_3.o
$
```

●実行例

```
$ ./array_addr_3
*ptr is 0.100000
double_array[0] is 0.100000
*ptr is 0.200000
double_array[1] is 0.200000
$
```

予想どおりの結果になりましたね。

今回の実験では、ポインタの値をインクリメントして書き換えてしまいましたので、今度は書き換えないように式として扱ってみましょう。

●リスト7-14　array_addr_4.c

```c
#include <stdio.h>

int
main(int argc, char *argv[])
{
    double double_array[2] = {0.1, 0.2};
    double *ptr;

    ptr = double_array;
    printf("*(ptr + 0) is %f¥n", *(ptr + 0));
    printf("*(ptr + 1) is %f¥n", *(ptr + 1));
    printf("double_array[0] is %f¥n", double_array[0]);
    printf("double_array[1] is %f¥n", double_array[1]);

    return 0;
}
```

●Makefile.array_addr_4

```
PROGRAM  =       array_addr_4
OBJS     =       array_addr_4.o
SRCS     =       $(OBJS:%.o=%.c)
CC       =       gcc
CFLAGS   =       -g -Wall
LDFLAGS  =

$(PROGRAM):$(OBJS)
    $(CC) $(CFLAGS) $(LDFLAGS) -o $(PROGRAM) $(OBJS) $(LDLIBS)
```

● ビルド

```
$ make -f Makefile.array_addr_4
gcc -g -Wall   -c -o array_addr_4.o array_addr_4.c
gcc -g -Wall   -o array_addr_4 array_addr_4.o
$
```

● 実行例

```
$ ./array_addr_4
*(ptr + 0) is 0.100000
*(ptr + 1) is 0.200000
double_array[0] is 0.100000
double_array[1] is 0.200000
```

　(ptr + 0)とdouble_array[0]、(ptr + 1)とdouble_array[1]がまったく同じ値になりました。つまり、ポインタを配列のように扱いたいときは*(ptr + n)のようにすればよいことがわかりました。これで、関数でポインタを受け取ったときに配列のように使うこともできそうで安心ですね。

　しかし、ここで1つ思い出してください。配列として宣言した変数double_array[]をプログラム中にdouble_arrayと書いた場合は、その配列の先頭要素のアドレスを示します。つまり、double_arrayとだけ書いた場合はアドレス情報を表すシンボル（記号）となります。ポインタ変数として宣言したptrは、そもそもアドレスを示すので、これもアドレス情報を表すシンボルとなります。

　すると、double_arrayと書いた場合と、ptrと書いた場合、示す情報としてはまったく同じものとなります。ということは、ptrについてもptr[0]やptr[1]と書けそうな気がしてきますね。そのように感じた方は正解で、実際に書くことができます。

　実際にサンプルプログラムを次のように書き換えて実験してみてください。

```
    printf("*(ptr + 0) is %f¥n", *(ptr + 0));
    printf("*(ptr + 1) is %f¥n", *(ptr + 1));


    printf("ptr[0] is %f¥n", ptr[0]);
    printf("ptr[1] is %f¥n", ptr[1]);
```

　逆に、宣言された変数が配列であっても、ポインタのように間接参照演算子が使えます。リスト7-14を次のように書き換えて実験してみてください。

```
    printf("double_array[0] is %f¥n", double_array[0]);
    printf("double_array[1] is %f¥n", double_array[1]);


    printf("*(double_array + 0) is %f¥n", *(double_array + 0));
    printf("*(double_array + 1) is %f¥n", *(double_array + 1));
```

　実は[]という記号は、単にアドレス計算をして間接参照しているだけだったのです。*(double_array

+ 1)とdouble_array[1]が同じということは、変数名と添え字の位置が逆でもうまく動きそうですね。double_array[1]を1[double_array]に変更して動かしてみてください。これもちゃんと動きます。本来はアドレスを計算すべきところを、わかりやすいdouble_array[1]と書けることを「糖衣構文（シンタックスシュガー）」と呼んだりします。

ポインタと配列は似て非なるもの

これでますますポインタと配列が密接に関係しているものと理解できたと思いますが、ポインタと配列はまったく別の概念です。文法が似ているからといってだまされてはいけません。一発でポインタと配列が別物だと理解するためには、次のプログラムを動かしてみるとわかりやすいです。

```
double double_array[2] = {0.1, 0.2};
double *ptr;

ptr = double_array;  //これは出来るけど・・・
double_array = ptr;  //これは出来ない！
```

ptr = double_arrayは、ポインタ変数に配列double_array[]の先頭要素のアドレスを代入する正しい式です。double_array = ptrは、コンパイルエラーになります。なぜかというと、double_array[]は配列なのでアドレスを代入するための変数ではないからです。

デフォルメした図を見てみましょう。

	番地	値
	n番地	?
	3番地	0.2
double_array②	2番地	0.1
ptr	1番地	①2番地
	0番地	?

●図7-13　ポインタと配列は別物

プログラム中にdouble_arrayと記述しても、ptrと記述してもアドレスの値としては「2番地」となります。そのため、double_array[0]も、ptr[0]も参照する値としては2番地に格納されている0.1となります。

ptr = double_arrayという式は、ptrという名前の1番地に存在するポインタ変数の「値」として、配列double_array[]の先頭アドレスを代入するという意味です。つまり、図ではマス目の中の「2番地」の部分（①）に代入しているということになります。しかし、double_array = ptrをしようとしても、そもそもdouble_arrayは、2番地からはじまる配列として宣言してありますので、double_arrayが別の番地を表すように変更することはできません。そのため、double_array = ptrはできないのです。

同じ方法でアクセスできてしまうので、ついつい一緒にしてしまいがちですが、ポインタと配列はまったく別ものであると認識しておいてください。

7-3 ポインタ変数を関数でやりとりする

　ポインタについて理解できたところで、ポインタ変数を関数間でやり取りする方法を紹介します。といっても、すでにprintf()関数に文字列を渡していること自体、char型の配列変数の先頭要素のアドレスのやり取りなわけですし、受け取る方法を覚えればそんなに難しくありません。
　ポインタ変数は、次のように宣言しました。

　　　データ型 *変数名;

　関数の宣言のときに、これをそのまま書くだけです。さっそくサンプルプログラムを実行してみましょう。

● リスト7-15　func_4.c

```c
#include <stdio.h>

// プロトタイプ宣言
// 引数としてint型のポインタ変数を2個受け取り、int型の値を返す関数sumを定義
int sum(int *, int *);

// 関数の実体
int
sum(int *a, int *b)
{
    int return_value;

    return_value = *a + *b;

    return return_value;
}

int
main(int argc, char *argv[])
{
    int num_1;
    int num_2;
    int answer;

    num_1 = 1;
    num_2 = 2;
```

```c
    answer = sum(&num_1, &num_2);

    printf("answer = %d\n", answer);

    return 0;
}
```

● Makefile.func_4

```
PROGRAM   =       func_4
OBJS      =       func_4.o
SRCS      =       $(OBJS:%.o=%.c)
CC        =       gcc
CFLAGS    =       -g -Wall
LDFLAGS   =

$(PROGRAM):$(OBJS)
    $(CC) $(CFLAGS) $(LDFLAGS) -o $(PROGRAM) $(OBJS) $(LDLIBS)
```

● ビルド

```
$ make -f Makefile.func_4
gcc -g -Wall    -c -o func_4.o func_4.c
gcc -g -Wall    -o func_4 func_4.o
$
```

● 実行例

```
$ ./func_4
answer = 3
$
```

　きちんと計算できましたね。main()関数を次のように書き換えて、配列でも同様の結果になるか実験してみてください。

```c
int
main(int argc, char *argv[])
{
    int number_array[2];
    int answer;

    number_array[0] = 1;
    *(number_array + 1) = 2;

    answer = sum(number_array, &number_array[1]);

    printf("answer = %d\n", answer);

    return 0;
```

}

かんたんですね。

今度は、ポインタを返す関数にしてみましょう。プロトタイプ宣言を、次のように変更します。

```
int *sum(int *, int *);
```

同じく、関数の実体の宣言も変更します。

```
int *
sum(int *a, int *b)
```

戻り値をアドレスに変更します。

```
    return return_value;
```

▼

```
    return &return_value;
```

main()関数も、書き換えます。

```
    int answer;
```

▼

```
    int *answer;
```

```
    printf("answer = %d¥n", answer);
```

▼

```
    printf("answer = %d¥n", *answer);
```

これでコンパイルすると、おそらく警告は出るもののきちんとした結果になると思います。

● ビルド

```
$ make -f Makefile.func_4
gcc -g -Wall    -c -o func_4.o func_4.c
func_4.c: In function 'sum':
func_4.c:14: warning: function returns address of local variable
gcc -g -Wall    -o func_4 func_4.o
$
```

● 実行例

```
$ ./func_4
```

```
answer = 3
$
```

しかし、コンパイル時に警告が出ているように、このままでは異常なことが起きる場合があります。sum()関数とprintf()関数の間に、次のようなprintf()関数の呼び出しを挿入してみましょう。

```
printf("The answer is ...¥n");
```

すると、結果はとんでもないことになります。

● 実行例

```
$ ./func_4
The answer is ...
answer = 32767
$
```

3であるはずの答えが、32767とおかしな数値になってしまいました。これは、第2章のリスト2-7と同じ現象が起きたからです。sum()関数の中の変数return_valueは、静的変数ではないので、sum()関数の処理を終えた時点で他の関数呼び出しなどに上書きされてしまいます。今回は、printf("The answer is ...¥n")で完全に破壊されてしまい、その破壊されて無効になったアドレスをポインタ変数answerによって間接参照したので、でたらめな値になったのです。対策としては、変数return_valueを静的変数にするか、結果を入れて欲しい変数のアドレスを渡すという方法もあります。

静的変数にする方法はすでに説明してありますので、結果を入れて欲しい変数のアドレスを渡す方法を紹介しましょう。

● リスト7-16　func_5.c

```c
#include <stdio.h>

// プロトタイプ宣言
// 引数としてint型のポインタ変数を3個受け取り、int型の値を返す関数sumを定義
int sum(int *, int *, int *);

// 関数の実体
int
sum(int *a, int *b, int *ans)
{
    *ans = *a + *b;

    return 0;
}

int
main(int argc, char *argv[])
{
```

```c
    int num_1;
    int num_2;
    int *answer;
    int ans;

    num_1 = 1;
    num_2 = 2;
    answer = &ans;

    if (sum(&num_1, &num_2, answer) != 0) {
        //現状のsum()関数は常に0を返すので、ここには絶対到達しない
        printf("error¥n");
    }

    printf("The answer is ...¥n");

    printf("answer = %d¥n", *answer);

    return 0;
}
```

● Makefile.func_5

```
PROGRAM    =        func_5
OBJS       =        func_5.o
SRCS       =        $(OBJS:%.o=%.c)
CC         =        gcc
CFLAGS     =        -g -Wall
LDFLAGS =

$(PROGRAM):$(OBJS)
    $(CC) $(CFLAGS) $(LDFLAGS) -o $(PROGRAM) $(OBJS) $(LDLIBS)
```

● ビルド

```
$ make -f Makefile.func_5
gcc -g -Wall    -c -o func_5.o func_5.c
gcc -g -Wall    -o func_5 func_5.o
$
```

● 実行例

```
$ ./func_5
The answer is ...
answer = 3
$
```

　このサンプルプログラムのsum()関数は、結果を入れるための変数ansのアドレスをもらって、そこに計算結果を代入しています。そのため、先ほどのようなおかしな現状は起きなくなります。関数は、戻り値は1つしか返せませんが、この方法を使うと結果をいくつでも返せるようになります。多用される

方法なので、しっかり覚えておきましょう。

▍NULLポインタ参照

　結果を入れてほしい変数のアドレスを渡す方法を使えるようになると、たとえば何らかの座標計算で、x、y、z同時に答えを受け取れるようになって非常に便利です。そのため、ついつい多用してしまいますが、怖い落とし穴がありますので気をつけなくてはなりません。

　それが、NULLポインタ参照、通称ぬるぽです。NULLとは、そのポインタ変数が「何も指し示さない」事を示すための特別な値です。

　ポインタ変数にまだ値が入っていない状態を判断したり、処理がうまくいったかを判断するために、次のように使ったりします。

```
char *str = NULL;

//何らかの処理

if (str == NULL) {
    //何らかの処理は失敗
} else {
    printf("result is %s¥n", str);
}
```

　そのため、先の例のようにポインタ変数といえばNULLで初期化するというのが定石になっています。ということで、さっそくサンプルプログラムを実行してみましょう。

　リスト7-16のanswer = &ans;をanswer = NULL;に書き換えて実行してみましょう。

●実行例
```
$ ./func_5
The answer is ...
Segmentation fault (core dumped)
$
```

　プログラムが異常終了してしまいました。なぜかというと、sum()関数ではansというポインタ変数を間接参照して、次のように結果を代入しようとしています。

```
*ans = *a + *b;
```

　しかし、ansはNULLなのでプログラムはどこにも実行結果を代入できません。そのため、致命的なエラーとなって異常終了したのです。

　このようなNULLポインタ参照はよくやってしまうミスで、しかもその結果プログラムが異常終了してしまいます。対策としては注意深くプログラミングする他に、sum()関数の冒頭（*ans = *a + *b;の前）に、次のような分岐を入れることが有効です。

```c
    if (ans == NULL) {
        return -1;
    }
```

呼び出し元では、sum()関数の戻り値が-1ならエラーメッセージを表示するようにしておけば、だいぶ安心できます。

ちなみに、C言語の標準ライブラリはほとんどこのチェックが入っていません。文字列をコピーするstrcpy()関数などにNULLを渡すと必ず異常終了します。また、printf()関数でもそうです。printf()関数は、LinuxやmacOSでは少し対策してあって、"%s"に対してのNULLは(null)と表示するだけで異常終了はしません。しかし、Solarisではやはり異常終了するので、注意しましょう。

このNULLというものは、ポインタ変数が「何も指し示さない」ことを表していますが、ほとんどのシステムでは数値の0をNULLとして扱っています。そのため、NULLの代わりに0を渡しても同じ結果になります。

不正なポインタ参照

NULLポインタ参照でもそうだったように、ポインタ変数に入っている値（アドレス）に対して、システムは一切面倒をみてくれません。つまり、ポインタ変数にどのような値を入れても、間接参照はできてしまいます。その結果NULLポインタ参照で異常終了するかもしれない、おかしな領域を参照しておかしな値を読み出すかもしれないリスクはすべてプログラマが背負う必要があります。

まだNULLポインタ参照は異常終了するので、そこにバグがあることを知ることができますが、おかしな値の場合はそのままプログラムが動き続けるので実運用中に思わぬ事態を引き起こします。

● リスト7-17　ptr_bug.c

```c
#include <stdio.h>

int
main(int argc, char *argv[])
{
    int num_x = 1;
    int num_y = 2;
    int num_z;
    int num_1 = 1000;
    int num_2 = 2000;

    num_z = num_x + num_y;

    int *pnum_1 = &num_1;
    int *pnum_2 = &num_2;

    pnum_1 += 3;      //実験のために入れたポインタのバグ（わざと）
    pnum_2 += 3;      //
```

```
    printf("%d + %d = %d\n", *pnum_1, *pnum_2, *pnum_1 + *pnum_2);

    return 0;
}
```

●Makefile.ptr_bug

```
PROGRAM =       ptr_bug
OBJS    =       ptr_bug.o
SRCS    =       $(OBJS:%.o=%.c)
CC      =       gcc
CFLAGS  =       -g -Wall
LDFLAGS =

$(PROGRAM):$(OBJS)
    $(CC) $(CFLAGS) $(LDFLAGS) -o $(PROGRAM) $(OBJS) $(LDLIBS)
```

●ビルド

```
$ make -f Makefile.ptr_bug
gcc -g -Wall    -c -o ptr_bug.o ptr_bug.c
gcc -g -Wall   -o ptr_bug ptr_bug.o
$
```

●実行例

```
$ ./ptr_bug
1 + 2 = 3
$
```

プログラムの実行結果は、1 + 2 = 3 となりました。まったく問題なさそうです。

しかし、本当であれば

```
    int num_1 = 1000;
    int num_2 = 2000;

    int *pnum_1 = &num_1;
    int *pnum_2 = &num_2;
```

としてあるので、1000 + 2000 = 3000 という結果になるはずです。これは、途中でpnum_1 += 3 などとポインタをいじってしまっているので、参照先が変わってしまったからこのような結果になってしまっています。

変数num_1や、変数num_2は配列ではないので、アドレスを足したら宣言された変数の範囲外になることはあたりまえです。しかし、コンパイラは単にポインタ変数pnum_1やポインタ変数pnum_2のアドレスを＋3しているだけなので、何も警告を出してくれません。

そのため、範囲外の変数num_xなどを指し示してしまい、結果がおかしくなっています。しかし、変数num_xや変数num_yにも有効な値が入ってしまっているので、実行結果だけ見るといたって正

常です。
　単純なサンプルプログラムであれば、すぐに問題に気づくことができますが、複雑になると、なかなか気がつかなくなってしまいます。しかも納品後などにお客さんから、「なんかちょっと変なんですけど……」と言われてはじめて気がついたりします。
　ポインタの演算は本当に慎重にやる必要があります。本当にその結果が指し示す場所は、意図したアドレスですか……？

7-4 ポインタとキャスト

2-5節でも紹介しましたが、キャストは理屈が通る変換であればなんでもできてしまいます。すなわち、正しいかどうかはさておいて、ポインタ変数も内部的な表現は「数値」なので、整数型へと変換できてしまいます。

まずは実験してみましょう。リスト7-3ではポインタ型の値をprintf()関数で表示するために%pの変換指定を使いました。これを、次のように変更して実行してみてください。

```
printf("address of number_1 is %p¥n", &number_1);
printf("address of number_2 is %p¥n", &number_2);
printf("address of character is %p¥n", &character);
```

⬇

```
//32ビット機ならば%xと(unsigned int)で良い
printf("address of number_1 is %llx¥n",
        (unsigned long long) &number_1);
printf("address of number_2 is %llx¥n",
        (unsigned long long) &number_2);
printf("address of character is %llx¥n",
        (unsigned long long) &character);
```

●実行例

```
$ ./addr
address of number_1 is 7fff624c6c20
address of number_2 is 7fff624c6c1c
address of character is 7fff624c6c1b
number_1 is 0.100000
number_2 is 1
character is a
address of number_1 is 0x7fff624c6c20
address of number_2 is 0x7fff624c6c1c
address of character is 0x7fff624c6c1b
```

書式は若干変わりましたが(先頭の0xがない)、最初のサンプルと同じ値になったと思います。

●最初のサンプルの実行結果

```
address of number_1 is 0x7fff629aec20
address of number_2 is 0x7fff629aec1c
```

```
address of character is 0x7fff629aec1b
```

　ポインタ変数を普通の整数型に変換してみましたが、当然ポインタ型変数を別のポインタ型変数に変更することもできます。

　　　(データ型 *) 変数名;

　ポインタ変数は、演算のときにどれだけアドレスを進めるかを自動的に決めてくれることは先にも説明しました。たとえば、char型の場合は1ずつですし、一般的な32ビットコンピュータのintの場合は4ずつアドレスが増えます。ポインタ変数をキャストすると、これを変えることができます。これを行うと、int型の変数を1バイトずつ読み取って、どのようなバイト列になっているか調べたりすることができます。

●リスト7-18　ptr_cast.c

```c
#include <stdio.h>

int
main(int argc, char *argv[])
{
    int i;              //メモリ領域を超えなくするためのカウンタ
    unsigned char *ptr; //1バイトずつメモリを読み取るためのポインタ

    int num_1 = 2147483647;
    long long num_2 = 9223372036854775807;
    double num_3 = 1.797693e+308;

    printf("num_1 = %d\n", num_1);
    ptr = (unsigned char *) &num_1;
    for (i = 0; i < (int) sizeof(num_1); i++) {
        printf("0x%X ", *ptr);
        ptr++;
        //上記二行は、printf("0x%X ", ptr[i]); でも良い
    }
    printf("\n");

    printf("num_2 = %lld\n", num_2);
    ptr = (unsigned char *) &num_2;
    for (i = 0; i < (int) sizeof(num_2); i++) {
        printf("0x%X ", *ptr);
        ptr++;
    }
    printf("\n");

    printf("num_3 = %f\n", num_3);
    ptr = (unsigned char *) &num_3;
    for (i = 0; i < (int) sizeof(num_3); i++) {
```

```
        printf("0x%X ", *ptr);
        ptr++;
    }
    printf("¥n");

    return 0;
}
```

●Makefile.ptr_cast

```
PROGRAM =       ptr_cast
OBJS    =       ptr_cast.o
SRCS    =       $(OBJS:%.o=%.c)
CC      =       gcc
CFLAGS  =       -g -Wall
LDFLAGS =

$(PROGRAM):$(OBJS)
    $(CC) $(CFLAGS) $(LDFLAGS) -o $(PROGRAM) $(OBJS) $(LDLIBS)
```

●ビルド

```
$ make -f Makefile.ptr_cast
gcc -g -Wall   -c -o ptr_cast.o ptr_cast.c
gcc -g -Wall   -o ptr_cast ptr_cast.o
$
```

●実行例

```
$ ./ptr_cast
num_1 = 2147483647
0xFF 0xFF 0xFF 0x7F
num_2 = 9223372036854775807
0xFF 0xFF 0xFF 0xFF 0xFF 0xFF 0xFF 0x7F
num_3 = 179769300000000004979913091153546431177385676945343486730197993498529636492108312404543796370045487218955201046137662191918513706549560771088224207924409275479864981823815660983343422176365744870072127934490865277449576937261468130920376085948653305075071243237207672347403131791038321491100101082182265602048.000000
0x9A 0x60 0xB9 0xD7 0xFF 0xFF 0xEF 0x7F
$
```

　2,147,483,647は、0xFF 0xFF 0xFF 0x7Fという並びでメモリに格納されていることがわかりました。long longも、doubleも同様にメモリへの格納され方がわかりました。
　ここで2進数や16進数が詳しい方は、「あれ？」と感じたのではないでしょうか。
　2,147,483,647は0x7FFFFFFFのはずなのに、実行例では0xFFFFFF7Fという並びになっています。これだと、int型の範囲を超えて、unsigned int型の4,294,967,167になってしまいます。どういうことなのでしょうか。
　これは筆者のコンピュータがIntel系のCPUを使っていて「バイトオーダ」が「リトルエンディアン」

だからです。

　バイトオーダとは多バイトのデータを、どのような順番（オーダ）でメモリに格納するかの決まりごとを言います。0x12 0x34 0x56 0x78というデータを格納するときに、0x78 0x56 0x34 0x12と並べる方法をリトルエンディアン、そのまま0x12 0x34 0x56 0x78と並べる方法をビッグエンディアンと言います。Intel系のCPUはリトルエンディアンで、SPARCやPowerPCなどのCPUはビッグエンディアンです。ぱっと見ると、素直に順番に並べているビッグエンディアンのほうがわかりやすくてよいのですが、基本的に多バイトの計算は下の位から計算を行ったほうが楽です。人間が筆算をするときに、下の位から順番に行うのと同じことです。そのため、一番下の位がメモリ上の先頭に置かれているリトルエンディアンは、システムを作るときに理にかなっていると言われています。

　とはいえ、世の中にはビッグエンディアンのCPUもたくさんありますし、ネットワーク上で流れるデータはほとんどがビッグエンディアンです。そのため、変換する必要もありますので、たいていのシステムにはバイトオーダを変換する関数が用意されています。本書で取り扱っているgccやclangであれば、ntohl()関数やhtonl()関数で変換が可能なので、興味がある方は調べてみましょう。

　ちなみに、バイトオーダは多バイトのデータ型でのみ問題になることで、文字型の配列などには関係ないので注意してください（char one_string[] = "hello, world\n" が、\0\ndlrow, olleh という順番でメモリ上に格納されているということはありません）。

　このサンプルプログラムを動かしてから、再度リスト7-2を見てみるとより理解が深まると思います。ポインタ関連はややこしいので、繰り返し学習することをおすすめします。

ポインタへの強引なキャスト

　ここまで学習した方は、ポインタにも慣れてきて、コンパイラのマニュアルを読みながらいろいろと挑戦しているかもしれません。しかし、ポインタにはまだ落とし穴がありますので、紹介しておきましょう。キャストを使えば、自由自在にメモリ上にアクセスできます。たとえば、整数をキャストしてunsigned char型のポインタ変数に代入すれば、任意の範囲のアドレスの情報を読み取ることができます。

● リスト7-19　ptr_scan.c

```c
#include <stdio.h>

int
main(int argc, char *argv[])
{
    int i;
    unsigned char *ptr; //1バイトずつメモリを読み取るためのポインタ

    ptr = (unsigned char *) 0x1000;

    for (i = 0; i < 0x100; i++) {
        printf("0x%02X ", *ptr);
        if (((i + 1) % 15) == 0) {
            printf("\n");
        }
```

```
        ptr++;
    }
    printf("¥n");

    return 0;
}
```

● Makefile.ptr_scan

```
PROGRAM =       ptr_scan
OBJS    =       ptr_scan.o
SRCS    =       $(OBJS:%.o=%.c)
CC      =       gcc
CFLAGS  =       -g -Wall
LDFLAGS =

$(PROGRAM):$(OBJS)
    $(CC) $(CFLAGS) $(LDFLAGS) -o $(PROGRAM) $(OBJS) $(LDLIBS)
```

● ビルド

```
$ make -f Makefile.ptr_scan
gcc -g -Wall   -c -o ptr_scan.o ptr_scan.c
gcc -g -Wall   -o ptr_scan ptr_scan.o
$
```

● 実行例

```
$ ./ptr_scan
Segmentation fault (core dumped)
$
```

　このプログラムは、メモリアドレス0x1000番地〜0x1100番地までを16進数で表示する目的で作りましたが、実行した瞬間に異常終了してしまいました。Windows、Linux、macOSなど、近代的なOSではメモリ保護の機能が備わっており、プログラムからアクセスしてはならないアドレスにアクセスしようとすると、暴走を防ぐために強制的に異常終了させられます。0x1000番地は、読み取ってはならないアドレスだったのです。

　このようなプログラムを実行するには、必ず変数として宣言されてプログラマが自由に取り扱ってよいアドレスを指定する必要があります。

　たとえば、次のようにプログラムを変更すると動作します。

```
    ptr = (unsigned char *) 0x1000;
```

▼

```
    char buf[1024] = "This is text message.";
    ptr = (unsigned char *) buf;
```

しかし処理をしている途中で、ポインタが異常な値になってしまい、そこにアクセスしてしまうとこのように強制終了させられるので、慎重に扱う必要があります。ここまでは、NULLポインタ参照と同じですね。

もう1つ、メモリ上には読み取りはいいけど、書き込みしてはならないという領域もあります。2-3節の「不思議な文字列定数」で説明した箇所がそれにあたります。

```c
char one_string[] = "hello, world\n";
```

この宣言は、配列one_string[]を"hello, world\n"という文字列で初期化を行っています。"hello, world\n"という文字列定数はコンパイル、リンク時に実行ファイルのどこかのアドレスに配置されて、プログラムの実行時に配列one_string[]にコピーされます。one_string[]は配列なので、実行時にどれだけ他の値を書き込んでもプログラムがおかしくなることはありません。

```c
char *one_string = "hello, world\n";
```

この宣言は、ポインタ変数one_stringに"hello, world\n"という文字列定数のアドレスを代入して初期化を行っています。"hello, world\n"という文字列定数はコンパイル、リンク時に実行ファイルのどこかのアドレスに配置されて、プログラムの実行時にアドレスがone_stringに代入されます。文字列定数は多くのシステムでは書き込み禁止エリアに確保されているので、*(one_string + 0) = 'H' や one_string[0] = 'H'とするとたちまちプログラムは異常終了してしまいます。

● リスト7-20　ptr_const.c

```c
#include <stdio.h>

int
main(int argc, char *argv[])
{
    //char one_string[] = "hello, world\n";
    char *one_string = "hello, world\n";

    one_string[0] = 'H';

    printf("%s", one_string);

    return 0;
}
```

● Makefile.ptr_const

```
PROGRAM    =    ptr_const
OBJS       =    ptr_const.o
SRCS       =    $(OBJS:%.o=%.c)
CC         =    gcc
CFLAGS     =    -g -Wall
LDFLAGS    =
```

```
$(PROGRAM):$(OBJS)
    $(CC) $(CFLAGS) $(LDFLAGS) -o $(PROGRAM) $(OBJS) $(LDLIBS)
```

●ビルド

```
$ make -f Makefile.ptr_const
gcc -g -Wall    -c -o ptr_const.o ptr_const.c
gcc -g -Wall    -o ptr_const ptr_const.o
$
```

●実行例

```
$ ./ptr_const
Bus error (core dumped)
$
```

　いつもとは違う、Bus errorというエラーで異常終了してしまいました（macOSの場合はBus errorで、LinuxではSegmentation faultのようです）。

　配列とポインタを混同すると、このような間違いを犯しやすいので、復習のため第2章や本章を読み直してみてください。

7-5 ダブルポインタ、トリプルポインタ

　ポインタ変数のアドレスを格納できるポインタ変数がダブルポインタで、ポインタ変数のアドレスを格納したポインタ変数のアドレスを格納するポインタ変数がトリプルポインタです。これらの宣言もとてもかんたんで、単純に*記号が増えるだけです。

```
char array[4] = {0, 1, 2, 3};
char *ptr = array;
char **ptr_double = &ptr;
```

　さて、言葉だけではイメージしにくいので、おなじみのデフォルメされた図で示してみましょう。

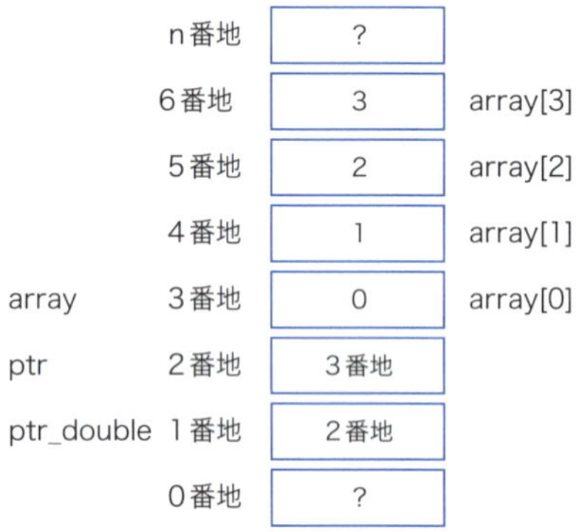

	番地	値	
	n番地	?	
	6番地	3	array[3]
	5番地	2	array[2]
	4番地	1	array[1]
array	3番地	0	array[0]
ptr	2番地	3番地	
ptr_double	1番地	2番地	
	0番地	?	

●図7-14　ダブルポインタとトリプルポインタ

　配列array[]は、普通のchar型の配列で、先頭アドレスが3番地です。ポインタ変数ptrは、配列array[]の先頭アドレスである「3番地」を保持しています。（ダブル）ポインタ変数ptr_doubleは、ポインタ変数ptrのアドレスである「2番地」を保持しています。

　ポインタ変数ptr_doubleは、プログラム中でptr_doubleと表記した場合、値としては「2番地」という意味になります。*ptr_doubleと表記すると、1回間接参照されて、値としては「3番地」という意味になります。ポインタ変数ptrにおいて、ptrと表記すると同じく値としては「3番地」になるので、*ptr_doubleとptrは値は同じですね。**ptr_doubleと表記すると、2回間接参照されて「0」という値になります。

　**ptr_doubleのようなポインタ変数は、ダブルポインタと呼ばれることもありますが、「ポインタのポインタ」とも呼ばれます。ポインタのポインタと、単純にポインタ変数のアドレスを保持しているというこ

とがわかりやすいですね。

こちらはサンプルプログラムを動かすとすぐに理解できるので、やってみましょう。

● リスト7-22　ptr_double.c

```c
#include <stdio.h>

int
main(int argc, char *argv[])
{
    char array[4] = {'A', 'B', 'C', '\0'};
    char *ptr = array;
    char **ptr_double = &ptr;

    printf("array %p\n", array);
    printf("array %s\n", array);
    printf("array[0] %c\n", array[0]);
    printf("array[1] %c\n", array[1]);
    printf("array[2] %c\n", array[2]);

    printf("ptr %p\n", ptr);
    printf("&ptr %p\n", &ptr);
    printf("ptr %s\n", ptr);
    printf("*ptr %c\n", *ptr);
    printf("*(ptr + 1) %c\n", *(ptr + 1));
    printf("*(ptr + 2) %c\n", *(ptr + 2));

    printf("ptr_double %p\n", ptr_double);
    printf("*ptr_double %p\n", *ptr_double);
    printf("&ptr_double %p\n", &ptr_double);
    printf("*ptr_double %s\n", *ptr_double);
    printf("**ptr_double %c\n", **ptr_double);
    printf("*(*ptr_double + 1) %c\n", *(*ptr_double + 1));
    printf("*(*ptr_double + 2) %c\n", *(*ptr_double + 2));


    return 0;
}
```

● Makefile.ptr_double

```
PROGRAM =       ptr_double
OBJS    =       ptr_double.o
SRCS    =       $(OBJS:%.o=%.c)
CC      =       gcc
CFLAGS  =       -g -Wall
LDFLAGS =

$(PROGRAM):$(OBJS)
    $(CC) $(CFLAGS) $(LDFLAGS) -o $(PROGRAM) $(OBJS) $(LDLIBS)
```

● ビルド

```
$ make -f Makefile.ptr_double
gcc -g -Wall   -c -o ptr_double.o ptr_double.c
gcc -g -Wall   -o ptr_double ptr_double.o
$
```

● 実行例

```
$ ./ptr_double
array 0x7fff6e434c24
array ABC
array[0] A
array[1] B
array[2] C
ptr 0x7fff6e434c24
&ptr 0x7fff6e434c18
ptr ABC
*ptr A
*(ptr + 1) B
*(ptr + 2) C
ptr_double 0x7fff6e434c18
*ptr_double 0x7fff6e434c24
&ptr_double 0x7fff6e434c10
*ptr_double ABC
**ptr_double A
*(*ptr_double + 1) B
*(*ptr_double + 2) C
$
```

　それぞれ、array, ptr, *ptr_double と指定したときは同じアドレスである 0x7fff6e434c24 を表示しています。ですので、printf() 関数の %s に array, ptr, *ptr_double と指定したときは文字列としてABCと表示されます。array[0] を %c で表示するときは、それぞれ、array[0], *ptr, **ptr_double となっています。

　ポインタのポインタは、多次元配列をポインタで実現する場合や、関数からポインタを渡してもらうときなどに使います。今すぐ使いこなせる必要はありませんが、画像処理や動的なメモリ確保を行うときに必要となります。まずは、理解を深めるために、サンプルプログラムを改造してトリプルポインタで間接参照することにチャレンジしてみましょう。

多次元配列

　これまで扱ってきた配列はいわゆる1次元配列という、要素が一方向に連続して並んでいるものでした。

●図7-15　ふつうの配列

しかし、画像や表のようなデータを利用したいときには、1次元配列はとても使いにくいです。そのため、表形式のデータを利用するときには、2次元配列を利用します。C言語には厳密には2次元配列のような多次元配列は存在しませんが、「配列の配列」として配列を宣言することにより同様のことが実現可能なので、それを紹介します。

2次元配列を図式すると、次のようになります。本当に単なる表です。

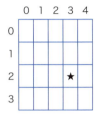
●図7-16　二次元配列

宣言は少しややこしいです。

データ型　変数名[縦方向の要素数][横方向の要素数];

図7-16のような2次元配列を宣言するには、次のようにします。

```
int tuple[4][5];
```

図中の★印は、tuple[2][3]と指定することになります。さっそくサンプルプログラムで実験してみましょう。

●リスト7-23　tuple.c

```
#include <stdio.h>

int
main(int argc, char *argv[])
{
    int i, j;
    int tuple[4][5] = {{0}}; //0で初期化

    tuple[2][3] = 1;

    for (i = 0; i < 4; i++) {
        for (j = 0; j < 5; j++) {
            printf("%d ", tuple[i][j]);
```

```
        }
        printf("\n");
    }

    return 0;
}
```

● Makefile.tuple

```
PROGRAM    =    tuple
OBJS       =    tuple.o
SRCS       =    $(OBJS:%.o=%.c)
CC         =    gcc
CFLAGS     =    -g -Wall
LDFLAGS    =

$(PROGRAM):$(OBJS)
    $(CC) $(CFLAGS) $(LDFLAGS) -o $(PROGRAM) $(OBJS) $(LDLIBS)
```

● ビルド

```
$ make -f Makefile.tuple
gcc -g -Wall    -c -o tuple.o tuple.c
gcc -g -Wall    -o tuple tuple.o
$
```

● 実行例

```
$ ./tuple
0 0 0 0 0
0 0 0 0 0
0 0 0 1 0
0 0 0 0 0
$
```

図7-16をプログラムで描いてみました。ややこしいですが、1つめの[]で括られた要素数は縦方向、2つめの[]で括られた要素数は横方向と考えてください。

初期化は、もう少しだけややこしいです。すべてを指定しようとすると、次のような表記になります。

```
データ型 変数名[縦方向の要素数][横方向の要素数] = {{[0][0]の初期値, [0][1]の初期値, … },
                                              {[1][0]の初期値, [1][1]の初期値, … },
                                              {[2][0]の初期値, [2][1]の初期値, … },
                                                    :
                                             };
```

今回の例では、次のようになります。

```
int tuple[4][5] = {{0, 0, 0, 0, 0},
```

```
                    {0, 0, 0, 0, 0},
                    {0, 0, 0, 1, 0},
                    {0, 0, 0, 0, 0}
                  };
```

サンプルプログラムを改造して、同じ結果になるか試してみましょう。

```
    int tuple[4][5] = {{0}}; //0で初期化

    tuple[2][3] = 1;
```

▼

```
    int tuple[4][5] = {{0, 0, 0, 0, 0},
                       {0, 0, 0, 0, 0},
                       {0, 0, 0, 1, 0},
                       {0, 0, 0, 0, 0}
                      };
```

1次元配列でも要素数が省略できたように2次元配列でも要素数を省略することができます。その際、省略できるのは縦方向だけで、横方向は必ず要素数を書かなくてはなりません。

```
    int tuple[][5] = {{0, 0, 0, 0, 0},
                      {0, 0, 0, 0, 0},
                      {0, 0, 0, 1, 0},
                      {0, 0, 0, 0, 0}
                     };
```

両方省略できないのは、コンパイラが20要素の領域を4×5として扱うのか、5×4として扱うかわからなくなってしまうからです。

こういった表記も問題なく動作することを考えると理解しやすいです。

```
    int tuple[][5] = {0, 0, 0, 0, 0, 0, 0, 0, 0, 0, 0, 0, 0, 1, 0, 0, 0, 0, 0, 0, 0, 0, 0, 0, 0};
```

せっかくなので、このサンプルプログラムをさらに改造して9×9や12×12を自動計算するものにしてみましょう。

● リスト7-24　tuple_2.c

```c
#include <stdio.h>

#define MAX_NUMBER 12

int
create_tuple(int tuple[][MAX_NUMBER])
{
    int i, j;
```

```c
    if (tuple == NULL) {
        return -1;
    }

    for (i = 0; i < MAX_NUMBER; i++) {
        for (j = 0; j < MAX_NUMBER; j++) {
            tuple[i][j] = (i + 1) * (j + 1);
        }
    }

    return 0;
}

int
main(int argc, char *argv[])
{
    int i, j;
    int tuple[MAX_NUMBER][MAX_NUMBER] = {{0}}; //0で初期化

    create_tuple(tuple);

    for (i = 0; i < MAX_NUMBER; i++) {
        for (j = 0; j < MAX_NUMBER; j++) {
            printf("% 4d ", tuple[i][j]);
        }
        printf("\n");
    }

    return 0;
}
```

●Makefile.tuple_2

```
PROGRAM   =       tuple_2
OBJS      =       tuple_2.o
SRCS      =       $(OBJS:%.o=%.c)
CC        =       gcc
CFLAGS    =       -g -Wall
LDFLAGS   =

$(PROGRAM):$(OBJS)
    $(CC) $(CFLAGS) $(LDFLAGS) -o $(PROGRAM) $(OBJS) $(LDLIBS)
```

●ビルド

```
$ make -f Makefile.tuple_2
gcc -g -Wall    -c -o tuple_2.o tuple_2.c
gcc -g -Wall    -o tuple_2 tuple_2.o
$
```

●実行例

```
$ ./tuple_2
    1    2    3    4    5    6    7    8    9   10   11   12
    2    4    6    8   10   12   14   16   18   20   22   24
    3    6    9   12   15   18   21   24   27   30   33   36
    4    8   12   16   20   24   28   32   36   40   44   48
    5   10   15   20   25   30   35   40   45   50   55   60
    6   12   18   24   30   36   42   48   54   60   66   72
    7   14   21   28   35   42   49   56   63   70   77   84
    8   16   24   32   40   48   56   64   72   80   88   96
    9   18   27   36   45   54   63   72   81   90   99  108
   10   20   30   40   50   60   70   80   90  100  110  120
   11   22   33   44   55   66   77   88   99  110  121  132
   12   24   36   48   60   72   84   96  108  120  132  144
$
```

　いかがでしょうか。12×12のかけ算の表が綺麗に表示できました。今回は復習も兼ねて、#defineを使っています。ここの12という数字を書き換えるだけで、どんな大きさの表でも作ることができます。

　また、表の生成には関数呼び出しを使いました。引数がint tuple[][MAX_NUMBER]となっていますが、実はこれもポインタと同じアドレス渡しです。しかし、なぜこのような書き方なのでしょうか。実は、ここにはint tuple[][MAX_NUMBER]ではなく、int *tupleと書いても渡される配列の先頭アドレスはまったく同じです。しかし、tuple[i][j]などという表記を使うためには、コンパイラが「iの添え字を進めたとき、アドレスをどれくらい進めればよいか」も知らせてあげる必要があります。tuple[i][j]は、内部的には*(tuple + i * MAX_NUMBER + j)を行っています。そのため、MAX_NUMBER（jの部分のサイズ）が必須ですので、[]を使った配列表記をするためには必ずint tuple[][MAX_NUMBER]として引数を書いてあげなくてはなりません。

　せっかくなので、次のようにポインタ表記にもしてみてください。

```
int
create_tuple(int tuple[][MAX_NUMBER])
```

▼

```
int
create_tuple(int *tuple)
```

```
        tuple[i][j] = (i + 1) * (j + 1);
```

▼

```
        *(tuple + i * MAX_NUMBER + j) = (i + 1) * (j + 1);
```

　警告は出ますが、結果はまったく同じになります。2次元配列は人間から見たら表ですが、コンパイラにとっては所詮一直線に並んだ配列なのでこのような配慮が必要になるのです。

ちなみに、1次元の配列であれば、受け取り側の関数は、*表記、[]表記でも関数の宣言を書くことができます。

```
int
function(char *string)
{
}


int
function(char string[])
{
}
```

どちらの書き方をしても、配列はポインタとしてしか渡せません。char string[]と書いて受け取ったほうは、[]表記なので配列自体がコピーされてfunction()関数では配列のように見えますが、これの正体はポインタです。C言語では、配列を渡すことはできなくて、配列は必ずポインタで渡されると今一度認識しておいてください。

今までの例では、2次元配列を表と見なして1つめの[]で括られた要素数は縦方向、2つめの[]で括られた要素数は横方向としましたが、3次元や4次元も扱うことができます。その際は、どの要素をどう扱うかはプログラマ次第となります。たとえば、3次元配列は次のように宣言できます。

データ型　配列名[要素数][要素数][要素数]；

これはいったいどういうことなのでしょうか。図形として捉えるなら、次のような奥行きのある2次元配列として理解することができます。

●図7-17　多次元配列のイメージ

もちろん、3次元座標の表現などにも利用できます。これくらいまでなら、まだイメージしやすいですが、4次元、5次元となるとよくわからなくなってきますね。

■多次元配列の応用例

せっかく多次元配列が利用できるので、面白い例を紹介しましょう。ブロックを使った某ゲームの図形を表現するには、4次元配列を使うととてもかんたんに処理することができるようになります。図形を2次元で表現して、回転という処理を3次元の方向で表現して、図形の種類を4次元の方向で表現するのです。実例を見てみましょう。

● リスト7-25　tuple_3.c

```c
#include <stdio.h>

int
main(int argc, char *argv[])
{
    int tuple[][4][4][4]={{{{0,0,0,0},{0,1,0,0},{1,1,1,0},{0,0,0,0}},
             {{0,0,0,0},{0,1,0,0},{1,1,0,0},{0,1,0,0}},
             {{0,0,0,0},{0,0,0,0},{1,1,1,0},{0,1,0,0}},
             {{0,0,0,0},{0,1,0,0},{0,1,1,0},{0,1,0,0}}},
            {{{0,0,0,0},{0,0,1,0},{0,1,1,0},{0,1,0,0}},
             {{0,0,0,0},{1,1,0,0},{0,1,1,0},{0,0,0,0}},
             {{0,0,0,0},{0,0,1,0},{0,1,1,0},{0,1,0,0}},
             {{0,0,0,0},{1,1,0,0},{0,1,1,0},{0,0,0,0}}},
            {{{0,0,0,0},{0,1,0,0},{0,1,1,0},{0,0,1,0}},
             {{0,0,0,0},{0,1,1,0},{1,1,0,0},{0,0,0,0}},
             {{0,0,0,0},{0,1,0,0},{0,1,1,0},{0,0,1,0}},
             {{0,0,0,0},{0,1,1,0},{1,1,0,0},{0,0,0,0}}},
            {{{0,1,0,0},{0,1,0,0},{0,1,0,0},{0,1,0,0}},
             {{0,0,0,0},{0,0,0,0},{1,1,1,1},{0,0,0,0}},
             {{0,1,0,0},{0,1,0,0},{0,1,0,0},{0,1,0,0}},
             {{0,0,0,0},{0,0,0,0},{1,1,1,1},{0,0,0,0}}},
            {{{0,0,0,0},{0,1,1,0},{0,1,1,0},{0,0,0,0}},
             {{0,0,0,0},{0,1,1,0},{0,1,1,0},{0,0,0,0}},
             {{0,0,0,0},{0,1,1,0},{0,1,1,0},{0,0,0,0}},
             {{0,0,0,0},{0,1,1,0},{0,1,1,0},{0,0,0,0}}}
        };

    int type;
    int rot;
    int i, j;

    for (type = 0; type < 5; type++) {
        for (rot = 0; rot < 4; rot++) {
            getchar();
            printf("¥x1b[2J");
            printf("¥x1b[0;0H");
            printf("¥n");
            for (i = 0; i < 4; i++) {
                for (j = 0; j < 4; j++) {
                    if (tuple[type][rot][i][j] == 1) {
                        printf("* ");
                    } else {
                        printf("  ");
                    }
                }
                printf("¥n");
            }
        }
    }
}
```

```
    return 0;
}
```

● **Makefile.tuple_3**

```
PROGRAM =       tuple_3
OBJS    =       tuple_3.o
SRCS    =       $(OBJS:%.o=%.c)
CC      =       gcc
CFLAGS  =       -g -Wall
LDFLAGS =

$(PROGRAM):$(OBJS)
    $(CC) $(CFLAGS) $(LDFLAGS) -o $(PROGRAM) $(OBJS) $(LDLIBS)
```

● **ビルド**

```
$ make -f Makefile.tuple_3
gcc -g -Wall   -c -o tuple_3.o tuple_3.c
gcc -g -Wall   -o tuple_3 tuple_3.o
$
```

4次元配列tuple[][][][]が図形データです。この状態だと何がなんだかわかりませんが、並べ替えてみると……

```
int tuple[][4][4][4] = {{{{0,0,0,0},     // 1のところにブロックがあると考える
                         {0,1,0,0},      // ■
                         {1,1,1,0},      //■■■
                         {0,0,0,0}},     //
                        {{0,0,0,0},      //
                         {0,1,0,0},      // ■
                         {1,1,0,0},      //■■
                         {0,1,0,0}},     // ■
                        {{0,0,0,0},      //
                         {0,0,0,0},      //
                         {1,1,1,0},      //■■■
                         {0,1,0,0}},     // ■
                        {{0,0,0,0},      //
                         {0,1,0,0},      // ■
                         {0,1,1,0},      // ■■
                         {0,1,0,0}}}…    // ■
                       };
```

実はブロックの形を配列で表現していることがわかると思います。tuple[図形の種類][回転状態][y][x]として扱っています。

次の部分は、enterを押すたびに、クルクルまわるようにしたかったので入れました。"¥x1b[2J"は、ANSIエスケープシーケンスに対応した端末で画面をクリアする特別な文字です。同じく"¥x1b[0;0H"

もエスケープシーケンスで、文字の描画位置を左上に戻す文字です。Windowsでは、環境によっては
うまく動かないことがありますが、雰囲気はわかるようになっています。

```
getchar();
printf("\x1b[2J");
printf("\x1b[0;0H");
printf("\n");
```

あとは特筆すべき点はないと思います。次の繰り返し処理で、配列に「1」があれば「*」でブロック
を描いて、「0」ならスペースを出力しています。

```
for (i = 0; i < 4; i++) {
    for (j = 0; j < 4; j++) {
        if (tuple[type][rot][i][j] == 1) {
            printf("* ");
        } else {
            printf("  ");
        }
    }
    printf("\n");
}
```

コンパイラが全角文字を使えるなら、「*」の代わりに「■」とすると、より雰囲気が出ます。ややこし
いものでも、よく考えながら工夫して使うと理解が早いでしょう。

このプログラムは、enterを押すたびに画面がクリアされてしまうので、書面で実行例を紹介すること
が難しいです。是非ご自身の環境で動かしてみてください。

7-6 特別なポインタ

関数ポインタ

　変数は&で、場所（アドレス）を取得したりすることができました。同じくメモリ上に存在する関数については、どうなのでしょうか。実は、関数のアドレスを格納するためのポインタ変数というものがあって、それになら自由に代入したり実行したりすることができます。

●通常の関数のプロトタイプ宣言

```
// 戻り値のデータ型 関数名(引数のリスト);

int sum(int, int);
```

●関数ポインタの宣言

```
// 戻り値のデータ型 (*変数名) (引数のリスト);

int (*sum) (int, int);
```

　関数ポインタを宣言しておくと、そこに関数が代入できてしまいます。さっそくサンプルプログラムを動かしてみましょう。

●リスト7-26　ptr_func.c

```c
#include <stdio.h>

// プロトタイプ宣言
// 引数としてint型の変数を2個受け取り、int型の値を返す関数sumを定義
int sum(int, int);
// 引数としてint型の変数を2個受け取り、int型の値を返す関数subを定義
int sub(int, int);
// 引数としてint型の変数を2個受け取り、int型の値を返す関数mulを定義
int mul(int, int);
// 引数としてint型の変数を2個受け取り、int型の値を返す関数divを定義
int div(int, int);

// sum()関数の実体
int
sum(int a, int b)
{
```

```c
    int return_value;
    
    return_value = a + b;
    
    return return_value;
}

// sub()関数の実体
int
sub(int a, int b)
{
    int return_value;
    
    return_value = a - b;
    
    return return_value;
}

// mul()関数の実体
int
mul(int a, int b)
{
    int return_value;
    
    return_value = a * b;
    
    return return_value;
}

// div()関数の実体
int
div(int a, int b)
{
    int return_value;
    
    return_value = a / b;
    
    return return_value;
}

int
main(int argc, char *argv[])
{
    int num_1;
    int num_2;
    int answer;
    int (*ptr_function) (int, int);
    
    num_1 = 1;
    num_2 = 2;
```

```
        ptr_function = sum;       // sum()関数を関数ポインタ変数に代入
        //ptr_function = sub;     // sub()関数を関数ポインタ変数に代入
        //ptr_function = mul;     // mul()関数を関数ポインタ変数に代入
        //ptr_function = div;     // div()関数を関数ポインタ変数に代入

        answer = ptr_function(num_1, num_2);
        printf("answer = %d¥n", answer);

        return 0;
}
```

● Makefile.ptr_func

```
PROGRAM =       ptr_func
OBJS    =       ptr_func.o
SRCS    =       $(OBJS:%.o=%.c)
CC      =       gcc
CFLAGS  =       -g -Wall
LDFLAGS =

$(PROGRAM):$(OBJS)
        $(CC) $(CFLAGS) $(LDFLAGS) -o $(PROGRAM) $(OBJS) $(LDLIBS)
```

● ビルド

```
$ make -f Makefile.ptr_func
gcc -g -Wall   -c -o functions.o functions.c
gcc -g -Wall   -o ptr_func main.o functions.o
$
```

● 実行例

```
$ ./ptr_func
answer = 3
$
```

きちんと結果が出ましたね。関数のポインタ変数は、ptr_function()と、関数として実行できます。同じ型の関数で、微妙に処理の内容が違う場合に使いこなすと便利です。たとえば、ネットワークのパケット処理などが考えられます。

あとは、Unix系システムの「シグナルハンドラ」や、マルチスレッドで関数を起動するための引数としても関数ポインタは利用されます。

■データを実行する

通常のコンピュータは、メモリに存在する命令とデータを区別して動くようなことはしません。つまり、メモリに存在する「データ」、たとえば"hello, world¥n"を「実行」させることもできます。逆に、実行するべき「命令」をデータとして表示したりすることもできます。

● リスト7-27　ptr_func_2.c

```c
#include <stdio.h>

void func(void);

void
func(void)
{
    printf("This is func.\n");
}


int
main(int argc, char *argv[])
{
    char one_string[] = "hello, world\n";
    void (*ptr_function) (void);

    //ptr_function = func;         // func()関数を関数ポインタ変数に代入
    ptr_function = (void (*) (void)) one_string;

    ptr_function();

    return 0;
}
```

● Makefile.ptr_func_2

```
PROGRAM =       ptr_func_2
OBJS    =       ptr_func_2.o
SRCS    =       $(OBJS:%.o=%.c)
CC      =       gcc
CFLAGS  =       -g -Wall
LDFLAGS =

$(PROGRAM):$(OBJS)
    $(CC) $(CFLAGS) $(LDFLAGS) -o $(PROGRAM) $(OBJS) $(LDLIBS)
```

● ビルド

```
$ make -f Makefile.ptr_func_2
gcc -g -Wall   -c -o functions.o functions.c
gcc -g -Wall   -o ptr_func_2 main.o functions.o
$
```

● 実行例

```
$ ./ptr_func_2
Segmentation fault (core dumped)
$
```

"hello, world¥n"はCPUに解釈できる「命令」ではないので、当然のごとく異常終了します。しかし、逆に考えるとCPUが解釈できる命令を送り込むと異常終了せずに、「正しく不正な動き」をさせることができてしまいます。そうして、システムのパスワードが盗まれたりすることもあります。対策するためには、とにかくポインタは慎重に扱って、配列は確保した要素を超えないように注意しましょう。

voidポインタ

どんなデータ型のポインタでも保持しておきたいことがまれにあります。たとえば、マルチスレッドという1つのプログラム（プロセス）内で複数の処理が同時に走る仕組みを、Unixではpthreadという仕組みで実現しています。pthreadでは、スレッドとして走らせたい処理を関数として渡します。pthreadの開始処理もやはり関数として実装されているので、スレッドとして実行したい関数をpthreadの開始関数に渡す必要があります。このようなときに、先に学習した関数ポインタを使います。

しかし、この関数にデータを渡すことを考えてみましょう。もしかしたら、int型のデータかもしれませんし、char型かもしれません。データ型が違うと、正しくデータを渡すことができないので、困ってしまいます。このようなときは、ポインタで変数の場所（アドレス）だけ教えてあげればよいのですが、ポインタ変数も、どのデータ型へのポインタなのか指定する必要があります。そこで、どんなポインタでも格納できるvoidポインタを使います。

```
void *変数名;
```

このvoidポインタを利用して、関数にデータを渡して、関数ではそれを必要なポインタにキャストして利用します。ポインタ変数のデータ型の違いは、ポインタを進めたときにどれだけアドレスが増えるかです。データのサイズ自体はどれも同じのため、このようなことができます[※3]。

※3　多くの32ビットコンピュータならポインタ変数は32ビット（4バイト）、64ビットコンピュータなら64ビット（8バイト）です。

Chapter 8

異なるデータ型をまとめる

8-1　変数をまとめた構造体 —————————————————————— 302

8-2　同じメモリ領域を共用する共用体 ————————————————— 321

8-3　ビット長を指定したフィールドに分けるビットフィールド ——————— 325

8-4　値やデータ型に名前を付ける ——————————————————— 329

8-1 変数をまとめた構造体

構造体とは

　複雑な処理を行おうとすると、関数に渡す引数が増えてしまいます。これまでのサンプルプログラムでは、関数の引数は1個や2個だったのであまり気にならなかったかもしれませんが、引数の数が増えるとそれだけ間違いやすくなりますし、そもそもデータの意味がよくわかりません。たとえば、座標計算をする関数があったとして、x座標とy座標を渡すと、何らかの計算をして戻すものを考えます。

```
void
func(double x, double y, double *ans_x, double *ans_y)
{
    //xとyを計算して、*ans_xと*ans_yに答えを戻す
}
```

　これくらいならまだ許せる範囲です。では、次に住所録のデータを保存する関数を考えてみましょう。住所録では、一般的に次のような項目を扱うと思います。

- 管理番号
- 姓
- 名
- せい
- めい
- 郵便番号
- 住所1
- 住所2
- 電話番号
- FAX番号
- 携帯電話番号
- 備考

　企業向けだったりすると、さらに項目は増えますが、まずはこのくらいだとして、これをファイルに保存する関数を考えてみます。

```
int
save_to_file(int no, char *last_name, char *first_name, char *last_name_furigana,
char *first_name_furigana, int post_code, char *address_1, char *address_2, char
*phone_no, char *fax_no, char *cellular_no, char *remarks)
{
    //ファイルに保存できなければreturn -1;
    //ファイルに保存できればreturn 0;
}
```

引数リストが長すぎて、何が何だかよくわかりません。関数に渡さなくても、これらをプログラム中で扱おうとすると、次のようにたくさんのいろいろな配列を持つことになり見通しも非常に悪くなります。最大文字長が256文字で、データを1,024件保持できる変数を確保しようとすると、次のようにやっぱりよくわからないことになります。

```
#define MAX_CHARACTER    (256)
#define MAX_DATA         (1024)

    int no[MAX_DATA];
    char last_name[MAX_DATA][MAX_CHARACTER];
    char first_name[MAX_DATA][MAX_CHARACTER];
    char last_name_furigana[MAX_DATA][MAX_CHARACTER];
    char first_name_furigana[MAX_DATA][MAX_CHARACTER];
    int post_code[MAX_DATA];
    char address_1[MAX_DATA][MAX_CHARACTER];
    char address_2[MAX_DATA][MAX_CHARACTER];
    char phone_no[MAX_DATA][MAX_CHARACTER];
    char fax_no[MAX_DATA][MAX_CHARACTER];
    char cellular_no[MAX_DATA][MAX_CHARACTER]
    char remarks[MAX_DATA][MAX_CHARACTER];
```

このような意味のあるひとまとまりのデータは、それ自体をデータ型として定義してしまうと楽です。そのための仕組みが、「構造体」です。

構造体を宣言するためには、まずそれがどんなデータを扱うか定義を宣言して、実際に変数として宣言します。

```
// 定義
    struct 構造体タグ名 {メンバ変数;...};

// 宣言
    struct 構造体タグ名 変数名;
```

先の座標でしたら、次のように宣言できます。

```
struct tag_coord {          // これは定義
    double x;
    double y;
```

8-1 変数をまとめた構造体

```
};

    struct tag_coord coord;// これが変数
```

住所録の例では、次のようになります。

```
#define MAX_CHARACTER   (256)
#define MAX_DATA        (1024)

struct tag_address {    // これは定義
    int no;
    char last_name[MAX_CHARACTER];
    char first_name[MAX_CHARACTER];
    char last_name_furigana[MAX_CHARACTER];
    char first_name_furigana[MAX_CHARACTER];
    int post_code;
    char address_1[MAX_CHARACTER];
    char address_2[MAX_CHARACTER];
    char phone_no[MAX_CHARACTER];
    char fax_no[MAX_CHARACTER];
    char cellular_no[MAX_CHARACTER];
    char remarks[MAX_CHARACTER];
};

    struct tag_address address[MAX_DATA];    // これが変数（配列）
```

見た目にかなりすっきりしました。では、これらの構造体のデータにはどのようにアクセスするのでしょうか。それには、．（ドット）演算子を使います。

さっそくサンプルプログラムで様子を見てみましょう。

● リスト8-1　struct.c

```
#include <stdio.h>

struct tag_coord {
    double x;
    double y;
};

int
main(int argc, char *argv[])
{
    struct tag_coord coord;

    coord.x = 1.00;
    coord.y = 2.00;

    printf("coord.x = %f\n", coord.x);
    printf("coord.y = %f\n", coord.y);
```

```
        return 0;
}
```

● Makefile.struct

```
PROGRAM    =       struct
OBJS       =       struct.o
SRCS       =       $(OBJS:%.o=%.c)
CC         =       gcc
CFLAGS     =       -g -Wall
LDFLAGS    =

$(PROGRAM):$(OBJS)
    $(CC) $(CFLAGS) $(LDFLAGS) -o $(PROGRAM) $(OBJS) $(LDLIBS)
```

● ビルド

```
$ make -f Makefile.struct
gcc -g -Wall    -c -o struct.o struct.c
gcc -g -Wall    -o struct struct.o
$
```

● 実行例

```
$ ./struct
coord.x = 2.000000
coord.y = 1.000000
$
```

　シンプルな記述なので、何も迷うことはなかったと思います。これは、構造体を配列として宣言した場合であっても同様で、struct tag_coord coord[8];などと宣言した場合は、coord[0].xなどとしてアクセスできるようになります。この構造体の中にある変数のことを、「メンバ」と呼びます。

構造体と関数の関係

　構造体は、非常にシンプルに利用できますが、関数間で渡す際は若干変わった動きをするので注意が必要です。関数に普通の変数を渡した場合は、値がコピーされます。

```
int
sum(int x, int y)
{
    //ここのxとyは、main()関数からコピーされたもの
}

int
main(int argc, char *argv[])
{
```

```
    int ans;

    ans = sum(1, 2);
}
```

ポインタとして渡した場合は、呼び出し元の変数を指し示すことになります。

```
int
sum(int *x, int *y)
{
    //ここのxとyには、main()関数に定義してあるxとyのアドレスが入っている
}

int
main(int argc, char *argv[])
{
    int x, y;
    int ans;

    ans = sum(&x, &y);
}
```

配列の場合は、必ずアドレス渡し、すなわちポインタとして渡したことになります。

```
void
print_message(char *msg)
{
    //ここのmsgには、main()関数に定義してある配列message[]の先頭アドレスが入っている
}

int
main(int argc, char *argv[])
{
    char message[] = "Message!";

    print_message(message);
}
```

　配列は大きくなるのでポインタでしか渡せませんが、メンバの宣言次第で大きくもなる構造体はどうなるのでしょうか。実は、普通の変数と同様で、コピーして渡す方法とポインタで渡す方法両方を使うことができるのです。配列は絶対にポインタ渡ししかできないので、大きな違いです。
　さっそくサンプルプログラムで確かめてみましょう。

● リスト 8-2　struct_2.c
```
#include <stdio.h>
```

```c
// 構造体定義
struct tag_coord {
    double x;
    double y;
};

// プロトタイプ宣言
void print_coordinates(struct tag_coord);

// 関数の実体
void
print_coordinates(struct tag_coord c)
{
    printf("c.x = %f¥n", c.x);
    printf("c.y = %f¥n", c.y);

    //この関数で表示してから、中身を書き換えてみる！
    c.x = 12345.00;
    c.y = 54321.00;
}

int
main(int argc, char *argv[])
{
    struct tag_coord coord;

    coord.x = 1.00;
    coord.y = 2.00;

    print_coordinates(coord);

    printf("coord.x = %f¥n", coord.x);
    printf("coord.y = %f¥n", coord.y);

    return 0;
}
```

● **Makefile.struct_2**

```
PROGRAM     =       struct_2
OBJS        =       struct_2.o
SRCS        =       $(OBJS:%.o=%.c)
CC          =       gcc
CFLAGS      =       -g -Wall
LDFLAGS     =

$(PROGRAM):$(OBJS)
    $(CC) $(CFLAGS) $(LDFLAGS) -o $(PROGRAM) $(OBJS) $(LDLIBS)
```

● ビルド

```
$ make -f Makefile.struct_2
gcc -g -Wall   -c -o struct_2.o struct_2.c
gcc -g -Wall   -o struct_2 struct_2.o
$
```

● 実行例

```
$ ./struct_2
c.x = 1.000000
c.y = 2.000000
coord.x = 1.000000
coord.y = 2.000000
$
```

　print_coordinates()関数で、値を画面に表示したあと、別の数値を構造体のメンバ変数に代入していますが、main()関数で再度表示しても、値は最初と変わりません。これはまぎれもなく、構造体が関数に渡るときにコピーされたからです。

　また、構造体は戻り値も少し特殊です。配列は、関数に渡すときも、関数からreturnで戻すときもポインタにしか対応していません。しかし、構造体は値そのものをコピーして戻す機能があります。

　配列を返したい関数は、char *function(void)のように、必ずポインタが戻る関数として宣言します。char []function(void)のような配列の実体が関数からコピーされてくるようには宣言できませんし、そのような機能はありません。そのため2-4節のリスト2-7のように、呼び出した先の関数上のローカル変数が破壊されると、おかしな結果となってしまいます。

● リスト2-7の実行例

```
$ ./auto-var
from func: hello, world
from main: z?(?????y?8????
???H???I??{?P???????U?g?O?????U?g?$
```

　しかし、構造体では、実体そのものを返すことができます。実験してみましょう。

● リスト8-3　struct_3.c

```c
#include <stdio.h>

const char *string_literal = "hello, world";

// 構造体定義
struct tag_string {
    char one_string[16];
};

// プロトタイプ宣言(ポインタ版)
struct tag_string *get_stringP(void);
```

```c
// プロトタイプ宣言(実体版)
struct tag_string get_stringR(void);

// 関数の実体(ポインタ版)
struct tag_string *
get_stringP(void)
{
    struct tag_string a;
    int i;

    for (i = 0; i < sizeof(a.one_string) - 1 &&
         string_literal[i] != '\0'; i++) {
        a.one_string[i] = string_literal[i];
    }
    a.one_string[i] = '\0';

    return &a;
}

// 関数の実体(実体版)
struct tag_string
get_stringR(void)
{
    struct tag_string a;
    int i;

    for (i = 0; i < sizeof(a.one_string) - 1 &&
         string_literal[i] != '\0'; i++) {
        a.one_string[i] = string_literal[i];
    }
    a.one_string[i] = '\0';

    return a;
}

int
main(int argc, char *argv[])
{
    struct tag_string *a;
    struct tag_string b;

    a = get_stringP();
    b = get_stringR();

    printf("pointer %s\n", a->one_string);
    printf("real    %s\n", b.one_string);

    return 0;
}
```

Makefileのサンプルを示します。

● **Makefile.struct_3**

```
PROGRAM =       struct_3
OBJS    =       struct_3.o
SRCS    =       $(OBJS:%.o=%.c)
CC      =       gcc
CFLAGS  =       -g -Wall
LDFLAGS =

$(PROGRAM):$(OBJS)
    $(CC) $(CFLAGS) $(LDFLAGS) -o $(PROGRAM) $(OBJS) $(LDLIBS)
```

● **ビルド**

```
$ make -f Makefile.struct_3
gcc -g -Wall    -c -o struct_3.o struct_3.c
struct_3.c: In function 'get_stringP':
struct_3.c:27: warning: function returns address of local variable
gcc -g -Wall    -o struct_3 struct_3.o
$
```

● **実行例**

```
$ ./struct_3
pointer ?d??4s?????/s?X???????
real    hello, world
$
```

ポインタ版では、そもそもコンパイル時に警告が出ています。get_stringP()関数の中で宣言された変数のアドレスを返しているので、関数終了後に値が破壊されてしまって、でたらめな表示になっています。実体版では、そのようなことは起きていません。これは、構造体そのものがコピーされたからです。

構造体とポインタの関係

構造体もメモリを使った変数の一種なので、アドレスを取得してポインタ変数に入れたり、関数にポインタで渡したりすることが可能です。ただ、ポインタとして構造体を利用すると、メンバ変数にアクセスするときの方法が変わります。構造体は、.演算子でメンバ変数にアクセスできますが、構造体のポインタ変数から間接参照でメンバ変数にアクセスするときは->演算子（アロー演算子）を利用します。リスト8-3でも、a->one_stringのように使用していました。

● **リスト8-4　struct_4.c**

```c
#include <stdio.h>

// 構造体定義
struct tag_coord {
```

```
    double x;
    double y;
};

// プロトタイプ宣言
void print_coordinates(struct tag_coord *);

// 関数の実体
void
print_coordinates(struct tag_coord *c)
{
    printf("c->x = %f¥n", c->x);
    printf("c->y = %f¥n", c->y);

    //この関数で表示してから、中身を書き換えてみる！
    c->x = 12345.00;
    c->y = 54321.00;
}

int
main(int argc, char *argv[])
{
    struct tag_coord coord;

    coord.x = 1.00;
    coord.y = 2.00;

    print_coordinates(&coord);

    printf("coord.x = %f¥n", coord.x);
    printf("coord.y = %f¥n", coord.y);

    return 0;
}
```

● Makefile.struct_4

```
PROGRAM    =       struct_4
OBJS       =       struct_4.o
SRCS       =       $(OBJS:%.o=%.c)
CC         =       gcc
CFLAGS     =       -g -Wall
LDFLAGS    =

$(PROGRAM):$(OBJS)
    $(CC) $(CFLAGS) $(LDFLAGS) -o $(PROGRAM) $(OBJS) $(LDLIBS)
```

● ビルド

```
$ make -f Makefile.struct_4
gcc -g -Wall    -c -o struct_4.o struct_4.c
```

```
gcc -g -Wall  -o struct_4 struct_4.o
$
```

● 実行例

```
$ ./struct_4
c->x = 1.000000
c->y = 2.000000
coord.x = 12345.000000
coord.y = 54321.000000
$
```

　このサンプルプログラムもprint_coordinates()関数で値を書き換えてみました。今回はポインタ渡しなので、main()関数に戻ってきたら値が書き換わっていることがわかります。
　このアロー演算子も配列アクセスの*(double_array + 1)とdouble_array[1]が等価であるように、実はc->xは(*c).xと書いたりできます。サンプルプログラムを改造して、(*c).xや(*c).yでも同じような結果になるか試してみましょう。

構造体と配列の関係

　構造体を配列として宣言しても、coord[0].xとアクセスしたりすることができますが、関数間で受け渡しをするときは注意が必要です。というのは、構造体は普通の変数と同じように値をコピーして渡すこともできれば、ポインタで渡すこともできますが、配列はポインタでしか渡せないからです。その場合、当然値はコピーできないので、呼び出し先の関数でデータに変更を加えると、元の構造体にも影響が出るので、注意する必要があります。
　念のため、こちらもサンプルプログラムで実験しておきましょう。

● リスト8-5　struct_5.c

```c
#include <stdio.h>

// 構造体定義
struct tag_coord {
    double x;
    double y;
};

// プロトタイプ宣言
void print_coordinates(struct tag_coord [], int);

// 関数の実体
void
print_coordinates(struct tag_coord c[], int num)
{
    int i;
```

```c
    for (i = 0; i < num; i++) {
        printf("c[%d].x = %f¥n", i, c[i].x);
        printf("c[%d].y = %f¥n", i, c[i].y);

        //表示してから、中身を書き換えてみる！
        c[i].x = 12345.00;
        c[i].y = 54321.00;
    }
}

int
main(int argc, char *argv[])
{
    int i;
    struct tag_coord coord[4];

    coord[0].x = 1.00;
    coord[0].y = 2.00;
    coord[1].x = 3.00;
    coord[1].y = 4.00;
    coord[2].x = 5.00;
    coord[2].y = 6.00;
    coord[3].x = 7.00;
    coord[3].y = 8.00;

    print_coordinates(coord, 4);

    for (i = 0; i < 4; i++) {
        printf("coord[%d].x = %f¥n", i, coord[i].x);
        printf("coord[%d].y = %f¥n", i, coord[i].y);
    }

    return 0;
}
```

● **Makefile.struct_5**

```
PROGRAM =       struct_5
OBJS    =       struct_5.o
SRCS    =       $(OBJS:%.o=%.c)
CC      =       gcc
CFLAGS  =       -g -Wall
LDFLAGS =

$(PROGRAM):$(OBJS)
    $(CC) $(CFLAGS) $(LDFLAGS) -o $(PROGRAM) $(OBJS) $(LDLIBS)
```

● **ビルド**

```
$ make -f Makefile.struct_5
gcc -g -Wall    -c -o struct_5.o struct_5.c
```

```
gcc -g -Wall  -o struct_5 struct_5.o
$
```

●実行例

```
$ ./struct_5
c[0].x = 1.000000
c[0].y = 2.000000
c[1].x = 3.000000
c[1].y = 4.000000
c[2].x = 5.000000
c[2].y = 6.000000
c[3].x = 7.000000
c[3].y = 8.000000
coord[0].x = 12345.000000
coord[0].y = 54321.000000
coord[1].x = 12345.000000
coord[1].y = 54321.000000
coord[2].x = 12345.000000
coord[2].y = 54321.000000
coord[3].x = 12345.000000
coord[3].y = 54321.000000
$
```

ポインタ渡しなので、main()関数で値を表示するとしっかりデータが書き換わっています。呼び出し先関数では配列表記の[]を利用しているので、アロー演算子ではなく.演算子を利用していることに注意しましょう。

ポインタが絡むと少しややこしいのですが、決まりごとなので慣れて覚えるしかありません。たくさん実験をして、慣れてしまいましょう。

アライメント

構造体の利用方法について駆け足で説明してきましたが、イメージとしては単純に変数をひとまとまりにしただけなので難しくなかったと思います。メンバの参照方法がいろいろあるのは、慣れていただくとして、この項では、構造体を扱う上で注意しておきたいことを紹介します。

構造体は、1つないし複数の変数をまとめて扱うものなので、その構造体変数が占めるメモリの量は当然大きくなります。これまでのサンプルプログラムで使ったstruct tag_coord型の構造体は、double型のメンバ変数を2個持っているので当然double型変数2個分のサイズになるはずです。変数のサイズを得るためには、sizeof演算子を利用します。

まずはサンプルプログラムで実証してみましょう。

●リスト8-6　struct_6.c

```
#include <stdio.h>
```

```c
// 構造体定義
struct tag_coord {
    double x;
    double y;
};

int
main(int argc, char *argv[])
{
    double num;
    double num_array[4];
    struct tag_coord coord;
    struct tag_coord coord_array[4];

    printf("size of num is %zu¥n", sizeof num);
    printf("size of num_array is %zu¥n", sizeof num_array);
    printf("size of coord is %zu¥n", sizeof coord);
    printf("size of coord_array is %zu¥n", sizeof coord_array);

    return 0;
}
```

● Makefile.struct_6

```
PROGRAM =       struct_6
OBJS    =       struct_6.o
SRCS    =       $(OBJS:%.o=%.c)
CC      =       gcc
CFLAGS  =       -g -Wall
LDFLAGS =

$(PROGRAM):$(OBJS)
    $(CC) $(CFLAGS) $(LDFLAGS) -o $(PROGRAM) $(OBJS) $(LDLIBS)
```

● ビルド

```
$ make -f Makefile.struct_6
gcc -g -Wall    -c -o struct_6.o struct_6.c
gcc -g -Wall    -o struct_6 struct_6.o
$
```

● 実行例

```
$ ./struct_6
size of num is 8
size of num_array is 32
size of coord is 16
size of coord_array is 64
$
```

32ビットシステムや64ビットシステムでは、多くの場合double型は64ビット（8バイト）です。そのため、numは8バイト、num_array[]はdouble型4要素の配列なので32バイトとなりました。
　struct tag_coord型の構造体は、double型のメンバ変数を2個持っていますので8×2で16バイト、coord_array[]はstruct tag_coord型4要素の配列なので16×4で64バイトとなりました。ここまでは予想どおりだったと思います。では、次のような構造体のサイズはいくつになるでしょうか。

```
struct tag_question {
    char character;
    double number;
};
```

　実際にサンプルプログラムを動かしてみましょう。

● struct_7.c

```
#include <stdio.h>

int
main(int argc, char *argv[])
{
    // main()関数でしか使わない場合は、ここでも定義を書ける
    struct tag_question {
        char character;
        double number;
    };

    printf("size of question is %zu\n", sizeof(struct tag_question));

    return 0;
}
```

● リスト8-7　Makefile.struct_7

```
PROGRAM     =   struct_7
OBJS        =   struct_7.o
SRCS        =   $(OBJS:%.o=%.c)
CC          =   gcc
CFLAGS      =   -g -Wall
LDFLAGS     =

$(PROGRAM):$(OBJS)
    $(CC) $(CFLAGS) $(LDFLAGS) -o $(PROGRAM) $(OBJS) $(LDLIBS)
```

● ビルド

```
$ make -f Makefile.struct_7
gcc -g -Wall    -c -o struct_7.o struct_7.c
gcc -g -Wall    -o struct_7 struct_7.o
$
```

●実行例

```
$ ./struct_7
size of question is 16    （結果が12になるシステムも多いです）
$
```

なんと、サイズが16バイトと表示されてしまいました。char型が1つとdouble型が1つなので、多くの人が9となると予測したはずですが、なぜ16になるのでしょうか。

通常CPUがメモリからデータを読み出すときは、1バイト単位ではなく32ビットCPUであれば4バイト、64ビットCPUであれば8バイトを一気に読み込みます[※1]。

※1　バイトマシンという、最小の単位が1バイトのシステムに限ります。普通のパソコンやワークステーションはほぼバイトマシンですが、そうではないシステムが世の中には存在します。また、本書では32ビットCPUや64ビットCPUと総括して記述していますが、メーカによって扱う単位などはさまざまなので、あらかじめこれらの言葉はわかりやすく説明した場合と認識して読み進めてください。

今までのサンプルプログラムに登場したstruct tag_coord型の変数は、メモリ上では次のような図で表せます。

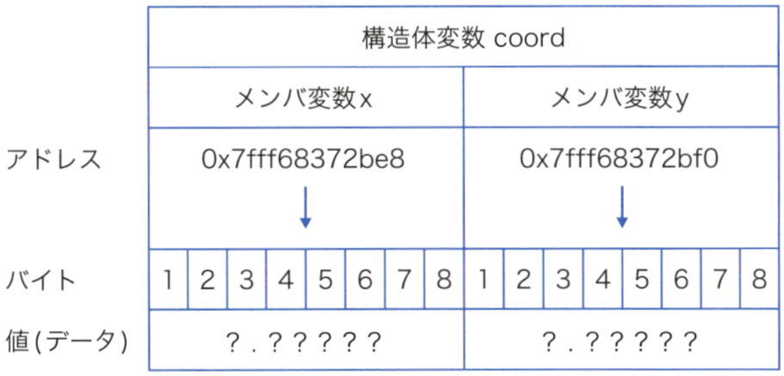

●図8-1　struct tag_coord型

8バイト単位でメモリアクセスを行うCPUで、メンバ変数yにアクセスする場合を考えると、単純に0x7fff68372bf0から8バイト単位のアクセスを1回行えばよいことがわかります。

次に、リスト8-7のstruct tag_question型の変数を図式化してみましょう。単純に考えると次のようになるはずです。

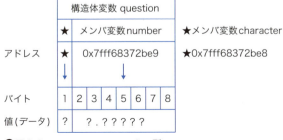

●図8-2　struct tag_question型

図8-2のとおりにメモリにデータが配置されていると、8バイト単位のアクセスを行うCPUがメンバ変数numberにアクセスするときに困ってしまいます。というのは、0x7fff68372be9というアドレスは8バイト単位には存在していないからです（8で割ると余りが出てしまいます）。そのため、どうしてもアクセスしたいなら、0x7fff68372be8から8バイトアクセスして、もう一度0x7fff68372bf0から8バイトアクセスして、最後の1バイトだけを利用するという流れになります。そうすると、本来アクセスしたいデータは8バイトなので1回のメモリアクセスで済むのに、2回アクセスする必要が出てしまい、効率が悪くなってしまいます。CPUの作りによっては、そもそもこのような非効率なアクセスはできないものもあります。そのようなCPUでは、このアクセスはエラーとして扱われ、プログラムが異常終了させられてしまいます。

　このようなことを避けるために、コンパイラでは「アライメント合わせ」を行って、不効率なメモリアクセスにならないように構造体のメンバ変数の間にパディング（詰め物）を入れます。今回の構造体変数questionは、実際には次のように配置されなければなりません。

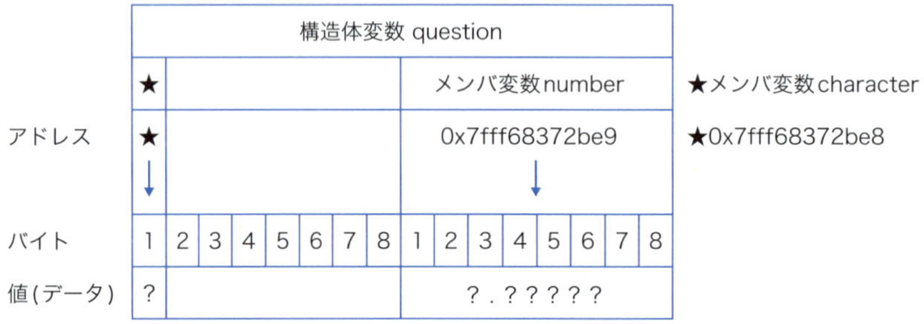

●図8-3　実際のstruct tag_question型

　このような配置であれば、効率よくアクセスできます。配列であれば、そもそも先頭アドレスは必ずアライメントされ、そこから連続したメモリ上に配置されるので問題ないのですが、構造体はさまざまなサイズのメンバ変数を含むため、このような配慮が必要になるのです。

　ちなみに、何バイト単位でアライメントする必要があるかは、CPUごとに異なるので、今回の8バイト単位でのアライメントはあくまで一例に過ぎないことを覚えておいてください（CPUごとに決め打ちではなく、CPUがどのようなサイズのデータ型を読むかによっても変わってきます）。

　今回は、char型とdouble型なのでどうしても16バイト必要になってしまいますが、このアライメントに関する知識があると、メンバ変数の並びを工夫することでメモリを大幅に節約できる場合があります。まずは、リスト8-7を次のように書き換えて動かしてみましょう。

```
struct tag_question {
    char character;
    double number;
};
```

```
struct tag_question {
    char c1;
```

```
        double d1;
        char c2;
        double d2;
        char c3;
        double d3;
        char c4;
        double d4;
        char c5;
        double d5;
        char c6;
        double d6;
        char c7;
        double d7;
        char c8;
        double d8;
    };
```

●実行例

```
$ ./struct_7
size of question is 128 （結果が96になるシステムも多いです）
$
```

　本来であればchar型が8個、double型（8バイトとする）が8個なので、1×8＋8×8＝72になってほしいところですが、大幅に増えてしまっています。この構造体が1つだけしか利用されないのであればあまり気になりませんが、100,000個くらい配列として使う場合を考えると、5MBくらいメモリを無駄にしていることになってしまいます。しかし、宣言の並び方を変えるだけで、かなり改善することができます。

　今度は次のようにリスト8-7を変えて実行してみましょう。

```
    struct tag_question {
        char character;
        double number;
    };
```

▼

```
    struct tag_question {
        double d1;
        double d2;
        double d3;
        double d4;
        double d5;
        double d6;
        double d7;
        double d8;
        char c1;
        char c2;
```

```
        char c3;
        char c4;
        char c5;
        char c6;
        char c7;
        char c8;
    };
```

◉ 実行例

```
$ ./struct_7
size of question is 72
$
```

　計算どおりの値になりました！　このように宣言すると、毎回アライメント調整のためにパディングを入れる必要がなくなるので、効率的にメモリが利用できるようになります。

　C言語では、ハードウェアやOSに密接に絡んだ部分も触れるように、このようなCPUの都合などを一切隠蔽していません。そのため、気難しい印象を持ちますが、決してC言語の仕様ではなく、CPUなどのハードウェアの都合なのです。むしろC言語はそれらに素直に向き合っている言語と言えるでしょう。

8-2 同じメモリ領域を共用する共用体

共用体とは

構造体に似たものに、「共用体」というものがあります。宣言時のキーワードである「struct」が共用体を示す「union」に変わります。これはいったい、どのようなものなのでしょうか。

まずは、次のサンプルプログラムを動かしてみましょう。

● リスト8-8　unionworld.c

```c
#include <stdio.h>

// 共用体定義
union tag_world {
    int num[4];
    char one_string[16];
};

int
main(int argc, char *argv[])
{
    union tag_world world;

    char one_string[] = "hello, world\n";
    int i;

    //文字列のコピー (world.one_string[] ← one_string[])
    for (i = 0; one_string[i] != '\0'; i++) {
        world.one_string[i] = one_string[i];
    }
    world.one_string[i] = one_string[i];

    printf("world.one_string is = %s", world.one_string);
    printf("world.num[] is = 0x%08x, 0x%08x, 0x%08x, 0x%08x\n",
        world.num[0], world.num[1], world.num[2], world.num[3]);

    return 0;
}
```

● Makefile.unionworld

```
PROGRAM =       unionworld
```

```
OBJS     =     unionworld.o
SRCS     =     $(OBJS:%.o=%.c)
CC       =     gcc
CFLAGS   =     -g -Wall
LDFLAGS =

$(PROGRAM):$(OBJS)
    $(CC) $(CFLAGS) $(LDFLAGS) -o $(PROGRAM) $(OBJS) $(LDLIBS)
```

● ビルド

```
$ make -f Makefile.unionworld
gcc -g -Wall   -c -o unionworld.o unionworld.c
gcc -g -Wall   -o unionworld unionworld.o
$
```

● 実行例

```
$ ./unionworld
world.one_string is = hello, world
world.num[] is = 0x6c6c6568, 0x77202c6f, 0x646c726f, 0x0000000a
$
```

配列world.num[]には何も入れた覚えはありませんが、何だか数値が表示されています。この数値に見覚えはありませんでしょうか。そうです、7-1節のリスト7-2で指定した数値です。

```
int number_array[] = {0x6c6c6568, 0x77202c6f, 0x646c726f, 0x0000000a};
```

ここまで来るともうおわかりだと思いますが、共用体はその名のとおり「メンバ変数間でメモリ領域を共用している構造体」なのです。

リスト8-8では、char one_string[] = "hello, world¥n"からworld.one_string[]に文字列をコピーしました。その結果、配列world.one_string[]とメモリ領域を共用している配列world.num[]では、int型として同じ値が利用できるようになったのです。

試しに、リスト8-8のどこかに、次のようにアドレスを表示するprintf()関数を挿入してみましょう。

```
printf("%p, %p¥n", world.num, world.one_string);
```

● 実行例

```
$ ./unionworld
world.one_string is = hello, world
world.num[] is = 0x6c6c6568, 0x77202c6f, 0x646c726f, 0x0000000a
0x7fff686f5bd0, 0x7fff686f5bd0
$
```

まったく同じアドレスだということがわかると思います。では、このままキーワード「union」を

「struct」に変更してみましょう。

●実行例

```
$ ./unionworld
world.one_string is = hello, world
world.num[] is = 0x00000000, 0x00000001, 0x65d0cc30, 0x00007fff
0x7fff65d0cbc0, 0x7fff65d0cbd0
$
```

当然別のアドレスになっているので、world.num[]もでたらめな値になっています。

共用体のサイズ

ちなみに、共用体のサイズは一番大きなメンバ変数のサイズとなります。sizeof演算子で確認してみるとよいでしょう。

共用体の使い方、および、どのようなものかは理解できたと思います。しかし、これの利用場面はなかなか思い浮かばないのではないでしょうか。

たとえば、ある通信プロトコルで、パケットの先頭にタイプがあって、タイプによって後に続くデータ型が変わるというものがあったとします。

- タイプ1はint型
- タイプ2はdouble型
- タイプ3は7文字までの文字列

このようなパケットから、かんたんにデータを取り出すときなどに使えます。

```
union tag_payload {
    int int_data;
    double double_data;
    char string_data[8];
};

struct tag_packet {
    int type;
    union tag_payload payload;
};
```

このように宣言して、受信したデータを格納しておけば、次のような条件分岐を書くことができます。

```
    struct tag_packet packet;

    構造体変数packetへの受信処理(&packet);
```

```c
        switch (packet.type) {
        case 1:
            printf("data is %d\n", packet.payload.int_data);
            break;
        case 2:
            printf("data is %f\n", packet.payload.double_data);
            break;
        case 3:
            printf("data is %s\n", packet.payload.string_data);
            break;
        default:
            printf("error\n");
        }
```

　普通のプログラムで使う場面は少ないかもしれませんが、覚えておいて損はありません。このサンプルプログラム以外にも実験プログラムを書いて、慣れておきましょう。

8-3 ビット長を指定したフィールドに分けるビットフィールド

ビットフィールドは構造体の中で使う

　構造体には、特殊な「ビットフィールド」というメンバ変数を定義することができます。通常の変数は、バイト単位の大きさでしか宣言できません。たとえば、1ビットの変数（1バイトは8ビットなので1／8バイト）を宣言することはできませんし、4ビットの変数を宣言したくてshort charなどとすることもできません。しかし、構造体の中のメンバ変数では、このようなビット単位の変数が宣言できるのです。

```
// 定義
    struct 構造体タグ名 {データ型 メンバ変数名: ビット数;...};

// 宣言
    struct 構造体タグ名 変数名;
```

　データ型には正負を扱えるsignedか、正の数だけのunsignedしか指定できない点に注意しましょう。1ビットの変数を定義して利用するためには、次のように記述します。

```
    struct tag_bit_field {
        unsigned on_off: 1;
    }

    struct tag_bit_field bit_field;

    bit_field.on_off = 1;
```

　では、さっそく実験してみましょう。

● リスト 8-9　bit_field.c

```c
#include <stdio.h>

struct tag_bit_field {
    unsigned on_off: 1;
    unsigned half_byte: 4;
};

int
main(int argc, char *argv[])
{
```

325

```c
        struct tag_bit_field bit_field;

        bit_field.on_off = 1;
        bit_field.half_byte = 15;

        printf("bit_field.on_off = %u\n", bit_field.on_off);
        printf("bit_field.half_byte = %u\n", bit_field.half_byte);

        bit_field.on_off = 2;
        bit_field.half_byte = 16;

        printf("bit_field.on_off = %u\n", bit_field.on_off);
        printf("bit_field.half_byte = %u\n", bit_field.half_byte);

        return 0;
}
```

● Makefile.bit_field

```
PROGRAM =       bit_field
OBJS    =       bit_field.o
SRCS    =       $(OBJS:%.o=%.c)
CC      =       gcc
CFLAGS  =       -g -Wall
LDFLAGS =

$(PROGRAM):$(OBJS)
    $(CC) $(CFLAGS) $(LDFLAGS) -o $(PROGRAM) $(OBJS) $(LDLIBS)
```

● ビルド

```
$ make -f Makefile.bit_field
gcc -g -Wall   -c -o bit_field.o bit_field.c
bit_field.c: In function 'main':
bit_field.c:19: warning: large integer implicitly truncated to unsigned type
bit_field.c:20: warning: large integer implicitly truncated to unsigned type
gcc -g -Wall   -o bit_field bit_field.o
$
```

● 実行例

```
$ ./bit_field
bit_field.on_off = 1
bit_field.half_byte = 15
bit_field.on_off = 0
bit_field.half_byte = 0
$
```

　1ビットで表現できる数値は0〜1、4ビットで表現できる数値は0〜15です。したがって、1回目の代入では範囲内の数値なので、きちんと1と15と表示されています。2回目の代入では、範囲外の数

値を代入しているのでコンパイル時に警告が出て、実行時も0と、代入した数値とは違う値が表示されています。

　0か1か、すなわち、偽か真かだけを代入したい変数がたくさんあったとき、それをchar型で表現すると必ず1バイト（8ビット）メモリを使ってしまいます。8個そのような変数があれば、64ビットも使ってしまいます。ビットフィールドを使えば、たったの8ビットで済みます（アライメントがあるので厳密には大きくなる可能性もあります）。しかし、今どきのパソコンやサーバはメモリが潤沢に搭載されていますし、ビットフィールドは処理系依存の部分もある（たとえば負数の扱い）ので、組み込みシステムなどのメモリが限られた環境にとどめておいたほうがよいでしょう。

ビットフィールドを共用体のメンバにする

　もう1つ、ビットフィールドの使い方を紹介しましょう。ビットフィールドは単純に構造体の中のメンバ変数なので、共用体と組み合わせて使ったりすることも可能です。普通の変数とビットフィールドを持つ構造体を組み合わせると、変数に格納されている数値が、どのようなビット列なのかかんたんに調べることができます。

● リスト8-10　bit_field_2.c

```c
#include <stdio.h>

union tag_byte_union {
    unsigned char one_byte;
    struct tag_bit_field {
        unsigned b1: 1;
        unsigned b2: 1;
        unsigned b3: 1;
        unsigned b4: 1;
        unsigned b5: 1;
        unsigned b6: 1;
        unsigned b7: 1;
        unsigned b8: 1;
    } bit_field;
};

int
main(int argc, char *argv[])
{
        union tag_byte_union byte_union;

        byte_union.one_byte = 7;

        printf("%u%u%u%u%u%u%u%u\n",
                byte_union.bit_field.b8,
                byte_union.bit_field.b7,
                byte_union.bit_field.b6,
                byte_union.bit_field.b5,
```

```
                    byte_union.bit_field.b4,
                    byte_union.bit_field.b3,
                    byte_union.bit_field.b2,
                    byte_union.bit_field.b1);

        return 0;
}
```

● Makefile.bit_field_2

```
PROGRAM =       bit_field_2
OBJS    =       bit_field_2.o
SRCS    =       $(OBJS:%.o=%.c)
CC      =       gcc
CFLAGS  =       -g -Wall
LDFLAGS =

$(PROGRAM):$(OBJS)
    $(CC) $(CFLAGS) $(LDFLAGS) -o $(PROGRAM) $(OBJS) $(LDLIBS)
```

● ビルド

```
$ make -f Makefile.bit_field_2
gcc -g -Wall   -c -o bit_field_2.o bit_field_2.c
gcc -g -Wall   -o bit_field_2 bit_field_2.o
$
```

● 実行例

```
$ ./bit_field_2
00000111
$
```

リスト8-10では、7という数値を代入してみました。結果は00000111となりました。

8-4 値やデータ型に名前を付ける

列挙型

　実用的なプログラムを書いてくると、値に名前を付けたくなってきます。3-1節のリスト3-2では、ツェラーの公式を利用して曜日を求めましたが、結果として得られる曜日は日曜日が0、月曜日が1……と非常にわかりにくいものでした。もし、カレンダーのプログラムを作っていて、日曜日と土曜日だけ表示する色を変えようとすると、きっと次のようなぱっと見ただけではわからないプログラムになるはずです。

```
if (week == 0) {
    color = 1;
} else if (week == 6) {
    color = 2;
} else {
    color = 0;
}
```

　もし「曜日が0ならば、色は1」などと言われてもピンときません。そのため、きちんとしたプログラムでは値に名前を付けて、プログラムをわかりやすくします。
　たとえば、6-2節のリスト6-10では、次のようにプリプロセッサを利用して値に名前を付けてあげました。

```
#define INTEGER_NUM_1  100
#define FLOAT_NUM_1    3.14
```

　これにより、int a = 100とするところを、int a = INTEGER_NUM_1と書けるようになりました。リスト6-10は単純なサンプルなので、特にINTEGER_NUM_1やFLOAT_NUM_1という名前に意味はありませんが、これを応用すると先ほどの例もわかりやすく書くことができます。

```
#define SUN 0
#define MON 1
#define TUE 2
#define WED 3
#define THR 4
#define FRI 5
#define SAT 6

#define BLACK   0
```

```
#define RED    1
#define BLUE   2

    if (week == SUN) {
        color = RED;
    } else if (week == SAT) {
        color = BLUE;
    } else {
        color = BLACK;
    }
```

わかりやすくなりましたね。しかし、このdefineを使った方法には弱点があります。プリプロセッサの命令なので、単純なテキストの置換によって実現しており、デバッガでバグの原因を追及しようとしても、デバッガはこれらの名前を理解することはできません。コンパイル前にすべて置換されてしまって、実行ファイルの中にはSUNなどという名前が残らないからです。

● 実行例

```
$ cat calendar.c
～中略～

    if (week == SUN) {
        color = RED;
    } else if (week == SAT) {
        color = BLUE;
    } else {
        color = BLACK;
    }

～中略～
$ gdb calendar    ←デバッガ起動
GNU gdb 6.3.50-20050815 (Apple version gdb-1705) (Fri Jul  1 10:50:06 UTC 2011)
Copyright 2004 Free Software Foundation, Inc.
GDB is free software, covered by the GNU General Public License, and you are
welcome to change it and/or distribute copies of it under certain conditions.
Type "show copying" to see the conditions.
There is absolutely no warranty for GDB.  Type "show warranty" for details.
This GDB was configured as "x86_64-apple-darwin"...Reading symbols for shared libraries .. done

(gdb) break func
Breakpoint 1 at 0x100000efb: file calendar.c, line 1334.
(gdb) run
Starting program: calendar
Reading symbols for shared libraries +........................ done

Breakpoint 1, func () at calendar.c:1334
1334        if (week == SUN) {
(gdb) print SUN
No symbol "SUN" in current context.    ← SUNがどのような値か表示するコマンドを入力しても、
```

```
「そのような名前はありません」とデバッガが認識してくれません。
(gdb) quit
The program is running.  Exit anyway? (y or n) y
$
```

さらに、#define SUN 0 を間違って#define SUN "0"と書いてしまうと、if (week == SUN)は、if (week == "0")と置換されてしまい、おかしな動作の原因となってしまうかもしれません。

そこで、C言語には「列挙型」という、列挙した数値に名前を付ける専用のデータ型があります。

```
// 定義
    enum タグ名 {名前,...};
    または
    enum タグ名 {名前=値,...};

// 宣言
    enum タグ名 変数名;

// 例
enum tag_week {
    SUN,
    MON,
    TUE,
    WED,
    THR,
    FRI,
    SAT,
};

    enum tag_week week;
```

このように定義をして、変数を宣言すると、自動的に0から番号が割り振られます。また、次のように自分で番号を割り振ることもできます。

```
enum tag_week {
    SUN = 0,
    MON = 1,
    TUE = 2,
    WED = 3,
    THR = 4,
    FRI = 5,
    SAT = 6,
};
```

途中だけ自分で番号を割り振ると、その次からは自動的に連番となります。

```
enum tag_color {
```

```
    BLACK,
    RED,
    BLUE,
    YELLOW = 30,
    GREEN,      ←ここは自動的に31になる
};
```

せっかくなので、列挙型を利用してカレンダーを作ってみましょう。

● リスト8-11　calendar.c

```
#include <stdio.h>

enum tag_month {
    JAN = 1, FEB, MAR, APR,
    MAY,     JUN, JUL, AUG,
    SEP,     OCT, NOV, DEC,
};

enum tag_week_of_day {
    SUN,
    MON,
    TUE,
    WED,
    THR,
    FRI,
    SAT,
};

enum tag_week_of_day get_week_of_day(int, enum tag_month, int);

int
main(int argc, char *argv[])
{
    enum tag_week_of_day week_of_day;
    enum tag_month month;
    int monthlength[] = {-1, 31, 28, 31, 30, 31, 30, 31, 31, 30, 31,
                         30, 31};
    int year;
    int day;

    year = 2018;

    // 閏年判定
    if (((year % 4 == 0) && (year % 100 != 0)) || (year % 400 == 0)) {
        monthlength[FEB] = 29;
    }

    for (month = JAN; month <= DEC; month++) {
        day = 1;
```

```
            week_of_day = get_week_of_day(year, month, day);
            day -= week_of_day;

            printf(" Sun Mon Tue Wed Thr Fri Sat¥n");
            for (;day <= monthlength[month]; day++) {
                if (day <= 0 ) {
                    printf("    ");
                    continue;
                }
                printf("% 3d ", day);
                week_of_day = get_week_of_day(year, month, day);
                if (week_of_day == SAT) {
                    printf("¥n");
                }
            }
            printf("¥n¥n");
    }

    return 0;
}

enum tag_week_of_day
get_week_of_day(int year, enum tag_month month, int day)
{
    if (month == JAN ||
        month == FEB) {
        year--;
        month += 12;
    }

    return ((year + year / 4 - year / 100 +
            year / 400 + (13 * month + 8) / 5 + day) % 7);
}
```

```
Makefile.calendar
PROGRAM   =       calendar
OBJS      =       calendar.o
SRCS      =       $(OBJS:%.o=%.c)
CC        =       gcc
CFLAGS    =       -g -Wall
LDFLAGS   =

$(PROGRAM):$(OBJS)
    $(CC) $(CFLAGS) $(LDFLAGS) -o $(PROGRAM) $(OBJS) $(LDLIBS)
```

●ビルド

```
$ make -f Makefile.calendar
gcc -g -Wall   -c -o calendar.o calendar.c
```

```
gcc -g -Wall -o calendar calendar.o
$
```

●実行例

```
$ ./calendar
 Sun Mon Tue Wed Thr Fri Sat
           1   2   3   4   5   6
   7   8   9  10  11  12  13
  14  15  16  17  18  19  20
  21  22  23  24  25  26  27
  28  29  30  31

 Sun Mon Tue Wed Thr Fri Sat
                   1   2   3
   4   5   6   7   8   9  10
  11  12  13  14  15  16  17
  18  19  20  21  22  23  24
  25  26  27  28

 Sun Mon Tue Wed Thr Fri Sat
                   1   2   3
   4   5   6   7   8   9  10
  11  12  13  14  15  16  17
  18  19  20  21  22  23  24
  25  26  27  28  29  30  31

 Sun Mon Tue Wed Thr Fri Sat
   1   2   3   4   5   6   7
   8   9  10  11  12  13  14
  15  16  17  18  19  20  21
  22  23  24  25  26  27  28
  29  30

 Sun Mon Tue Wed Thr Fri Sat
           1   2   3   4   5
   6   7   8   9  10  11  12
  13  14  15  16  17  18  19
  20  21  22  23  24  25  26
  27  28  29  30  31

 Sun Mon Tue Wed Thr Fri Sat
                           1   2
   3   4   5   6   7   8   9
  10  11  12  13  14  15  16
  17  18  19  20  21  22  23
  24  25  26  27  28  29  30
```

```
Sun Mon Tue Wed Thr Fri Sat
 1   2   3   4   5   6   7
 8   9  10  11  12  13  14
15  16  17  18  19  20  21
22  23  24  25  26  27  28
29  30  31

Sun Mon Tue Wed Thr Fri Sat
             1   2   3   4
 5   6   7   8   9  10  11
12  13  14  15  16  17  18
19  20  21  22  23  24  25
26  27  28  29  30  31

Sun Mon Tue Wed Thr Fri Sat
                         1
 2   3   4   5   6   7   8
 9  10  11  12  13  14  15
16  17  18  19  20  21  22
23  24  25  26  27  28  29
30

Sun Mon Tue Wed Thr Fri Sat
     1   2   3   4   5   6
 7   8   9  10  11  12  13
14  15  16  17  18  19  20
21  22  23  24  25  26  27
28  29  30  31

Sun Mon Tue Wed Thr Fri Sat
                 1   2   3
 4   5   6   7   8   9  10
11  12  13  14  15  16  17
18  19  20  21  22  23  24
25  26  27  28  29  30

Sun Mon Tue Wed Thr Fri Sat
                         1
 2   3   4   5   6   7   8
 9  10  11  12  13  14  15
16  17  18  19  20  21  22
23  24  25  26  27  28  29
30  31
$
```

　なかなかキレイなカレンダーが表示されました。列挙型はint型と互換性がありますので、曜日を求める関数enum tag_week_of_day get_week_of_day(int year, enum tag_month month, int day)は、int get_week_of_day(int year, int month, int day)でもまったく問題ありません。今回は列挙

型を使っていることを強調するために、enumで宣言しています。

　次の、表示を整形するための部分が少しわかりにくいですが、それ以外は意外とかんたんだったのではないでしょうか。

```
day -= week_of_day;

printf(" Sun Mon Tue Wed Thr Fri Sat¥n");
for (;day <= monthlength[month]; day++) {
    if (day <= 0 ) {
        printf("     ");
        continue;
    }
```

列挙型は、if (week_of_day == SAT)として、土曜日で改行するために利用しています。

typedef

　構造体、共用体、列挙型を使うようになって、わかりやすい名前を意識して付けると意外と宣言が長くなることがあります。リスト8-11のenum tag_week_of_day get_week_of_day(int year, enum tag_month month, int day)関数がよい例でしょう。tag_week_of_dayという列挙型の戻り値なので、このように書くしかないのですが、長いのでわかりにくいですね。

　C言語には、データ型に新しく名前をつける「typedef」という機能があります。これを利用すると、とてもすっきりとプログラムを書くことができるようになります。

　利用例を見てみましょう。

```
enum tag_month {
    JAN = 1, FEB, MAR, APR,
    MAY,     JUN, JUL, AUG,
    SEP,     OCT, NOV, DEC,
};

enum tag_week_of_day {
    SUN,
    MON,
    TUE,
    WED,
    THR,
    FRI,
    SAT,
};

typedef enum tag_month month_t;
typedef enum tag_week_of_day wod_t;
```

このように typedef を行っておくと、宣言が次のようにかんたんになります。

```
enum tag_week_of_day week_of_day;
enum tag_month month;
```

▼

```
wod_t week_of_day;
month_t month;
```

```
enum tag_week_of_day
get_week_of_day(int year, enum tag_month month, int day)
{
}
```

▼

```
wod_t
get_week_of_day(int year, month_t month, int day)
{
}
```

毎回 enum を書かなくてよくなったので、かなりすっきりしましたね。

typedef は、構造体、共用体、列挙型以外でも使えます。実は、標準関数でよくみかける size_t 型は、typedef された型です。

また、ポインタの宣言を隠蔽することもできます。たとえば、int 型のポインタを多用するプログラムがあったとします。

```
int *a, *b, *c, *d, *e...;
```

間違えて*を付け忘れても、文法的には間違いではないのでコンパイルエラーになりません。

```
int *a, *b, *c, d, *e...;    ←本当は *d と書きたかったが、うっかりしてしまった
```

こんなときは、typedef int * ptrint_t などとしておくと、次のように書けて、*の書き忘れのようなうっかりを減らすことができます。

```
ptrint_t  a, b, c, d, e...;
```

あまり乱用しすぎると逆にわかりづらくなりますが、適切に使えばわかりやすいプログラムを書くことができるので、自分なりの使い方を見つけてみてください。

ちなみに、define を使っても同じようなことは実現できます。たとえば、

```
#define ptrint_t int *
```

とすれば、同じように、

    ptrint_t a;

などとできて、一見するとtypedef相当のことを行っているように見えます。しかし、

    ptrint_t a, b, c, d, e...;

とすると、最初のa以外は、ポインタ型ではなくなってしまいます。defineは単なる文字列の置換なので、intptr_tがint *という文字列に置き換わっただけだからです。バグの温床になってしまうため、このような用途では必ずtypedefを使いましょう。

Chapter 9

文字列を操作し使いこなす

9-1	文字列を操作する関数	340
9-2	文字列をコピーする	342
9-3	文字列の長さを求める	346
9-4	文字列を連結する	348
9-5	文字列を比較する	352
9-6	文字列を検索する	357
9-7	文字列を切り出す	363
9-8	文字関数	368
9-9	複雑な文字列操作をかんたんにする	373

9-1　文字列を操作する関数

　C言語には文字列というクラスがないので、文字型（char型）の配列を利用しなければなりません。たとえば、"hello, world[改行]"という文字列はC言語では14要素の文字型の配列となります。7-2節のリスト7-11で文字列のコピーを行ったように、C言語で文字列操作を行う多くの場合、あまり親切ではない標準ライブラリとポインタを駆使して目的の操作を行う必要があります。そのため、JavaやLLと比べて文字列操作が難しいと言われています。

　しかし、実は標準ライブラリで文字列に関連する関数がたくさん用意されています。標準ライブラリは、NULLポインタ参照に対するチェックなども甘く使いにくいこともありますが、ほとんどのCコンパイラで利用できるので、使ってみましょう。

memchr	文字を探すためにメモリをスキャンする
memcmp	メモリ領域を比較する
memcpy	メモリ領域をコピーする（コピー元とコピー先の領域が重なっていてはだめ）
memmove	メモリ領域をコピーする（コピー元とコピー先の領域が重なっていてもよい）
memset	ある一定のバイトでメモリ領域を埋める
strchr	文字列中の文字の位置を特定する（最初から）
strcat	2つの文字列を連結する
strcmp	2つの文字列を比べる
strcpy	文字列をコピーする
strcspn	文字列から文字のセットを探す
strerror	エラー番号を説明する文字列を返す
strcoll	現在のロケールを使用して2つの文字列を比較する
strlen	文字列の長さを計算する
strncat	2つの文字列を連結する（字数制限付き）
strncmp	2つの文字列を比べる（字数制限付き）
strncpy	文字列をコピーする（字数制限付き）
strpbrk	文字セット中の文字を文字列から検出する
strrchr	文字列中の文字の位置を特定する（最後から）
strspn	文字列から文字のセットを探す
strstr	部分文字列の位置を示す
strtok	文字列からトークンを取り出す
strxfrm	文字列の変換

●表9-1　文字列関数

本書では、これらの一部を紹介します。紹介できなかったものも、コンパイラのマニュアルに説明がありますので、慣れてきたら使ってみましょう。また、コンパイラ独自拡張バージョン[※1]などもありますので、調べてみると便利かもしれません。

※1　たとえば、LinuxなどのUnix系OSでは、大文字小文字を区別しないバージョンのstrcmp()関数で、strcasecmp()関数があります。Windows系では、同様の関数として_stricmp()関数があります。

　これらはすべてstring.hにプロトタイプ宣言がありますので、サンプルプログラムを入力するときには忘れないようにしてください。

9-2 文字列をコピーする

文字列のコピー（strcpy）

STRingCoPYの略で、strcpy()という関数です。宣言は、次のようになっています。

```
char *strcpy(char *コピー先, const char *コピー元);
```

戻り値は、コピー先のポインタになります。さっそくサンプルプログラムを動かしてみましょう。

● リスト9-1　strcpy_test.c

```c
#include <stdio.h>
#include <string.h>

int
main(int argc, char *argv[])
{
    char string_1[16] = "hello, world";
    char string_2[16] = "";

    printf("string_2 is = %s¥n", string_2);

    strcpy(string_2, string_1);

    printf("string_2 is = %s¥n", string_2);

    return 0;
}
```

● Makefile.strcpy_test

```
PROGRAM    =    strcpy_test
OBJS       =    strcpy_test.o
SRCS       =    $(OBJS:%.o=%.c)
CC         =    gcc
CFLAGS     =    -g -Wall
LDFLAGS    =

$(PROGRAM):$(OBJS)
    $(CC) $(CFLAGS) $(LDFLAGS) -o $(PROGRAM) $(OBJS) $(LDLIBS)
```

●ビルド

```
$ make -f Makefile.strcpy_test
gcc -g -Wall   -c -o strcpy_test.o strcpy_test.c
gcc -g -Wall   -o strcpy_test strcpy_test.o
$
```

●実行例

```
$ ./strcpy_test
string_2 is =
string_2 is = hello, world
$
```

文字列のコピーを行うためにわざわざ繰り返し処理を行わなくてもよいので、かんたんで便利ですね。

> **Note　strcpy()関数の注意点**
>
> strcpy()関数は、結構使う場面が多いのですが、かなり危険な関数です。
>
> - NULLポインタかどうかのチェックを内部で行っていないので、NULLポインタを渡すとプログラムが異常終了する
> - 渡したポインタのサイズチェックを行えないので、配列を超えてコピーを行うことがある
>
> strcpy()への引数のどちらか一方でもNULLにすると、プログラムが異常終了するはずです。実験してみましょう。
>
> ●実行例
>
> ```
> $ ./strcpy_test
> string_2 is =
> Segmentation fault (core dumped)
> $
> ```
>
> また、char string_2[16] = "";をchar string_2[2] = "";として実験してみましょう。
>
> ●実行例
>
> ```
> $ ./strcpy_test
> string_2 is =
> Abort trap: 6
> $
> ```
>
> やはりエラーになりますね。渡したポインタのサイズチェックを行わないということは、コピー元が実は文字列ではなく単なるchar型の配列、つまり、最後尾に'¥0'がない場合も異常終了の恐れがあります。必ず、NULLではない文字列で、コピー先が十分にあるときにだけ使いましょう。
>
> コピー先に十分なサイズがない場合、次に紹介するstrncpy()関数を使うとサイズ分だけコピーすることが可能です。

文字列を長さ制限付きでコピー（strncpy）

strcpy()関数は、コピー先のサイズを指定する引数がないので、コピー元と同等か、それ以上の場合以外は用いることができませんでした。しかし、それでは不便なこともあるので、コピー先のサイズを指定できるstrncpy()という関数もあります。

宣言は、次のようになっています。

```
char *strncpy(char *コピー先, const char *コピー元, コピー先のサイズ);
```

戻り値は、コピー先のポインタになります。
こちらも実験してみましょう。

●リスト9-2　strncpy_test.c

```c
#include <stdio.h>
#include <string.h>

int
main(int argc, char *argv[])
{
    char string_1[16] = "hello, world";
    char string_2[16] = "";

    printf("string_2 is = %s\n", string_2);

    strncpy(string_2, string_1, sizeof(string_2));

    printf("string_2 is = %s\n", string_2);

    return 0;
}
```

●Makefile.strncpy_test

```
PROGRAM     =   strncpy_test
OBJS        =   strncpy_test.o
SRCS        =   $(OBJS:%.o=%.c)
CC          =   gcc
CFLAGS      =   -g -Wall
LDFLAGS =

$(PROGRAM):$(OBJS)
    $(CC) $(CFLAGS) $(LDFLAGS) -o $(PROGRAM) $(OBJS) $(LDLIBS)
```

●ビルド

```
$ make -f Makefile.strncpy_test
gcc -g -Wall   -c -o strncpy_test.o strncpy_test.c
gcc -g -Wall   -o strncpy_test strncpy_test.o
```

```
$
```

●実行例

```
$ ./strncpy_test
string_2 is =
string_2 is = hello, world
$
```

今回はコピー先のサイズにsizeof(string_2)と指定しました。実際には16という数値になります。十分なサイズがあるため、リスト9-1と同様の結果となりました。

では、char string_2[16] = "";をchar string_2[2] = "";としてみましょう。

●実行例

```
$ ./strncpy_test
string_2 is =
string_2 is = hehello, world
$
```

なんだか様子がおかしいです。コピー先は2要素しかないため、「he」や「h」と出力されることを期待したと思います。

strncpy()は、指定された限界までコピーをするため、string_2に'¥0'を入れてくれません。そのため、このような結果になってしまいます。

正しくは、次のように利用する必要があります。

```
strncpy(string_2, string_1, sizeof(string_2) - 1);
string_2[sizeof(string_2) - 1] = '¥0';
```

●実行例

```
$ ./strncpy_test
string_2 is =
string_2 is = h
$
```

このようにすることで、無事期待どおりの動作をしてくれました。間違えやすいので注意しましょう。

BSD系のOSには、この使いにくさを改良したstrlcpy()関数もありますが、C言語の標準ではないので説明は割愛します。興味のある方は、コンパイラのマニュアルを調べてみましょう。man strlcpyとすれば、マニュアルが表示されるはずです。

9-3 文字列の長さを求める

strlen

　文字列のコピーを覚えたので、次に文字列の長さを調べる関数を紹介します。文字列の長さ（char配列上のサイズ）を調べるプログラムは、5-6節のNote「便利な機能を使うには」で紹介しました。実はこれは、標準ライブラリに実装されていて、ほとんどの環境で使うことができます。

　STRingLENgthの略で、strlen()という関数です。宣言は、次のようになっています。

```
size_t strlen(const char *対象の文字列);
```

　長さを調べたい文字列（char型の配列）へのポインタを指定すると、size_t型（printf()の%zuで表示するデータ型）でサイズを返してくれます。さっそくサンプルプログラムを実行してみましょう。といっても、5-6節で自作した機能なのでとてもかんたんだと思います。

● リスト9-3　strlen_test.c

```c
#include <stdio.h>
#include <string.h>

int
main(int argc, char *argv[])
{
    char one_string[16] = "hello, world\n";
    size_t length;

    length = strlen(one_string);

    printf("length is %zu\n", length);

    return 0;
}
```

● Makefile.strlen_test

```
PROGRAM  =      strlen_test
OBJS     =      strlen_test.o
SRCS     =      $(OBJS:%.o=%.c)
CC       =      gcc
CFLAGS   =      -g -Wall
```

```
LDFLAGS =

$(PROGRAM):$(OBJS)
    $(CC) $(CFLAGS) $(LDFLAGS) -o $(PROGRAM) $(OBJS) $(LDLIBS)
```

●ビルド

```
$ make -f Makefile.strlen_test
gcc -g -Wall    -c -o strlen_test.o strlen_test.c
gcc -g -Wall    -o strlen_test strlen_test.o
$
```

●実行例

```
$ ./strlen_test
length is 13
$
```

5-6節のリスト5-14と同じ結果になりましたね。

こちらもNULLポインタを渡したり、文字列ではない（'¥0'で終わらないchar型配列）ものを渡したりすると異常終了するので注意しましょう。

9-4 文字列を連結する

文字列の連結 (strcat)

文字列はコピー以外にも、連結をしたいことがよくあります。たとえば、ファイル名に拡張子を付けたいことがあるでしょう。

```
char filename[256] = "strcat_test";
char ext[] = ".c";

filename[]の後ろに、ext[]を連結したい！
```

この場合、今まで学習した方法の範囲内では、繰り返し処理で'¥0'が見つかるまで調べて、そこから配列ext[]の内容を上書きするしかありません。

```
char filename[256] = "strcat_test";
char ext[] = ".c";
char *ptr_1 = filename;
char *ptr_2 = ext;

while (*ptr_1 != '¥0') {
    ptr_1++;
}

while (*ptr_2 != '¥0') {
    *ptr_1 = *ptr_2;
    *ptr_1++;
    *ptr_2++;
}

*ptr_1='¥0';
```

しかし、毎回こんなソースコードを書くのは面倒です。このような処理も、標準関数として用意されています。

STRingconCATenateの略で、strcat()という関数です。宣言は、次のようになっています。

```
char *strcat(char *連結先, const char *連結対象);
```

戻り値は、コピー先のポインタになります。

連結先や連結対象の意味が少しわかりにくいので、サンプルプログラムで動きを確認してみましょう。

●リスト9-4　strcat_test.c

```c
#include <stdio.h>
#include <string.h>

int
main(int argc, char *argv[])
{
    char filename[256] = "strcat_test";
    char ext[] = ".c";

    printf("filename is = %s¥n", filename);

    strcat(filename, ext);

    printf("filename is = %s¥n", filename);

    return 0;
}
```

●Makefile.strcat_test

```
PROGRAM =       strcat_test
OBJS    =       strcat_test.o
SRCS    =       $(OBJS:%.o=%.c)
CC      =       gcc
CFLAGS  =       -g -Wall
LDFLAGS =

$(PROGRAM):$(OBJS)
    $(CC) $(CFLAGS) $(LDFLAGS) -o $(PROGRAM) $(OBJS) $(LDLIBS)
```

●ビルド

```
$ make -f Makefile.strcat_test
gcc -g -Wall   -c -o strcat_test.o strcat_test.c
gcc -g -Wall   -o strcat_test strcat_test.o
$
```

●実行例

```
$ ./strcat_test
filename is = strcat_test
filename is = strcat_test.c
$
```

strcat()関数の動作については理解できましたでしょうか。こちらもstrcpy()関数同様に、NULLポインタの問題や、非文字列を渡すことによる異常終了があります。また、元あった配列への追加になる

ので、サイズオーバーする可能性はstrcpy()関数より高いです。そのため、strcpy()関数同様にサイズ指定できるstrncat()関数が存在します。

文字列を長さ制限付きで連結（strncat）

連結先のサイズを指定できるstrncat()関数の宣言は、次のようになっています。

```
char *strncat(char *連結先, const char *連結対象, 連結先のサイズ);
```

戻り値は、連結先のポインタになります。

この関数もstrncpy()関数同様に、'¥0'を考慮してくれないので、使い方にコツが必要です。サンプルプログラムで見てみましょう。

● リスト9-5　strncat_test.c

```c
#include <stdio.h>
#include <string.h>

int
main(int argc, char *argv[])
{
    char filename[256] = "strcat_test";
    char ext[] = ".c";

    printf("filename is = %s¥n", filename);

    strncat(filename, ext, sizeof(filename) - strlen(filename) - 1);
    filename[sizeof(filename) - 1] = '¥0';

    printf("filename is = %s¥n", filename);

    return 0;
}
```

● Makefile.strncat_test

```
PROGRAM     =       strncat_test
OBJS        =       strncat_test.o
SRCS        =       $(OBJS:%.o=%.c)
CC          =       gcc
CFLAGS      =       -g -Wall
LDFLAGS     =

$(PROGRAM):$(OBJS)
    $(CC) $(CFLAGS) $(LDFLAGS) -o $(PROGRAM) $(OBJS) $(LDLIBS)
```

● ビルド

```
$ make -f Makefile.strncat_test
```

```
gcc -g -Wall   -c -o strncat_test.o strncat_test.c
gcc -g -Wall   -o strncat_test strncat_test.o
$
```

●実行例

```
$ ./strncat_test
filename is = strcat_test
filename is = strcat_test.c
$
```

　こちらは、strncpy()関数のサンプルとは違い、最初から対策をしてありますので、char filename[256] = "strcat_test";をchar filename[13] = "";やchar filename[] = "";としても問題は起きません。ぜひ実験してみてください。

9-5 文字列を比較する

　入力された文字列が、想定と一致しているか確認したいことはよくあると思います。たとえば、fgets()関数で"yes"と入力された場合だけ先の処理に進むなどです。

文字列の比較とは

　C言語では、文字列はchar型の配列なので、整数のようにif (number == 0) などと比較することができません。たとえば、次のようなコードを考えてみましょう。

```
char a[] = "yes";
char b[] = "yes";

if (a == b) {
    //何か処理をする
}
```

　配列の場合、コンパイラにとって変数名はアドレスだと認識されます。配列a[]と、配列b[]は当然別のメモリ領域なのでアドレスはまったく違います。そのため、a == bは絶対に真になることはありません。
　もし、a[]とb[]の内容が一致しているかを調べたければ、if(a[0]==b[0]&&a[1]==b[1]&&a[2]==b[2])とする必要がありますが、文字列の長さが違って配列のサイズが違うと、おかしな領域をさわってプログラムが異常終了してしまうかもしれません。そのため、この場合は専用の関数を使うことが一般的です。

文字列の比較 (strcmp)

　strcmpはSTRingCoMPareの略で、文字列の比較を行うことができる関数です。宣言は、次のようになっています。

```
int strcmp(const char *文字列1, const char *文字列2);
```

　戻り値は、文字列1が文字列2より大きければ正の数、文字列1が文字列2より小さければ負の数、等しい場合は0を返します。ここで、文字列1と文字列2の大小という概念が出てきましたが、これはどういうことなのでしょうか。
　たとえば、文字列1が"foo"で、文字列2が"bar"であれば、文字列1のほうが大きいということにな

ります。勘の良い人はお気づきかもしれませんが、この大小比較は辞書順です。辞書では、"foo"のほうが"bar"よりも後に登場するので、"foo"のほうが大きいということになります。この場合、strcmp()関数は正の数を返します。逆にすると、負の数になります。

サンプルプログラムで動きを確認してみましょう。

●リスト9-6　strcmp_test.c

```c
#include <stdio.h>
#include <string.h>

int
main(int argc, char *argv[])
{
    printf("foo bar = %d\n", strcmp("foo", "bar"));
    printf("bar foo = %d\n", strcmp("bar", "foo"));
    printf("foo foo = %d\n", strcmp("foo", "foo"));

    return 0;
}
```

●Makefile.strcmp_test

```
PROGRAM =       strcmp_test
OBJS    =       strcmp_test.o
SRCS    =       $(OBJS:%.o=%.c)
CC      =       gcc
CFLAGS  =       -g -Wall
LDFLAGS =

$(PROGRAM):$(OBJS)
    $(CC) $(CFLAGS) $(LDFLAGS) -o $(PROGRAM) $(OBJS) $(LDLIBS)
```

●ビルド

```
$ make -f Makefile.strcmp_test
gcc -g -Wall   -c -o strcmp_test.o strcmp_test.c
gcc -g -Wall   -o strcmp_test strcmp_test.o
$
```

●実行例

```
$ ./strcmp_test
foo bar = 1
bar foo = -1
foo foo = 0
$
```

今回のサンプルでは、正の数として1、負の数として−1が返っていますが、必ずしもそうではありません。LinuxやmacOSでは、4や−4などの普通の数が返ることもあります。これは、strcmp()関数が、

353

比較した大きい文字列から小さい文字列を引いた値（'f'（0x66）－'b'（0x62））を返す実装になっているからです。そのため、== 1や== -1で比較せず、＞ 0 や＜ 0 で比較するようにしましょう。

■ **strcmp()関数をコンパイル時に評価する**

　LinuxやmacOSなどの最近のコンピュータでは、先ほどのサンプルを次のように改造すると違った結果になります。

```
printf("foo bar = %d\n", strcmp("foo", "bar"));
printf("bar foo = %d\n", strcmp("bar", "foo"));
printf("foo foo = %d\n", strcmp("foo", "foo"));
```

↓

```
char a[] = "foo";
char b[] = "bar";

printf("foo bar = %d\n", strcmp(a, b));
printf("bar foo = %d\n", strcmp(b, a));
printf("foo foo = %d\n", strcmp(a, a));
```

筆者の環境では次のようになりました。

● 実行例

```
$ ./strcmp_test
foo bar = 4
bar foo = -4
foo foo = 0
$
```

　微妙に先ほどの実行例と結果が違います。なぜなのでしょうか。

　実は、最近のOS用のコンパイラは、strcmp()関数を見つけて、実行するまでもなく結果がわかる場合は関数の呼び出しを行わず特定の値を埋め込んでしまいます。無改造のサンプルプログラムは、strcmp()関数に直接"foo"や"bar"として文字列定数を渡しています。2-3節の「不思議な文字列定数」で説明したように、文字列定数は読み出し専用のエリアに置かれているので、プログラムの実行途中に書き換わることは絶対にありません。そのため、コンパイラはstrcmp()関数を呼び出すようなプログラムではなく、単純にstrcmp()関数を1や－1という数値に置き換えてしまっていたのです。アセンブリコードを出力するオプションを使ってみるとよくわかります[※2]。

※2　アセンブリ言語が読めない方も、strcmpというシンボルがまったくないので、雰囲気でわかります。

```
$ gcc -S strcmp_test.c
```

　筆者の手元のmacOSでは、次のようなアセンブリ言語のソースコードが生成されました。

● リスト9-7　strcmp_test.s（抜粋）

```
        movl    $1, %eax            ←strcmp()関数を呼び出さず、1になっている
        xorb    %cl, %cl
        leaq    L_.str(%rip), %rdx
        movq    %rdx, %rdi
        movl    %eax, %esi
        movb    %cl, %al
        callq   _printf             ←printf()関数の呼び出し
        movl    $-1, %ecx           ←strcmp()関数を呼び出さず、-1になっている
        xorb    %dl, %dl
        leaq    L_.str1(%rip), %rdi
        movl    %ecx, %esi
        movb    %dl, %al
        callq   _printf             ←printf()関数の呼び出し
        xorl    %ecx, %ecx          ←strcmp()関数を呼び出さず、0になっている
        xorb    %dl, %dl            （xorbはC言語の ^ に対応します。同じ変数を ^ すると 0
                                      になります）
        leaq    L_.str2(%rip), %rdi
        movl    %ecx, %esi
        movb    %dl, %al
        callq   _printf             ←printf()関数の呼び出し
```

　しかし先ほどの改造のように、配列に文字列定数を代入してから呼び出すようにすると、配列はプログラムの実行時に書き換わる可能性があるので、コンパイラは結果を予測できなくなります。そのため、実際にstrcmp()関数を呼び出すようにソースコードをコンパイルします。

　同じように改造したリスト9-6のアセンブリコードを見てみると、ちゃんとstrcmp()関数が呼び出されるようになっていることがわかります。

● リスト9-8　strcmp_test.s（抜粋）

```
        callq   _strcmp             ←strcmp()関数の呼び出し
        movl    %eax, %ecx
        xorb    %dl, %dl
        leaq    L_.str2(%rip), %rdi
        movl    %ecx, %esi
        movb    %dl, %al
        callq   _printf             ←printf()関数の呼び出し
        movq    -48(%rbp), %rax
        movq    -40(%rbp), %rcx
        movq    %rax, %rdi
        movq    %rcx, %rsi
        callq   _strcmp             ←strcmp()関数の呼び出し
        movl    %eax, %ecx
        xorb    %dl, %dl
        leaq    L_.str3(%rip), %rdi
        movl    %ecx, %esi
        movb    %dl, %al
        callq   _printf             ←printf()関数の呼び出し
```

```
        xorl    %ecx, %ecx          ←strcmp(a, a)の結果は0に決まっているので、strcmp()関数を
                                       呼び出さず、0になっている
        xorb    %dl, %dl
        leaq    L_.str4(%rip), %rdi
        movl    %ecx, %esi
        movb    %dl, %al
        callq   _printf             ←printf()関数の呼び出し
```

　C言語のコンパイラは、効率を重視してこのようにプログラマに見えないところで工夫をしているのです。通常はまったく問題なく、生成される実行ファイルが高速になって嬉しいのですが、時には思わぬ罠となるかもしれません。C言語でプログラムを書く際は、このような仕組みが見えないところで動いているということを忘れないようにしましょう。

　配列を渡す以外にも、strcmp()関数を関数のポインタに代入してそのポインタで実行するような書き方をすると、コンパイラはその関数が何をするものなのかわからないので、このような最適化はしなくなります。実験してみましょう。

```
    printf("foo bar = %d¥n", strcmp("foo", "bar"));
    printf("bar foo = %d¥n", strcmp("bar", "foo"));
    printf("foo foo = %d¥n", strcmp("foo", "foo"));



    int (*ptr) (const char *,const char *) = strcmp;
    printf("foo bar = %d¥n", ptr("foo", "bar"));
    printf("bar foo = %d¥n", ptr("bar", "foo"));
    printf("foo foo = %d¥n", ptr("foo", "foo"));
```

文字列の長さ指定付き比較 (strncmp)

　strcmp()関数にも、strcpy()関数やstrcat()関数のように'n'バージョンがあります。その名も、strncmpです。

```
    int strncmp(const char *文字列1, const char *文字列2, size_t 比較する数);
```

　この'n'は、おそらくnumberの略でしょう。使い方は、strcmp()関数とまったく同じですが、何文字まで比較するかを第3引数で指定できます。かんたんなので、みなさんで実験してみてください。

9-6 文字列を検索する

文字の検索 (strchr)

strchr()関数は、文字列から特定の文字の場所を見つける関数です。

宣言は、次のようになっています。

```
char *strchr(const char *文字列, int 検索したい文字);
```

戻り値は、最初に「検索したい文字」が現れた位置へのポインタです。見つからない場合は、NULLが返ります。

この関数は、スペース区切りの文字列、たとえば氏名などからスペースの位置を検索して、特定の部分だけを変更するのに便利です。実際の例を紹介しましょう。

● リスト9-9　strchr_test.c

```c
#include <stdio.h>
#include <string.h>

int
main(int argc, char *argv[])
{
    char full_name[256] = "NIPPON Taro";
    char first_name[256] = "Hanako";
    char *ptr;

    //名前の開始点を見つけて、ptrに保存する
    ptr = strchr(full_name, ' ');
    ptr++;

    strcpy(ptr, first_name); // TaroをHanakoに
                             // 置き換えるため文字列コピー
    // ↓より安全
    //strncpy(ptr, first_name,
    //        sizeof(full_name) - 1 - strlen(first_name) - 1);
    //full_name[sizeof(full_name) - 1] = '\0';

    printf("Full name = %s\n", full_name);

    return 0;
```

● **Makefile.strchr_test**

```
PROGRAM   =       strchr_test
OBJS      =       strchr_test.o
SRCS      =       $(OBJS:%.o=%.c)
CC        =       gcc
CFLAGS    =       -g -Wall
LDFLAGS   =

$(PROGRAM):$(OBJS)
    $(CC) $(CFLAGS) $(LDFLAGS) -o $(PROGRAM) $(OBJS) $(LDLIBS)
```

● **ビルド**

```
$ make -f Makefile.strchr_test
gcc -g -Wall   -c -o strchr_test.o strchr_test.c
gcc -g -Wall   -o strchr_test strchr_test.o
$
```

● **実行例**

```
$ ./strchr_test
Full name = NIPPON Hanako
$
```

　NIPPON Taroという氏名が、NIPPON Hanakoになりました。このサンプルプログラムは、strchr()関数以外に、strcpy()関数を利用していますが、char full_name[256] = "NIPPON Taro";をchar full_name[] = "NIPPON Taro";とするとコピー先の文字列が足りずに異常動作します。筆者の環境では、Full name = NIPPON Hanak<;k?と、訳のわからない結果になってしまいました。もしかすると環境によっては、異常終了してしまうかもしれません。その場合は、strcpy()関数ではなく、strncpy()関数を利用すればとりあえず異常動作は防げます。

複数文字を検索 (strpbrk)

　strpbrk()関数も、文字列から文字の場所を見つける関数ですが、複数の文字を与えることができます。そのため、曖昧な検索にも利用できます。

　宣言は、次のようになっています。

```
char *strchr(const char *文字列, const char *検索したい文字);
```

　戻り値は、最初に「検索したい文字」が現れた位置へのポインタです。検索したい文字は、文字列として与えます。たとえば、スペースかカンマが見つかった場合で処理をしたければ、" ,"と書けばよいのです。

先ほどのリスト9-9を少し改造して実験してみましょう。

● リスト9-10　strpbrk_test.c

```c
#include <stdio.h>
#include <string.h>

int
main(int argc, char *argv[])
{
    char full_name[256] = "NIPPON,Taro";
    char first_name[256] = "Hanako";
    char *ptr;

    //名前の開始点を見つけて、ptrに保存する
    ptr = strpbrk(full_name, " ,");
    ptr++;

    strcpy(ptr, first_name); // TaroをHanakoに
                             // 置き換えるため文字列コピー
    // ↓より安全
    //strncpy(ptr, first_name,
    //        sizeof(full_name) - 1 - strlen(first_name) - 1);
    //full_name[sizeof(full_name) - 1] = '\0';

    printf("Full name = %s\n", full_name);

    return 0;
}
```

● Makefile.strpbrk_test

```
PROGRAM  =      strpbrk_test
OBJS     =      strpbrk_test.o
SRCS     =      $(OBJS:%.o=%.c)
CC       =      gcc
CFLAGS   =      -g -Wall
LDFLAGS  =

$(PROGRAM):$(OBJS)
    $(CC) $(CFLAGS) $(LDFLAGS) -o $(PROGRAM) $(OBJS) $(LDLIBS)
```

● ビルド

```
$ make -f Makefile.strpbrk_test
gcc -g -Wall    -c -o strpbrk_test.o strpbrk_test.c
gcc -g -Wall    -o strpbrk_test strpbrk_test.o
$
```

● 実行例

```
$ ./strpbrk_test
```

```
Full name = NIPPON,Hanako
$
```

　NIPPON,Taroが、NIPPON,Hanakoになりました。スペースも検索文字に含まれているので、"NIPPON,Taro"を"NIPPON Taro"としてもきちんと動作します。

　他には電卓プログラムで、数字以外の文字が入力された場合はエラーとする場合や、メニューにない文字を入れられた場合にエラーとするなどの用途が考えられますね。

文字列の検索 (strstr)

　strstr()関数は、文字列の中から文字列を探すことができます。strchr()関数やstrpbrk()関数は、1文字しか見つける対象を指定できませんでしたが、strstr()関数は文字列を指定できるので英単語で検索して置換したりできます。

　宣言は、次のようになっています。

```
char *strstr(const char *文字列, const char *検索したい文字列);
```

　戻り値は、最初に「検索したい文字列」が現れた位置へのポインタです。見つからない場合は、NULLとなります。

　リスト9-11は、都道府県の県の数を求めるものです。

● リスト9-11　strstr_test.c

```
#include <stdio.h>
#include <string.h>

int
main(int argc, char *argv[])
{
    char *database[47] = {
        "Hokkaido", "Aomori Prefecture", "Iwate Prefecture",
        "Miyagi Prefecture", "Akita Prefecture",
        "Yamagata Prefecture", "Fukushima Prefecture",
        "Ibaraki Prefecture", "Tochigi Prefecture",
        "Gumma Prefecture", "Saitama Prefecture", "Chiba Prefecture",
        "Tokyo", "Kanagawa Prefecture", "Niigata Prefecture",
        "Toyama Prefecture", "Ishikawa Prefecture",
        "Fukui Prefecture", "Yamanashi Prefecture",
        "Nagano Prefecture", "Gifu Prefecture", "Shizuoka Prefecture",
        "Aichi Prefecture", "Mie Prefecture", "Shiga Prefecture",
        "Kyoto", "Osaka", "Hyogo Prefecture", "Nara Prefecture",
        "Wakayama Prefecture", "Tottori Prefecture",
        "Shimane Prefecture", "Okayama Prefecture",
        "Hiroshima Prefecture", "Yamaguchi Prefecture",
        "Tokushima Prefecture", "Kagawa Prefecture",
```

```c
            "Ehime Prefecture", "Kochi Prefecture", "Fukuoka Prefecture",
            "Saga Prefecture", "Nagasaki Prefecture",
            "Kumamoto Prefecture", "Oita Prefecture",
            "Miyazaki Prefecture", "Kagoshima Prefecture",
            "Okinawa Prefecture"
    };

    int i, cnt;

    cnt = 0;
    for (i = 0; i < 47; i++) {
        if (strstr(database[i], "Prefecture") != NULL) {
            printf("%s¥n", database[i]);
            cnt++;
        }
    }
    printf("%d¥n", cnt);

    return 0;
}
```

● Makefile.strstr_test

```
PROGRAM =       strstr_test
OBJS    =       strstr_test.o
SRCS    =       $(OBJS:%.o=%.c)
CC      =       gcc
CFLAGS  =       -g -Wall
LDFLAGS =

$(PROGRAM):$(OBJS)
    $(CC) $(CFLAGS) $(LDFLAGS) -o $(PROGRAM) $(OBJS) $(LDLIBS)
```

● ビルド

```
$ make -f Makefile.strstr_test
gcc -g -Wall   -c -o strstr_test.o strstr_test.c
gcc -g -Wall   -o strstr_test strstr_test.o
$
```

● 実行例

```
$ ./strstr_test
Aomori Prefecture
Iwate Prefecture
Miyagi Prefecture
Akita Prefecture
Yamagata Prefecture
Fukushima Prefecture
Ibaraki Prefecture
Tochigi Prefecture
```

```
Gumma Prefecture
Saitama Prefecture
Chiba Prefecture
Kanagawa Prefecture
Niigata Prefecture
Toyama Prefecture
Ishikawa Prefecture
Fukui Prefecture
Yamanashi Prefecture
Nagano Prefecture
Gifu Prefecture
Shizuoka Prefecture
Aichi Prefecture
Mie Prefecture
Shiga Prefecture
Hyogo Prefecture
Nara Prefecture
Wakayama Prefecture
Tottori Prefecture
Shimane Prefecture
Okayama Prefecture
Hiroshima Prefecture
Yamaguchi Prefecture
Tokushima Prefecture
Kagawa Prefecture
Ehime Prefecture
Kochi Prefecture
Fukuoka Prefecture
Saga Prefecture
Nagasaki Prefecture
Kumamoto Prefecture
Oita Prefecture
Miyazaki Prefecture
Kagoshima Prefecture
Okinawa Prefecture
43
$
```

単純に「Prefecture」という文字列を検索しているだけです。執筆時点の2017年現在は、都が1、道が1、府が2、県が43なので合っていますね。

9-7 文字列を切り出す

文字列の切り出し（strtok）

　文字列関数で最後に紹介するのは、strtok()関数です。こちらは、文字列から「トークン（字句）」を切り出す関数です。トークンとは、狭義では意味を持つ文字列の最小単位のことで、自然言語の単語と考えるとわかりやすいですが、ここではある規則に基づいた1つのまとまりと考えてください。

　たとえば、表計算ソフトや住所録ソフトでは独自のファイル形式以外に、CSV（Comma Separated Value）というセルをカンマ区切りで表した形式で出力することができます。

●CSVファイルの例（郵便番号データベース[※3]）

```
01101,"0600000","IKANIKEISAIGANAIBAAI","CHUO-KU SAPPORO-SHI","HOKKAIDO",0,0,0,0,0,0
01101,"0640941","ASAHIGAOKA","CHUO-KU SAPPORO-SHI","HOKKAIDO",0,0,1,0,0,0
01101,"0600041","ODORIHIGASHI","CHUO-KU SAPPORO-SHI","HOKKAIDO",0,0,1,0,0,0
```

※3　日本郵便のウェブサイトからダウンロードできます：http://www.post.japanpost.jp/zipcode/download.html

　この値をカンマごとに区切って処理する場合は、01101や"0600000"をトークンとみなします。
　strtok()関数の宣言は、次のようになっています。

```
char *strtok(char *切り出し対象文字列, const char *区切り文字);
```

　区切り文字は、strpbrk()関数同様、複数指定できます。戻り値は、トークンが見つかったらそのトークンへのポインタ、見つからなかったらNULLが返ります。
　切り出し対象文字列を継続して処理する場合、2回目以降はNULLを渡すのが特殊な点です。

```
token = strtok(one_string, ",");  // 1回目
token = strtok(NULL, ",");         // 2回目以降
```

　少し難しいので、CSVをわかりやすく表示するサンプルをstrtok()関数を使って動かしてみましょう。

●リスト9-12　strtok_test.c

```
#include <stdio.h>
#include <string.h>


int
```

```c
main(int argc, char *argv[])
{
    char database[] = "064-0941,ASAHIGAOKA,CHUO-KU SAPPORO-SHI,"
                      "HOKKAIDO\n060-0041,ODORIHIGASHI,CHUO-KU "
                      "SAPPORO-SHI,HOKKAIDO\n060-0042,"
                      "ODORINISHI(1-19-CHOME),CHUO-KU "
                      "SAPPORO-SHI,HOKKAIDO";
    char *p1, *p2;
    char *token;

    p1 = database;

    do {
        // 一行取り出すために、'\n'を'\0'に置換する
        // そうすれば、p1が文字列(一行)として扱える
        p2 = strchr(p1, '\n');
        if (p2 == NULL) {
            // databaseの最後が'\n'ではなかったときの配慮
            p2 = &database[strlen(database)-1];
        } else {
            *p2 = '\0';
        }
        // 取り出した一行を表示
        printf("%s\n", p1);

        // strtok()関数は、最初は第一引数に対象の文字列を指定する
        token = strtok(p1, ",");
        printf("code = %s\n", token);

        // 二回目以降は第一引数をNULLにする
        token = strtok(NULL, ",");
        printf("addr2 = %s\n", token);

        token = strtok(NULL, ",");
        printf("addr1 = %s\n", token);

        token = strtok(NULL, ",");
        printf("prefecture = %s\n", token);

        printf("\n");
        p1 = p2 + 1;
    } while (*p1 != '\0');

    return 0;
}
```

● Makefile.strtok_test

```
PROGRAM =       strtok_test
OBJS    =       strtok_test.o
```

```
SRCS       =       $(OBJS:%.o=%.c)
CC         =       gcc
CFLAGS     =       -g -Wall
LDFLAGS    =

$(PROGRAM):$(OBJS)
    $(CC) $(CFLAGS) $(LDFLAGS) -o $(PROGRAM) $(OBJS) $(LDLIBS)
```

● ビルド

```
$ make -f Makefile.strtok_test
gcc -g -Wall    -c -o strtok_test.o strtok_test.c
gcc -g -Wall    -o strtok_test strtok_test.o
$
```

● 実行例

```
$ ./strtok_test
064-0941,ASAHIGAOKA,CHUO-KU SAPPORO-SHI,HOKKAIDO
code = 064-0941
addr2 = ASAHIGAOKA
addr1 = CHUO-KU SAPPORO-SHI
prefecture = HOKKAIDO

060-0041,ODORIHIGASHI,CHUO-KU SAPPORO-SHI,HOKKAIDO
code = 060-0041
addr2 = ODORIHIGASHI
addr1 = CHUO-KU SAPPORO-SHI
prefecture = HOKKAIDO

060-0042,ODORINISHI(1-19-CHOME),CHUO-KU SAPPORO-SHI,HOKKAIDO
code = 060-0042
addr2 = ODORINISHI(1-19-CHOME)
addr1 = CHUO-KU SAPPORO-SHI
prefecture = HOKKAIDO
$
```

　strtok()関数はstrpbrk()関数のように複数の文字を指定できるので、strtok(NULL, "¥n,")などとすればわざわざstrchr()関数で1行切り出さなくてもよいのですが、わかりやすさを優先しました。動かしてみると動きがよくわかるのではないでしょうか。

　このstrtok()関数は、設定ファイルの読み込みなどにも有用なので慣れておきましょう。

strtok()の注意点

■元の文字列が破壊される

　strtok()関数は便利ですが、落とし穴があります。まず、元の文字列は破壊されてしまうということです。リスト9-12を次のように書き換えて実行してみましょう。

```
    p1 = database;

    do {
```

▽

```
    p1 = database;
    printf("database = %s\n", database);
    do {
```

```
    } while (*p1 != '\0');

    return 0;
```

▽

```
    } while (*p1 != '\0');
    printf("database = %s\n", database);

    return 0;
```

● 実行例

```
$ ./strtok_test
database = 064-0941,ASAHIGAOKA,CHUO-KU SAPPORO-SHI,HOKKAIDO   ←処理前の database[] の中身
060-0041,ODORIHIGASHI,CHUO-KU SAPPORO-SHI,HOKKAIDO
060-0042,ODORINISHI(1-19-CHOME),CHUO-KU SAPPORO-SHI,HOKKAIDO
064-0941,ASAHIGAOKA,CHUO-KU SAPPORO-SHI,HOKKAIDO
064-0941,ASAHIGAOKA,CHUO-KU SAPPORO-SHI,HOKKAIDO
code = 064-0941
addr2 = ASAHIGAOKA
addr1 = CHUO-KU SAPPORO-SHI
prefecture = HOKKAIDO

060-0041,ODORIHIGASHI,CHUO-KU SAPPORO-SHI,HOKKAIDO
code = 060-0041
addr2 = ODORIHIGASHI
addr1 = CHUO-KU SAPPORO-SHI
prefecture = HOKKAIDO

060-0042,ODORINISHI(1-19-CHOME),CHUO-KU SAPPORO-SHI,HOKKAIDO
code = 060-0042
addr2 = ODORINISHI(1-19-CHOME)
addr1 = CHUO-KU SAPPORO-SHI
prefecture = HOKKAIDO
database = 064-0941              ←処理後の database[] の中身
$
```

　処理前は全部のデータを表示できた配列database[]が、処理後は郵便番号だけになってしまいました。これは、strtok()関数が勝手に配列database[]を書き換えてしまっているからです。具体的には、

サンプルプログラムのstrchr()関数で行ったように、'¥0'を入れてしまっています。

strtok()関数を使った後も必要な文字列は一度別の配列にコピーしてから利用しましょう。

■関数の内部にデータを持っている

この件に付随して、もう一点注意点があります。今回のサンプルプログラムは、strtok()関数に渡す文字列を配列として宣言しました。これを、文字列定数へのポインタにしてみましょう。

```
char database[] = "064-0941,ASAHIGAOKA,CHUO-KU SAPPORO-SHI,"
                  "HOKKAIDO¥n060-0041,ODORIHIGASHI,CHUO-KU "
                  "SAPPORO-SHI,HOKKAIDO¥n060-0042,"
                  "ODORINISHI(1-19-CHOME),CHUO-KU "
                  "SAPPORO-SHI,HOKKAIDO";
```

▼

```
char *database = "064-0941,ASAHIGAOKA,CHUO-KU SAPPORO-SHI,"
                 "HOKKAIDO¥n060-0041,ODORIHIGASHI,CHUO-KU "
                 "SAPPORO-SHI,HOKKAIDO¥n060-0042,"
                 "ODORINISHI(1-19-CHOME),CHUO-KU "
                 "SAPPORO-SHI,HOKKAIDO";
```

●実行例

```
$ ./strtok_test
Bus error (core dumped)
$
```

strtok()関数は、渡された文字列に'¥0'を入れようとしますが、char *database は配列ではなく、文字列定数なので読み込み専用エリアに実体があります。そのため、このように異常終了してしまいます。

この場合もやはり、配列にコピーしてから利用するようにしましょう。

もう1つ注意するべくは、strtok()関数は内部で状態を持つという点です。1回目は対象の文字列を指定しますが、2回目は対象の文字列を指定しなくても元の文字列からどんどん切り出してくれます。これは、strtok()関数内部に静的変数として今どこまで切り出したかを保持しているからです。そのため、続けて別の対象文字列に対して利用するとおかしなことになります。さらに、静的変数を使っているということはマルチスレッド環境では問題があるということです。これを回避するためには、C言語の標準の範囲では不可能なので、同様の関数を自作するか、Unix系OSであればstrtok_r()関数を使えば回避可能です。

9-8 文字関数

　文字列を扱う関数をいくつか紹介してきましたが、1文字に対する便利な関数というのも存在します。非常に単機能な標準関数ですが、知っていると思わぬところで使い道があるかもしれません。

文字種の判定（is系）

　与えられた文字が、指定の種別かどうかを判断する関数群です。勝手にis系と名付けましたが、本当はisalnum()関数のようにisのあとに何らかの名前が続きます。

isalnum()	英字または数字であるかを調べる
isalpha()	アルファベットかどうか調べる
isascii()	ASCII文字セットに合致する7ビットのunsigned charであるかを調べる
isblank()	空白文字（スペースかタブ）であるかを調べる
iscntrl()	制御文字かどうかを調べる
isdigit()	数字（0〜9）かどうかを調べる
isgraph()	表示可能な文字かどうかを調べる。スペースは含まれない
islower()	小文字かどうかを調べる
isprint()	表示可能な文字かどうかを調べる。スペースも含まれる
ispunct()	表示可能な文字かどうかを調べる。スペースと英数字は含まれない
isspace()	空白文字（スペース、フォームフィード（'\f'）、改行（newline、'\n'）、復帰（carriage return、'\r'）、水平タブ（'\t'）、垂直タブ（'\v'））かどうかを調べる
isupper()	大文字かどうかを調べる
isxdigit()	16進数での数字かどうかを調べる

●表9-2　is系の関数一覧

　is系の関数はすべてctype.hにプロトタイプ宣言があるので、使うときはこれをインクルードしましょう。すべての宣言は、次のように行います。

```
int is文字種(int c);
```

　引数のcはint型ですが、実際には文字型の変数を与えます。戻り値は、合致すれば0以外、合致しなければ0です。C言語の条件式では、0以外はすべて真になりますので、大文字のときだけ処理を行う場合はif (isupper(a))と書けばよいでしょう。
　さて、これらはどう活用するのでしょうか。

たとえば、2-3節のリスト2-5は繰り返し処理を使って、8ビットで表現できる文字をすべて表示していました。しかし、厳密にはASCII文字とは7ビットの範囲で表されるものなので、後半は？？？などと表示されていたはずです。Windowsなどでは、この？？の領域に半角カナを割り当てたりしています。

◉ **リスト2-5の実行例**

```
$ ./ascii



  ! " # $ % & ' ( ) * + , - . /
0 1 2 3 4 5 6 7 8 9 : ; < = > ?
@ A B C D E F G H I J K L M N O
P Q R S T U V W X Y Z [ ￥ ] ^ _
` a b c d e f g h i j k l m n o
p q r s t u v w x y z { | } ~
? ? ? ? ? ? ? ? ? ? ? ? ? ? ? ?
? ? ? ? ? ? ? ? ? ? ? ? ? ? ? ?
? ? ? ? ? ? ? ? ? ? ? ? ? ? ? ?
? ? ? ? ? ? ? ? ? ? ? ? ? ? ? ?
? ? ? ? ? ? ? ? ? ? ? ? ? ? ? ?
? ? ? ? ? ? ? ? ? ? ? ? ? ? ? ?
? ? ? ? ? ? ? ? ? ? ? ? ? ? ? ?
? ? ? ? ? ? ? ? ? ? ? ? ? ? ? ?
$
```

しかも、前半は空白だらけで、本当のスペースなのか、表示できないから空白になっているのかもよくわかりません。このようなときは、printf()関数を実行する前にisprint()関数で調べてみると便利です。

次のようにリスト2-5ををを改造してみましょう。

```
// 変数characterが256未満の間、{}の内部の処理を繰り返す
while (character < 256) {
    // 変数characterが保持する値を文字として画面に表示
    printf("%c ", character);
    character = character + 1;    // 変数characterの値を1増やす
```

```
// 変数characterが256未満の間、{}の内部の処理を繰り返す
while (character < 256) {
    if (isprint(character)) {
        // 変数characterが保持する値を文字として画面に表示
        printf("%c ", character);
    } else {
        // 表示可能文字ではない場合、.を表示する
        printf(". ");
    }
```

```
            character = character + 1;   // 変数characterの値を1増やす
```

●実行例

```
$ ./ascii
. . . . . . . . . . . . . . .
. . . . . . . . . . . . . . . .
  ! " # $ % & ' ( ) * + , - . /
0 1 2 3 4 5 6 7 8 9 : ; < = > ?
@ A B C D E F G H I J K L M N O
P Q R S T U V W X Y Z [ ¥ ] ^ _
` a b c d e f g h i j k l m n o
p q r s t u v w x y z { | } ~ .
. . . . . . . . . . . . . . . .
. . . . . . . . . . . . . . . .
. . . . . . . . . . . . . . . .
. . . . . . . . . . . . . . . .
. . . . . . . . . . . . . . . .
. . . . . . . . . . . . . . . .
. . . . . . . . . . . . . . . .
. . . . . . . . . . . . . . . .
$
```

出力行数が少なくなりました。実は、リスト2-5は、改行文字なども表示してしまっていたので余計な行が出力されてしまっていたのです。

さらに次のようにしても面白いです。

```
if (isprint(character)) {
    // 変数characterが保持する値を文字として画面に表示
    printf(" %c ", character);
} else if (isspace(character)){
    // 空白や改行は . を表示する
    printf(" . ");
} else {
    // 表示可能文字ではない場合、16進数で表示する
    printf("%02x ", character);
}
```

●実行例

```
$ ./ascii
00 01 02 03 04 05 06 07 08  .  .  .  .  .  0e 0f
10 11 12 13 14 15 16 17 18 19 1a 1b 1c 1d 1e 1f
 .  !  "  #  $  %  &  '  (  )  *  +  ,  -  .  /
 0  1  2  3  4  5  6  7  8  9  :  ;  <  =  >  ?
 @  A  B  C  D  E  F  G  H  I  J  K  L  M  N  O
 P  Q  R  S  T  U  V  W  X  Y  Z  [  ¥  ]  ^  _
 `  a  b  c  d  e  f  g  h  i  j  k  l  m  n  o
 p  q  r  s  t  u  v  w  x  y  z  {  |  }  ~ 7f
```

```
80 81 82 83 84 85 86 87 88 89 8a 8b 8c 8d 8e 8f
90 91 92 93 94 95 96 97 98 99 9a 9b 9c 9d 9e 9f
a0 a1 a2 a3 a4 a5 a6 a7 a8 a9 aa ab ac ad ae af
b0 b1 b2 b3 b4 b5 b6 b7 b8 b9 ba bb bc bd be bf
c0 c1 c2 c3 c4 c5 c6 c7 c8 c9 ca cb cc cd ce cf
d0 d1 d2 d3 d4 d5 d6 d7 d8 d9 da db dc dd de df
e0 e1 e2 e3 e4 e5 e6 e7 e8 e9 ea eb ec ed ee ef
f0 f1 f2 f3 f4 f5 f6 f7 f8 f9 fa fb fc fd fe ff
$
```

> **Note** マクロ関数として実装されている処理系
>
> 　余談ですが、is文字種()関数は、マクロ関数として実装されている処理系があります。その場合にisupper(a++)などとすると、aの値が予想外になってしまうことがあります。なぜならば、大文字かどうかの判定は与えられた引数を2回参照しなくてはならないためです。
>
> 　マクロ関数で記述すると次のようになります。
>
> ```
> #define isupper(a) ((a) >= 'A' && (a) <= 'Z')
> ```
>
> 　このマクロ関数にa++を引数として与えると、展開されたプログラムは(a++) >= 'A' && (a++) <= 'Z'となり、aが予想外の値になってしまうのです。もし、is文字種()関数を使っておかしな現象が起きた場合は、このあたりを疑ってみてください。

文字種を変換 (to系)

　ctype.hには、is系の他にも関数が定義されています。あまり使う機会はないかもしれませんが、指定の文字に変換するためのto系の関数です。こちらは2個しかありません。

toupper()	大文字にできる文字であるならば大文字に変換する
tolower()	小文字にできる文字であるならば小文字に変換する

●表9-3　to系の関数一覧

どちらとも、宣言は次のとおりです。

```
int to文字種(int c);
```

かんたんなサンプルプログラムで動きを確かめてみましょう。

●リスト9-13　to_test.c

```
#include <stdio.h>
#include <ctype.h>
```

```c
int
main(int argc, char *argv[])
{
    char hello[16] = "hello, world";
    char HELLO[16];
    char *src, *dst;

    src = hello;
    dst = HELLO;

    while (*src != '\0') {
        *dst = toupper(*src);
        src++;
        dst++;
    }
    *dst = '\0';

    printf("%s\n", HELLO);

    return 0;
}
```

●Makefile.to_test

```
PROGRAM   =       to_test
OBJS      =       to_test.o
SRCS      =       $(OBJS:%.o=%.c)
CC        =       gcc
CFLAGS    =       -g -Wall
LDFLAGS   =

$(PROGRAM):$(OBJS)
    $(CC) $(CFLAGS) $(LDFLAGS) -o $(PROGRAM) $(OBJS) $(LDLIBS)
```

●ビルド

```
$ make -f Makefile.to_test
gcc -g -Wall   -c -o to_test.o to_test.c
gcc -g -Wall   -o to_test to_test.o
$
```

●実行例

```
$ ./to_test
HELLO, WORLD
$
```

　アルファベットだけ大文字に変換されました。
　is系もto系も、あまり使用頻度は高くないかもしれませんが、知っておくと便利なこともあります。かんたんだから……と言わずに一度は動かしてみておいてください。

9-9 複雑な文字列操作をかんたんにする

　本章の最後では、少し複雑な文字列操作について説明します。何らかの文字列を組み合わせる場合は、文字列と文字列を連結するstrcat()関数が使えます。しかし、たくさんの文字列を組み合わせたい場合はどうすればよいのでしょうか。

　たとえば、"hello, world"に"Mr."か"Ms."、それに加えて名前を連結したい場合にはどうしましょう。strcat()関数は、連結した文字列のポインタを返すので、次のような書き方ができないわけではありません。

```
char msg[256] = "";
char hello[] = "hello, world";
char title[] = "Mr.";
char space[] = " ";
char name[] = "Taro";

strcat(strcat(strcat(strcat(msg, hello), space), title), name);

printf("%s¥n", msg);
```

　しかし、こんなコードでは、いったい何が目的なのかさっぱりわかりません。賢明なみなさんであれば、おそらくprintf()関数をそのまま使うでしょう。

```
printf("%s %s%s¥n", hello, title, name);
```

　ところが、printf()関数はそのまま画面（標準出力）に表示されてしまいますので、msg[]に結果を格納しておいたりすることができません。このような場合のために、printf()関数には変数に整形した結果を格納することができるバージョンが用意されています。

```
int sprintf(char *出力先, 書式, ...);
int snprintf(char *出力先, size_t 出力先のサイズ, 書式, ...);
```

　戻り値は、出力した結果のサイズです。snprintf()関数はサイズ指定があるので、出力先があふれる場合は、途中で出力をやめてくれます。

　先ほどのstrcat()関数を使った例は、snprintf()関数を使うと次のように書くことができます。

```
snprintf(msg, sizeof(msg), "%s %s%s", hello, title, name);
```

本当はsprintf()関数でもよいのですが、出力先のサイズを指定できないので危険です。特別な理由がない限りsnprintf()関数を利用するようにしましょう。

snprintf()関数を利用すると、printf()関数と同じ変換指定が使えますので、整数を16進数の文字列に変換することもかんたんにできます。

かんたんですが、念のためサンプルプログラムで実験しておきましょう。

● リスト9-14 　snprintf_test.c

```c
#include <stdio.h>

int
main(int argc, char *argv[])
{
    char msg[256] = "";
    char hello[] = "hello, world";
    char title[] = "Mr.";
    char name[] = "Taro";

    snprintf(msg,
             sizeof(msg),
             "%s %s%s\n%#o\n%04d\n% 4d\n|%-4d|%-4d|\n|%4d|%4d|\n"
             "%+d\n%+d\n%.4d\n%.5s\n%hhu\n%hhu\n%hhu\n%e\n%f\n%%\n",
             hello, title, name, 8, 10, 10, 1, 2, 1, 2, 10, -10, 10,
             "hello, world\n", 255, 256, 257, 0.1, 0.1);

    printf("%s", msg);

    return 0;
}
```

● Makefile.snprintf_test

```
PROGRAM    =    snprintf_test
OBJS       =    snprintf_test.o
SRCS       =    $(OBJS:%.o=%.c)
CC         =    gcc
CFLAGS     =    -g -Wall
LDFLAGS    =

$(PROGRAM):$(OBJS)
    $(CC) $(CFLAGS) $(LDFLAGS) -o $(PROGRAM) $(OBJS) $(LDLIBS)
```

● ビルド

```
$ make -f Makefile.snprintf_test
gcc -g -Wall   -c -o snprintf_test.o snprintf_test.c
gcc -g -Wall   -o snprintf_test snprintf_test.o
$
```

●実行例

```
$ ./snprintf_test
hello, world Mr.Taro
010
0010
  10
|1   |2   |
|   1|   2|
+10
-10
0010
hello
255
0
1
1.000000e-01
0.100000
%
```

いかがでしょうか。一度msg[]という配列変数に入れてから画面に出力することができました。

注意点としては、実際のプログラムではこのサンプルのようになんでもかんでも詰め込みすぎないことです。いくら便利だからといって、

"%s %s%s¥n%#o¥n%04d¥n% 4d¥n|%-4d|%-4d|¥n|%4d|%4d|¥n%+d¥n%+d¥n%.4d¥n%.5s¥n%hhu¥n%hhu¥n%hhu¥n%e¥n%f¥n%%¥n"

などという変換指定を書いてしまうと、後から修正したりすることが大変になります。適度に分けるようにしましょう。

> **Note 出力サイズに注意**
>
> snprintf()関数は戻り値に、出力したサイズを返してくれます。たとえば、printf("%d¥n", snprintf(msg, sizeof(msg), "a")); とすると、「1」という結果になります[※4]。
>
> ※4 aという1文字をmsg[]に出力したので、1という結果になります。
>
> このことを利用して、もし出力先のサイズが足りない場合はエラーとしたい場合があるかもしれません。
>
> さっそく実験してみましょう。
>
> ●リスト9-15　snprintf_test_2.c
>
> ```c
> #include <stdio.h>
>
> int
> main(int argc, char *argv[])
> {
>     char msg[13] = "";
> ```

```c
        char hello[14] = "hello, world¥n";

        if (snprintf(msg, sizeof(msg), "%s", hello) > sizeof(msg)) {
            printf("Error: buffer over flow¥n");
        }

        printf("%s", msg);

        return 0;
}
```

●Makefile.snprintf_test_2

```
PROGRAM =       snprintf_test_2
OBJS    =       snprintf_test_2.o
SRCS    =       $(OBJS:%.o=%.c)
CC      =       gcc
CFLAGS  =       -g -Wall
LDFLAGS =

$(PROGRAM):$(OBJS)
    $(CC) $(CFLAGS) $(LDFLAGS) -o $(PROGRAM) $(OBJS) $(LDLIBS)
```

●ビルド

```
$ make -f Makefile.snprintf_test_2
gcc -g -Wall    -c -o snprintf_test_2.o snprintf_test_2.c
gcc -g -Wall    -o snprintf_test_2 snprintf_test_2.o
$
```

●実行例

```
$ ./snprintf_test_2
./snprintf_test_2
hello, world$
```

最後の改行が出力されず、少しだけおかしな結果になりました。しかし、エラーメッセージが表示されていません。

snprintf()関数は、戻り値である出力したサイズとして'¥0'を計上してくれないので、次のように'¥0'の分を考慮しておく必要があります。

```c
        if (snprintf(msg, sizeof(msg), "%s", hello) > sizeof(msg) - 1) {
            printf("Error: buffer over flow¥n");
        }
```

Chapter 10

動的メモリで
データの置く場所を自ら作る

10-1 動的メモリとは ────────────────────── 378

10-2 メモリを確保する ───────────────────── 379

10-3 メモリを解放する ───────────────────── 381

10-4 メモリのサイズを変更する ─────────────── 385

10-5 確保したメモリを使う ─────────────────── 391

10-6 メモリ領域を操作する標準関数 ─────────── 394

10-7 リスト構造 ────────────────────────── 404

10-1 動的メモリとは

　これまでの学習では、大域変数、静的変数以外はすべて自動変数というスタック上に確保される変数を利用してきました。自動変数は関数が呼び出されたときに作られます。そのためサイズは、ソースコードに指定した分しか確保されないので、小さなデータを処理するときは少しだけ確保して、大きなデータの場合は自動的に大きな領域を確保するようなことができません。このようなことを行うためには、専用の関数を使ってメモリを動的に確保する必要があります。

　専用の関数によるメモリの確保は、プログラム実行中の任意のタイミングで動的にできますが、その代わりに解放しなければずっとその領域が使われたままになって、どんどんシステムのメモリが足りなくなるようなことが起きます。

　動的なメモリを確保する場合、プログラムは専用の関数を使ってOSが管理する「ヒープ領域」というメモリ領域からメモリを割り当ててもらいます。「ヒープ」とは「かたまり」という意味で、メモリのかたまりから一部分だけ、借りるようなイメージです。そのため、使い終わったら必ず返す必要があります。内部の実装はOSの種類やライブラリによってまちまちですが、使い終わったら返さなければならないことには変わりありません。

　C言語では、特別なライブラリを使わない限り、ヒープから取得したメモリ領域が自動的に返却されることはありませんので、常に返し忘れがないかを意識してプログラミングする必要があります。

10-2 メモリを確保する

サイズを指定してメモリを確保する

今までのサンプルプログラムでは、配列のサイズなどは決めうちでした。たとえば、次の配列one_string[]には、"hello, world¥n"以上の長さの文字列は格納することができません。

```
char one_string[] = "hello, world¥n";
```

もっと長い文字列を格納する可能性があるときはどうすればよいのでしょうか。

```
char one_string[1000000000] = "hello, world¥n";
```

こうすると、ものすごく無駄ですし、システムによってはスタックサイズの制限に触れて異常終了してしまいます。このようなときは、まずは自動変数としてはポインタ変数だけ宣言しておいて、必要なメモリをどこかから持ってきて対応します。

```
char *one_string;    // ← 宣言時は無効なポインタなので、使うことはできない
```

しかし、「たぶん0x00890100番地は使っていなさそうだから（根拠なし）……」と、次のようなことをしてはいけません。

```
char *one_string = (char *) 0x00890100;
```

きちんと、システムから正式な手続きでメモリを借りてくることができる関数があります。それが、malloc()関数です。Memory ALLOCateと覚えるとわかりやすいですね。

```
void *malloc(size_t 必要なサイズ);
```

malloc()関数は、サイズを渡すとシステムのどこかに確保したvoidポインタを返してくれます。メモリが不足しているなどで、確保できない場合はNULLポインタが返ります。malloc()関数は、stdlib.hに宣言されていますので、利用するときにはインクルードしましょう。

```
char *one_string;
one_string = malloc(14);
```

このように書けば、ポインタ変数one_stringをあたかもone_string[14]のような配列（文字列）として利用できるようになります。ただし、このままone_stringを使うともしかするとNULLポインタ参照になってしまうかもしれません。そのため、malloc()関数を実行した後は必ずきちんとメモリを確保できたか確認します。

```
if (one_string == NULL) {
    printf("Error: memory\n");
    return -1;
}
```

0で初期化したメモリを確保する

　malloc()関数の他にも、calloc()関数というものがあります。こちらは、配列として使うことが前提で、1要素あたりのサイズと要素の数を指定してメモリを確保します。また、malloc()関数で得られるメモリ領域は初期化されていませんが、calloc()関数で得たメモリ領域は0で埋められているという特徴があります。

```
void *calloc(size_t 要素数, size_t 1要素あたりに必要なサイズ);
```

　戻り値はmalloc()関数と同じvoidポインタなので、実際にはどのように利用してもよいのですが、次のように利用するとわかりやすいです。

```
int型の配列として利用するメモリ領域を16要素
int *ptr;
ptr = calloc(16, 4);
```

　サイズを意識するため、あえて4という数値を指定していますが、通常はわかりやすく間違いがないようにsizeof演算子を使います。

```
ptr = calloc(16, sizeof(int));
```

10-3 メモリを解放する

今までの流れであれば、ここでさっそくサンプルプログラムを動かしたいところですが、メモリの確保については対となる解放の処理があるので、そちらも説明しましょう。メモリの解放には、free()関数を利用します。

```
void free(void *ptr);
```

先ほどのmalloc()関数で確保したone_stringを解放する場合は、次のようにします。

```
free(one_string);
```

こうすると、ポインタ変数one_stringが指し示す先のメモリ領域が解放されます。one_stringはポインタの値を格納しているだけなので、one_string自体が消えるわけではありません。

では、一度実験をしてみましょう。

● リスト10-1　memory.c

```c
#include <stdio.h>
#include <stdlib.h>
#include <string.h>

int
main(int argc, char *argv[])
{
    char *one_string;

    // わざとメモリ確保を失敗させる
    // 32ビットCPUの方は0xffffffffにしてみてください。
    one_string = malloc(0xffffffffffffffff);
    if (one_string == NULL) {
        // malloc()が失敗してエラーメッセージが表示
        printf("Memory allocation error!\n");
    }
    printf("one_string=%p\n", one_string);   // 失敗した場合はNULL
    free(one_string);                         // free()にはNULLも渡せる[※1]

    one_string = malloc(14);                  // 14バイト確保
    if (one_string == NULL) {
```

```
        printf("Memory allocation error!¥n");
        return -1;
    }
    // 確保したメモリのポインタを表示
    printf("one_string=%p¥n", one_string);

    strncpy(one_string, "hello, world¥n", 14 - 1);// 文字列をコピー
    one_string[14 - 1] = '¥0';

    printf("%s", one_string);                    // 文字列を表示

    // 確保したメモリのポインタを表示
    printf("one_string=%p¥n", one_string);
    free(one_string);
    // 解放したメモリのポインタを表示
    printf("one_string=%p¥n", one_string);

    return 0;
}
```

● Makefile.memory

```
PROGRAM =       memory
OBJS    =       memory.o
SRCS    =       $(OBJS:%.o=%.c)
CC      =       gcc
CFLAGS  =       -g -Wall
LDFLAGS =

$(PROGRAM):$(OBJS)
    $(CC) $(CFLAGS) $(LDFLAGS) -o $(PROGRAM) $(OBJS) $(LDLIBS)
```

● ビルド

```
$ make -f Makefile.memory
gcc -g -Wall    -c -o memory.o memory.c
gcc -g -Wall    -o memory memory.o
$
```

● 実行例

```
$ ./memory
Memory allocation error!
one_string=0x0
one_string=0x10bb008a0
hello, world
one_string=0x10bb008a0
one_string=0x10bb008a0
$
```

少しわかりにくい実験ですが、最初は確保したいサイズに0xffffffffffffffffを指定してわざと失敗してみました。おそらくほとんどのシステムで失敗します。

※1　18行目のfree()関数は、万が一成功してしまった場合のためにありますが、1,000万TBを超えるメモリの確保はまず成功しません。malloc()関数が失敗するとNULLが返りますが、free()関数はNULLを受けとってもよい関数なので、問題ありません。

その後、実際に文字列を格納するために14バイトメモリを確保しました。そしてstrncpy()関数で実際に文字列をコピーしました。

printf()関数で文字列を画面に表示してからfree()関数でメモリを解放しています。ポインタは単なる値ですから、メモリ解放前も解放後も、ポインタ変数one_stringが保持している値は変わりません。しかし、すでに利用できなくなった領域なので、free()関数後のポインタは触ってはいけません。

> **Note** 解放したメモリを利用すると
>
> 　free()関数後のメモリ領域を触ると何が起きるのでしょうか。リスト10-1のfree()関数後に、再度strncpy()関数を書いて実験してみましょう。
>
> ```
>     free(one_string);
>     // 解放したメモリのポインタを表示
>     printf("one_string=%p\n", one_string);
> ```
>
> ↓
>
> ```
>     free(one_string);
>     // 解放したメモリのポインタを表示
>     printf("one_string=%p\n", one_string);
>     strncpy(one_string, "hello, world\n", 14 - 1);// 文字列をコピー
>     one_string[14 - 1] = '\0';
>     printf("%s", one_string);           // 文字列を表示
> ```
>
> ●実行例
>
> ```
> $ ./memory
> Memory allocation error!
> one_string=0x0
> one_string=0x100100080
> hello, world
> one_string=0x100100080
> one_string=0x100100080
> hello, world
> $
> ```
>
> 何事もなく正常に動作してしまいました。実はfree()関数は、指定されたメモリ領域をクリアしているのではないのです。そのため、直後では何も問題が起きないことが多いです。では、さらに次のように変更して動かしてみましょう。
>
> ```
>     free(one_string);
>     // 解放したメモリのポインタを表示
> ```

```c
        printf("one_string=%p\n", one_string);
        strncpy(one_string, "hello, world\n", 14 - 1);// 文字列をコピー
        one_string[14 - 1] = '\0';
        printf("%s", one_string);           // 文字列を表示


        free(one_string);
        // 解放したメモリのポインタを表示
        printf("one_string=%p\n", one_string);
        strncpy(one_string, "hello, world\n", 14 - 1);// 文字列をコピー
        one_string[14 - 1] = '\0';
        int *ptr = malloc(sizeof(int));
        *ptr = 2147483647;
        printf("%s", one_string);           // 文字列を表示
```

●実行例

```
$ ./memory
Memory allocation error!
one_string=0x0
one_string=0x100100080
hello, world
one_string=0x100100080
one_string=0x100100080
??? o, world
$
```

　なんだかおかしなことになりました。これは、内部的にはアドレス0x100100080が解放されたので、malloc(sizeof(int))によってそのアドレスが再利用されたからです。ここまでくると異常動作に気がつきますね。

　システムにもよりますが、free()関数は、直後に他のmalloc()関数を利用しなかったりすると、異常動作に気がつきにくいのです。そのため、タイミングによってはうまく動かないなどという発見しにくいバグを生むことがあります。本当にそのタイミングでfree()してしまってもよいのか、よく考えてプログラムを書くようにしましょう。

10-4 メモリのサイズを変更する

メモリを拡張する

今までは動的なメモリ確保とはいえ、やはりmalloc()関数やcalloc()関数呼び出し時にはサイズを指定していました。そのため、何かの処理を行っているときに、もう少しメモリが欲しくなったら行き詰まってしまいます。そこでmalloc()関数やcalloc()関数の仲間として、realloc()関数というものが用意されていて、途中でメモリ領域を拡張できるようになっています。

```
void *realloc(void *拡張したいポインタ, size_t 拡張後のサイズ);
```

戻り値として、拡張されたメモリ領域が得られます。もし拡張できなかったら、NULLになります。

ただし、元のポインタが指していた領域がぐーんと広がるわけではなく、必要に応じて新たな場所に指定されたサイズを確保しなおす場合があります。なぜかというと、メモリ領域は連続していることに意味があるからです。たとえば、細切れになってしまっては1バイト以上のデータは書き込めませんし、配列としても利用できません。

●図10-1 メモリ領域は連続していることに意味がある

そのため、次のようなコードは間違いとなります。

```
one_string = realloc(one_string, 32);
```

one_stringのアドレスが変更されずに拡張されれば運がよいのですが、もしかすると32バイトは確保できなくてNULLになるかもしれません。そうするともともとのデータはどの領域にあったかわからなくなり（one_stringのポインタ値がNULLで上書きされるため）、データを参照することも変更することもfree()することもできなくなってしまいます。正しい使い方は、サンプルプログラムで見てみましょう。

●リスト10-2　memory_2.c

```c
#include <stdio.h>
#include <stdlib.h>
#include <string.h>

int
main(int argc, char *argv[])
{
    char *one_string, *new_string;

    one_string = malloc(14);                        // 14バイト確保
    if (one_string == NULL) {
        printf("Memory allocation error!\n");
        return -1;
    }
    // 確保したメモリのポインタを表示
    printf("one_string=%p\n", one_string);

    strncpy(one_string, "hello, world\n", 14 - 1);// 文字列をコピー
    one_string[14 - 1] = '\0';

    printf("%s", one_string);                       // 文字列を表示

    new_string = realloc(one_string, 32);           // メモリを拡張
    if (new_string == NULL) {
        printf("Memory allocation error!\n");
        free(one_string);
        return -1;
    }
    // 拡張したメモリのポインタを表示
    printf("new_string=%p\n", new_string);
    one_string = new_string;

    strncpy(one_string, "hello, world\nHELLO, WORLD\n",
            32 - 1);                                // 新しい文字列をコピー
    one_string[32 - 1] = '\0';

    printf("%s", one_string);                       // 文字列を表示

    free(one_string);

    return 0;
}
```

●Makefile.memory_2

```
PROGRAM   =     memory_2
OBJS      =     memory_2.o
SRCS      =     $(OBJS:%.o=%.c)
CC        =     gcc
```

```
CFLAGS    =       -g -Wall
LDFLAGS =

$(PROGRAM):$(OBJS)
    $(CC) $(CFLAGS) $(LDFLAGS) -o $(PROGRAM) $(OBJS) $(LDLIBS)
```

●ビルド

```
$ make -f Makefile.memory_2
gcc -g -Wall    -c -o memory_2.o memory_2.c
gcc -g -Wall    -o memory_2 memory_2.o
$
```

●実行例

```
$ ./memory_2
./memory_2
one_string=0x100100080
hello, world
new_string=0x100100090
hello, world
HELLO, WORLD
$
```

　危ないところでした。実行例ではメモリのアドレスが変わっていますね。realloc()関数は、意外と使い方を間違えることが多いので、アドレスが変わってしまうことを考慮したコーディングを心がけましょう。

　あまり使う機会はないかもしれませんが、拡張後のサイズとして元のサイズより小さな値を指定すると領域の縮小をすることも可能です。その場合、余った部分は未使用領域として無効（freeされたのと同じ状態）になり、アクセスすることは出来ませんので注意が必要です。

拡張で無効になった領域を利用する

　realloc()関数でメモリを拡張するときは、リスト10-2のように、一度別のポインタ変数に拡張した結果を代入しておいて、NULLでなければそれを元のポインタ変数に代入しなおして利用します。しかし、one_string = new_stringを忘れてしまうと、すでに無効になった領域を参照してしまい、プログラムが異常終了してしまうことがあります。

```
    new_string = realloc(one_string, 32);    // メモリを拡張
    if (new_string == NULL) {
        printf("Memory allocation error!¥n");
        free(one_string);
        return -1;
    }
    // 拡張したメモリのポインタを表示
    printf("new_string=%p¥n", new_string);
```

```
        one_string = new_string;


    new_string = realloc(one_string, 32);    // メモリを拡張
    if (new_string == NULL) {
        printf("Memory allocation error!\n");
        free(one_string);
        return -1;
    }
    // 拡張したメモリのポインタを表示
    printf("new_string=%p\n", new_string);
    //one_string = new_string;
```

●実行例

```
$ ./memory_2
./memory_2
one_string=0x100100080
hello, world
new_string=0x100100090
hello, world
HELLO, WORLD
memory_2(1019) malloc: *** error for object 0x100100080: pointer being freed was not allocated
*** set a breakpoint in malloc_error_break to debug
Abort trap
$
```

　アドレス0x100100080からはじまる14要素の領域を32要素に拡張した結果、0x100100090から新たに領域が確保されました。しかし、one_string = new_string;をしていないため、strncpy(one_string, "hello, world\nHELLO, WORLD\n", 32 - 1);は、無効になったアドレス0x100100080へと文字列を書き込んでしまいました。怖いのは、この段階ではエラーが起きていないことです。それは大文字のHELLO, WORLDが画面に出力されていることからわかると思います。無効にはなりましたが、プログラムから利用が禁止されている領域ではないので、問題なくstrncpy()関数で文字列がコピーされてしまっています。

　今回のエラーは、実はfree()関数がアドレス0x100100080を解放しようとしたところ、すでに解放済み（新たに0x100100090から確保しなおされたため）だったことに気がついてエラーを出してくれました。もし、free()関数の実行を忘れていると、エラーメッセージすら出ません。そうすると、特定の場合だけ異常な動作をするやっかいなバグとなってしまいます。

　十分に気をつけましょう。

> **Note** コピーオンライトとは
>
> 　最近の仮想記憶管理を行っているOSでは、コピーオンライトという仕組みが導入されていて、malloc()関数やcalloc()関数を実行しただけではメモリが確保されないことがあります。とりあえずは、メモリを確保したことにしておいて、場合によっては0埋めされた領域をプログラムには見せて

おきます。そして、実際にプログラムからメモリへの書き込みが生じたら本当にメモリを確保するという動作をして、高速化、メモリの効率的な利用を行っているのです。さっそく実験してみましょう。

なお、この実験は1つ間違うと、実装メモリの少ないコンピュータではシステムの動作が不安定になってしまうこともあるので、不安な方は実行例だけご覧ください。

● リスト10-3　memory_3.c

```c
#include <stdio.h>
#include <stdlib.h>
#include <string.h>

int
main(int argc, char *argv[])
{
    int i;
    char *ptr;

    ptr = malloc(2147483647);  // 2GB確保
    if (ptr == NULL) {
        printf("Memory allocation error!\n");
        return -1;
    }

    getchar();                 // enter 押下で書き込みをはじめるように

    for (i = 0; i < 2147483647; i++) {
        ptr[i] = 1;            // 確保したメモリに一要素ずつ値を書き込む
    }

    free(ptr);

    return 0;
}
```

● Makefile.memory_3

```
PROGRAM =       memory_3
OBJS    =       memory_3.o
SRCS    =       $(OBJS:%.o=%.c)
CC      =       gcc
CFLAGS  =       -g -Wall
LDFLAGS =

$(PROGRAM):$(OBJS)
    $(CC) $(CFLAGS) $(LDFLAGS) -o $(PROGRAM) $(OBJS) $(LDLIBS)
```

● ビルド

```
$ make -f Makefile.memory_3
gcc -g -Wall   -c -o memory_3.o memory_3.c
gcc -g -Wall   -o memory_3 memory_3.o
```

```
$
```

●実行例

```
$ ./memory_3
[return]押下
$
```

　実行したらすぐに、Windowsであれば「タスクマネージャ」、macOSなら「アクティビティモニタ」、Linuxならtopコマンドでメモリの使用量を見てみましょう。筆者の環境では、起動して[enter]押下前はメモリ使用量が316KBでした。しかし、[enter]押下後は、どんどん増えていって最終的には1GBまで増えました（仮想メモリなので、ディスクの一部もメモリとして利用するので、2GBぴったりにはなりません）。

　これが意味することは、かなり無茶なメモリの確保を行ってもすぐにはメモリが使用されないのでメモリ不足をプログラムで検知することは難しいということです。そのため、たくさんmalloc()関数を利用しているようなプログラムで、あるとき突然処理が重たくなるようなこともありえます。

　いくら仮想記憶でメモリが潤沢に使えるといっても、きちんと考えて確保するようにしましょう。

10-5 確保したメモリを使う

メモリをmalloc()関数やcalloc()関数で確保すると、voidポインタである領域が返ってきます。そこは、プログラマがどのように利用しても問題ありません。

◉ int型

```
int *num;
num = malloc(sizeof(int));
以降free()するまで、*num をint型の変数として利用できる

int *num_array;
num_array = calloc(要素数, sizeof(int)); // malloc(要素数 * sizeof(int)) でもよい
// 以降free()するまで、num_array をint型の配列と見なして利用できる
```

◉ double型

```
double *num;
num = malloc(sizeof(double));
以降free()するまで、*num をdouble型の変数として利用できる

double *num_array;
num_array = calloc(要素数, sizeof(double)); // malloc(要素数 * sizeof(double)) でもよい
// 以降free()するまで、num_array をdouble型の配列と見なして利用できる
```

◉ char型

```
char *character;
character = malloc(sizeof(char));
// 以降free()するまで、*character をchar型の変数として利用できる

char *one_string;
one_string = calloc(要素数, sizeof(char)); // malloc(要素数) でもよい
// 以降free()するまで、one_string を文字列として利用できる
```

◉ 構造体

```
#define MAX_CHARACTER   (256)
#define MAX_DATA        (1024)

struct tag_address {
    int no;
    char last_name[MAX_CHARACTER];
```

```
    char first_name[MAX_CHARACTER];
    char last_name_furigana[MAX_CHARACTER];
    char first_name_furigana[MAX_CHARACTER];
    int post_code;
    char address_1[MAX_CHARACTER];
    char address_2[MAX_CHARACTER];
    char phone_no[MAX_CHARACTER];
    char fax_no[MAX_CHARACTER];
    char cellular_no[MAX_CHARACTER]
    char remarks[MAX_CHARACTER];
};

    struct tag_address *address;
    address = malloc(sizeof(struct tag_address));
    // 以降free()するまで、address をtag_address型の構造体変数として利用できる
    // ただし、変数addressはポインタ変数なので、メンバ変数へのアクセスは .演算子ではなく、
->演算子になる

    struct tag_address *address_array;
    address_array = calloc(要素数, sizeof(struct tag_address)); // malloc(要素数 *
sizeof(struct tag_address)) でもよい
    // 以降free()するまで、address_array をtag_address型の配列と見なして利用できる
```

　このように、int型やdouble型のポインタ変数に代入して、int型やdouble型の値を保持してもよいですし、char型のポインタ変数に代入してchar型の配列、すなわち文字列として利用してもよいですし、自身で定義した構造体のポインタ変数に代入して、構造体配列として利用してもよいのです。

　このとき、次のようなコードはアドレスの代入（コピー）になるので、参照先のコピーにはならないことに注意する必要があります。

```
    int *num_1;
    int *num_2;

    num_1 = malloc(sizeof(int));

    *num_1 = 1000;

    num_2 = num_1; // malloc()関数で確保したある領域のアドレスをポインタ変数num_2に
代入しているだけ
                   // 変数num_1も変数num_2も同じ領域を指し示すポインタ
```

　この状態で、*num_1 = 2000; とすると、実体は同じ領域なので*num_2も2000になります。値をコピーしたいときには、次のように書く必要があります。

```
    int *num_1;
    int *num_2;
```

```
num_1 = malloc(sizeof(int));

*num_1 = 1000;

num_2 = malloc(sizeof(int)); // num_1とは別の領域を確保

*num_2 = *num_1;
```

　こうすれば、ポインタ変数num_1とポインタ変数num_2はまったく別の場所を指していますので、*num_1 = 2000;としても*num_2には一切影響がありません。

　あたりまえですが、ポインタ変数に確保した領域を代入して、変数名で扱うと、malloc()関数やcalloc()関数で確保した領域も、ポインタ変数の特徴を考慮して利用する必要があります。

10-6 メモリ領域を操作する標準関数

　ところで、C言語の標準関数には、特定のメモリ領域に対して直接的な操作を行うものもあります。たとえば値のコピーであれば、*num_2 = *num_1のように、変数名を利用して値をコピーするのではなく、num_1に保存してあるアドレスの指し示すメモリ領域から、num_2に保存してあるアドレスの指し示す領域に何バイトコピーするといった感じです。文字列のstrncpy()関数に似ています。

メモリ領域を埋める

■memset()関数

　memset()関数は、指定されたアドレスのメモリ領域を、ある一定の値で埋める関数です。
　宣言は、次のようになっています。

```
void *memset(void *メモリ領域, int 一定のバイト, size_t サイズ);
```

　戻り値は第1引数に指定したメモリ領域へのポインタとなります。
　memset()関数は、配列を特定の値で埋めたい場合などに使います。自動変数として配列を宣言するときに初期値として0を指定したり、calloc()関数を利用すれば、0で埋めることはできますが、−1で埋めたりすることはできません。そのようなときに、memset()関数を利用します。
　memset()関数並びに、これから紹介する関数はすべてstring.hにプロトタイプ宣言がしてあります。メモリなのに文字列関数のヘッダファイル？と思うかもしれませんが、文字列の操作とメモリの操作はよく似ています。むしろ、文字列関数がメモリ操作関数の特別版のような感じです。
　さっそくサンプルプログラムで動作を確認してみましょう。

●リスト10-4　memset_test.c
```c
#include <stdio.h>
#include <stdlib.h>
#include <string.h>

int
main(int argc, char *argv[])
{
    int i;
    int *ptr;
```

```c
    ptr = malloc(sizeof(int) * 8);

    for (i = 0; i < 8; i++) {
        printf("%d ", ptr[i]);
    }
    printf("\n");

    memset(ptr, -1, sizeof(int) * 8);

    for (i = 0; i < 8; i++) {
        printf("%d ", ptr[i]);
    }
    printf("\n");

    return 0;
}
```

● Makefile.memset_test

```
PROGRAM     =       memset_test
OBJS        =       memset_test.o
SRCS        =       $(OBJS:%.o=%.c)
CC          =       gcc
CFLAGS      =       -g -Wall
LDFLAGS     =

$(PROGRAM):$(OBJS)
    $(CC) $(CFLAGS) $(LDFLAGS) -o $(PROGRAM) $(OBJS) $(LDLIBS)
```

● ビルド

```
$ make -f Makefile.memset_test
gcc -g -Wall    -c -o memset_test.o memset_test.c
gcc -g -Wall    -o memset_test memset_test.o
$
```

● 実行例

```
$ ./memset_test
0 0 0 0 0 0 0 0
-1 -1 -1 -1 -1 -1 -1 -1
$
```

malloc()関数で確保したばかりの配列は、すべての要素が0でした（malloc()関数は確保した領域を初期化する決まりはないので、必ずしも0にはなりません）。

memset()関数を使って－1で埋めたので、次のprintf()関数の繰り返しではすべて－1になりました。

■ memsetはバイト単位でしか初期化できない

memset()関数は、アドレスが指定できるものであれば何でも指定した値で埋めることができます。しかし、あくまで「バイト単位」の埋めである必要があります。

多くのコンピュータは、2の補数形式で負数を扱っているので、－1は0xffffffffや0xffffffffffffffffといった内部表現になっています。そのため、先頭の0xffを利用してsizeof(int) * 8分だけ埋めても、結果はすべて－1になりました。

では、試しにmemset(ptr, -1, sizeof(int) * 8); を memset(ptr, 1, sizeof(int) * 8); にしてリスト10-4を動かしてみましょう。

●実行例

```
$ ./memset_test
0 0 0 0 0 0 0 0
16843009 16843009 16843009 16843009 16843009 16843009 16843009 16843009
$
```

なんだかおかしな結果になりました。なぜかというと、memset()関数はバイトごとにメモリ領域を埋める関数なので、1という数値を1バイトで表現したときの値である0x01でint型の配列を埋めてしまったからです。多くのコンピュータでint型は32ビット（4バイト）なので、各要素は0x01010101という数値、すなわち16843009で埋められてしまったのです。

もし確保したメモリ領域をdouble型や、自身で定義した構造体など、内部表現が複雑なデータ型の場合はもっとわけのわからない値になります。memset()関数で変数を初期化するときは、0や－1など内部表現が予想できるもので、データ型もchar型やint型などにとどめていくとよいでしょう。

ちなみに、ポインタ変数がどこのメモリ領域も指し示していないことを表すNULLは、ほとんどのコンピュータで値としての0で表現しています。

stdio.hやstddef.hというヘッダファイルで、次のようにdefineされています。

```
#define NULL ((void *)0)
```

しかし、中には－1をNULLとして扱っているコンピュータがあるかもしれません（筆者は見たことがありませんが）。そのようなコンピュータで、次のようなコードを実行すると期待したとおりに動きません。

```
struct tag_mydata {
    char *one_string;
    int *num_array;
};

    struct tag_mydata mydata;   // 自動変数としてポインタ型のメンバ変数を含むmydataを宣言

    memset(&mydata, 0, sizeof(mydata));   // 0で初期化したからone_stringやnum_arrayが
NULLになっていることを期待
```

```
    if (mydata.one_string == NULL) {
        何らかの処理
    }
```

　一般的な0をNULLとして扱っているコンピュータなら問題なく動作します。しかし、−1やその他の値をNULLとして扱うコンピュータではif文の中には決して入りません。ポインタ変数や、ポインタ型のメンバ変数は面倒でも ＝ NULLで初期化しましょう。

```
struct tag_mydata {
    char *one_string;
    int *num_array;
};

    struct tag_mydata mydata;  // 自動変数としてポインタ型のメンバ変数を含むmydataを宣言

    mydata.one_string = NULL;
    mydata.num_array = NULL;

    if (mydata.one_string == NULL) {
        何らかの処理
    }
```

メモリ領域をコピーする

■memcpy()関数

　メモリ領域をそっくりそのまま、別のメモリ領域にコピーする関数がmemcpy()関数です。memcpy()関数は'¥0'を見つけても指定サイズ分きっちりコピーするstrncpy()関数だと考えるとわかりやすいかもしれません。戻り値はコピー先へのポインタです。

```
    void *memcpy(void *コピー先, const void *コピー元, size_t サイズ);
```

　さっそくサンプルプログラムで実験してみましょう。

● リスト10-5　memcpy_test.c

```c
#include <stdio.h>
#include <string.h>

int
main(int argc, char *argv[])
{
    int a, b;
    double c, d;
    char string_1[256] = "test";
    char string_2[256];
```

```c
    int array_1[4] = {1, 2, 3, 4};
    int array_2[4];

    a = 1000;
    c = 3.14;

    memcpy(&b, &a, sizeof(int));    // b = a と同じ
    memcpy(&d, &c, sizeof(double)); // d = c と同じ
    memcpy(string_2, string_1, sizeof(string_2));
    // サイズ指定は sizeof(int) * 4 でも良い
    memcpy(array_2, array_1, sizeof(array_2));

    printf("%d, %f, %s, %d %d %d %d¥n",
           b, d, string_2, array_2[0],
           array_2[1], array_2[2], array_2[3]);

    return 0;
}
```

● Makefile.memcpy_test

```
PROGRAM     =       memcpy_test
OBJS        =       memcpy_test.o
SRCS        =       $(OBJS:%.o=%.c)
CC          =       gcc
CFLAGS      =       -g -Wall
LDFLAGS     =

$(PROGRAM):$(OBJS)
    $(CC) $(CFLAGS) $(LDFLAGS) -o $(PROGRAM) $(OBJS) $(LDLIBS)
```

● ビルド

```
$ make -f Makefile.memcpy_test
gcc -g -Wall   -c -o memcpy_test.o memcpy_test.c
gcc -g -Wall   -o memcpy_test memcpy_test.o
$
```

● 実行例

```
$ ./memcpy_test
1000, 3.140000, test, 1 2 3 4
$
```

　変数aの内容が変数bへ、変数cの内容が変数dへ、文字列string_1[]の内容が文字列string_2[]へ、配列array_1[]の内容が配列array_2[]へそれぞれコピーされていることがわかります。

■memcpyは必ずサイズ分コピーする

　memcpy()関数は、指定されたサイズ分は必ずコピーしようとします。strncpy()関数のように、サ

イズを超過しなくても'¥0'を見つけたら処理をやめるといったこともしてくれません。

リスト10-5を次のように変更してみます。

```
memcpy(&b, &a, sizeof(int));  // b = a と同じ
```

⬇

```
memcpy(&b, &a, 1024);  // b = a と同じ
```

● 実行例

```
$ ./memcpy_test
Abort trap
$
```

　関係ないメモリ領域に触れてしまい、プログラムが異常終了してしまいました。最近のコンパイラでは明らかなオーバーフローは検知してくれますが、malloc()関数などで動的に確保した領域に関しては、一切警告が出ません。十分に注意しましょう。

　ちなみに、memcpy()関数は重なっている領域へのコピーができません。

● 図10-2　重なったメモリ領域でコピーしようとしら

　aの部分から4バイト、bの部分にコピーをしようとすると、どのような結果になるかわかりません（動作が未定義で、結果が保証されません）。次の図のような結果を希望する場合は、コピー元とコピー先の領域が重なっていても動作が保証されているmemmove()関数を利用しましょう。使い方はmemcpy()と全く同じですが、若干動作が遅くなります。

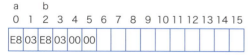

● 図10-3　重なったメモリ領域では memmove()を使う

メモリ領域を比較する

■ memcmp()関数

　最後に紹介する関数は、メモリ領域の内容を比較するmemcmp()関数です。こちらも、'¥0'を考慮するかしないかで、内容はほとんどstrncmp()関数と同じです。

```
int memcmp(const void *領域1, const void *領域2, size_t サイズ);
```

戻り値はstrcmp()関数や、strncmp()関数と同じです。ただ、メモリ領域は辞書順にどちらが大きいかなどはあまり考えないと思いますので、通常は0かそうではないかで利用することが多いと思います。

こちらもさっそく実験してみましょう。

● リスト10-6　memcmp_test.c

```c
#include <stdio.h>
#include <string.h>

int
main(int argc, char *argv[])
{
    int a, b;
    double c, d;

    a = 1000;
    b = 1000;
    c = 3.14;
    d = 3.15;

    if (memcmp(&a, &b, sizeof(int)) == 0) {
        printf("a and b are the same\n");
    }

    if (memcmp(&c, &d, sizeof(double)) == 0) {
        printf("c and d are the same\n");
    }

    return 0;
}
```

● Makefile.memcmp_test

```
PROGRAM    =    memcmp_test
OBJS       =    memcmp_test.o
SRCS       =    $(OBJS:%.o=%.c)
CC         =    gcc
CFLAGS     =    -g -Wall
LDFLAGS    =

$(PROGRAM):$(OBJS)
    $(CC) $(CFLAGS) $(LDFLAGS) -o $(PROGRAM) $(OBJS) $(LDLIBS)
```

● ビルド

```
$ make -f Makefile.memcmp_test
gcc -g -Wall   -c -o memcmp_test.o memcmp_test.c
gcc -g -Wall   -o memcmp_test memcmp_test.o
$
```

●実行例

```
$ ./memcmp_test
a and b are the same
$
```

　変数aと変数bは内容が同じなのでメッセージが表示されました。変数cと変数dは内容が違うので、メッセージが表示されませんでした。
　strcmp()関数やstrncmp()関数と比べて使う機会は少ないかもしれませんが、覚えておきましょう。

■ **memcmp()による構造体の比較**

　memcmp()関数を使えば、int型などの一般的なデータ型以外にも、単純にメモリ領域を比較するため、構造体にも使うことができます。さっそく実験してみましょう。

● リスト10-7　memcmp_test_2.c

```c
#include <stdio.h>
#include <stdlib.h>
#include <string.h>

struct tag_my_data {
    char character;
    double number;
};

int
main(int argc, char *argv[])
{
    struct tag_my_data *my_data_1;
    struct tag_my_data *my_data_2;

    my_data_1 = malloc(sizeof(struct tag_my_data));
    if (my_data_1 == NULL) {
        printf("Memory allocation error!\n");
        return -1;
    }
    memset(my_data_1,-1,sizeof(struct tag_my_data));

    my_data_1->character = 'A';
    my_data_1->number = 3.14;

    my_data_2 = malloc(sizeof(struct tag_my_data));
    if (my_data_2 == NULL) {
        printf("Memory allocation error!\n");
        free(my_data_1);
        return -1;
    }
    memset(my_data_2,1,sizeof(struct tag_my_data));
```

```c
        my_data_2->character = 'A';
        my_data_2->number = 3.14;

        if (memcmp(my_data_1,my_data_2,sizeof(struct tag_my_data)) == 0) {
            printf("my_data_1 and my_data_2 are the same\n");
        }

        free(my_data_1);
        free(my_data_2);

        return 0;
}
```

● Makefile.memcmp_test_2

```
PROGRAM    =       memcmp_test_2
OBJS       =       memcmp_test_2.o
SRCS       =       $(OBJS:%.o=%.c)
CC         =       gcc
CFLAGS     =       -g -Wall
LDFLAGS    =

$(PROGRAM):$(OBJS)
    $(CC) $(CFLAGS) $(LDFLAGS) -o $(PROGRAM) $(OBJS) $(LDLIBS)
```

● ビルド

```
$ make -f Makefile.memcmp_test_2
gcc -g -Wall   -c -o memcmp_test_2.o memcmp_test_2.c
gcc -g -Wall   -o memcmp_test_2 memcmp_test_2.o
$
```

● 実行例

```
$ ./memcmp_test_2
$
```

　my_data_1 and my_data_2 are the sameと表示されて欲しいのに、何もメッセージは表示されませんでした。確かに、my_data_1とmy_data_2には同じ値を代入しているはずです。

```
        my_data_1->character = 'A';
        my_data_1->number = 3.14;

        my_data_2->character = 'A';
        my_data_2->number = 3.14;
```

　実は、memset()関数に渡した引数に問題があります。

my_data_1は、−1で埋めました。

```
memset(my_data_1,-1,sizeof(struct tag_my_data));
```

my_data_2は、1で埋めました。

```
memset(my_data_2,1,sizeof(struct tag_my_data));
```

構造体は自動的にアライメント調整されるため、.演算子や->演算子では触れない隙間の領域（パディング）ができてしまうことがあります。しかし、memset()関数を使うとバイト単位ですべて指定された値で埋めるので、見た目（メンバ変数を見る限り）はまったく同じ値でも、これまたバイト単位で比較するmemcmp()関数からみると値が違うことになってしまいます。試しに−1と1を両方とも0にしてみましょう。

●実行例

```
$ ./memcmp_test_2
my_data_1 and my_data_2 are the same
$
```

このことから、本当は

```
if (memcmp(my_data_1, my_data_2, sizeof(struct tag_my_data)) == 0)
```

ではなくて、

```
if (my_data_1->character == my_data_2->character && my_data_1->number == my_data_2->number)
```

とするべきです。

10-7 リスト構造

動的メモリの使い方を示す例として、リスト構造を紹介します。

リスト構造とは

たとえば、住所録プログラムを作る場合、構造体配列を使ってもよいのですが、そうするとデータの削除がとても面倒になります。

address[0]とaddress[1]とaddress[2]にデータが入っていて、address[1]を削除すると、address[2]のデータをaddress[1]の場所に移動しなくてはなりません。また、新しいデータをaddress[1]とaddress[2]の間に挿入しようとすると、address[2]をaddress[3]に移動して新しいデータをaddress[2]の場所に挿入しなければなりません。

書いてみるとわかりますが、意外とこのような処理は面倒です。そこで、このような場合は「リスト構造」というデータ構造を利用すると便利です。

詳しくはアルゴリズムやデータ構造の専門書に譲るとして、リスト構造とは、実態として連続していなくてもあたかも連続して並んでいる配列のようにみせる工夫をしたデータ構造のことを言います。

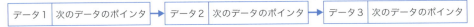

●図10-4　リスト構造

このようにポインタを使ってデータ同士を関連づけておいて、連続して読み取る場合は次々とポインタを手繰っていきます。データ2を削除したくなったら、データ2をfree()して、データ1の次ポインタをデータ3のアドレスで上書きします。

住所録プログラムを作る

これを応用して、かんたんな住所録プログラムを作ってみましょう。少し長いプログラムになりますが、実際に動かしてみながら読み解いていけば理解できるはずです。プログラムの見通しが悪くならないように、あえてmain()関数に多く処理を入れて、エラー処理などは簡潔にしています。

実際に利用するプログラムにするためには、まだまだ機能やエラー処理が十分ではありませんが、サンプルプログラムとしてはなかなかのボリュームです。

● リスト10-8　address.c

```c
#include <stdio.h>
#include <stdlib.h>
#include <string.h>

#define MAX_CHARACTER    (256)

// 住所データを表す構造体
//
struct tag_address {
    int no;                         // 住所番号
    char name[MAX_CHARACTER];       // 名前
    char addr[MAX_CHARACTER];       // 住所
    struct tag_address *next;       // 次のデータへのポインタ
};

// リストの先頭を記憶しておくためのポインタ変数
// プログラム起動時は何もデータがないのでNULL
//
struct tag_address *address = NULL;

// 住所データを登録する関数
int enter(int, const char *, const char *);
// 指定した住所番号の住所データを検索する関数
struct tag_address *find(int);
// 指定した住所番号の住所データを削除する関数
int delete(int);
// 全データを表示する
void show_all(void);
// 全データを削除する
void delete_all(void);

int main(int argc, char **argv)
{
    struct tag_address *address_data;
    char in_buf[8];
    char in_no[MAX_CHARACTER];
    char in_addr[MAX_CHARACTER];
    char in_name[MAX_CHARACTER];
    char *c;
    int no, menu_no;

    do {
        printf("Input 1[ret] to enter, 2[ret] to search, "
               "3[ret] to delete, 4[ret] to all, 9[ret] to quit.\n");
        printf("Input menu number> ");
        fgets(in_buf, sizeof(in_buf), stdin);
        menu_no = strtol(in_buf, NULL, 10);
        switch (menu_no) {
        case 1:
```

```c
            printf("Input number> ");
            fgets(in_no, sizeof(in_no), stdin);
            no = strtol(in_no, NULL, 10);

            printf("Input name> ");
            fgets(in_name, sizeof(in_name), stdin);
            c = strchr(in_name, '\n');
            if (c != NULL) {
                *c = '\0';
            }

            printf("Input address> ");
            fgets(in_addr, sizeof(in_addr), stdin);
            c = strchr(in_addr, '\n');
            if (c != NULL) {
                *c = '\0';
            }

            if (enter(no, in_name, in_addr) == -1) {
                printf("error\n\n\n");
            } else {
                printf("entered\n\n\n");
            }
            break;
        case 2:
            printf("Input number> ");
            fgets(in_no, sizeof(in_no), stdin);
            no = strtol(in_no, NULL, 10);

            address_data = find(no);
            if (address_data == NULL) {
                printf("no data\n\n\n");
            } else {
                printf("no = %d\nname = %s\naddress = %s\n\n\n",
                    no, address_data->name, address_data->addr);
            }
            break;
        case 3:
            printf("Input number> ");
            fgets(in_no, sizeof(in_no), stdin);
            no = strtol(in_no, NULL, 10);

            if (delete(no) == -1) {
                printf("no data\n\n\n");
            } else {
                printf("deleted\n\n\n");
            }
            break;
        case 4:
            show_all();
```

```c
                break;
            default:
                break;
        }
    } while (menu_no != 9);

    delete_all();

    return 0;
}

int
enter(int no, const char *name, const char *addr)
{
    struct tag_address *ptr_now, *ptr_before, *ptr_new;

    ptr_now = address;    // リストの先頭を作業用のポインタ変数に代入
    ptr_before = NULL;

    // 挿入場所を探すためにリストを手繰る繰り返し処理
    while (ptr_now != NULL) {
        // 重複データがある
        if (no == ptr_now->no) {
            printf("already exist\n");
            return -1;
        }
        // 新しい住所データの挿入先が見つかったので繰り返しを止める
        if (no < ptr_now->no) {
            break;
        }

        // 見つからなかった場合は、次のデータへのポインタを、
        // 作業用のポインタ変数に代入して、
        // 現在の作業用ポインタを保存して繰り返す
        ptr_before = ptr_now;
        ptr_now = ptr_now->next;
    }

    // 新しい住所データ用のメモリを確保する
    ptr_new = malloc(sizeof(struct tag_address));
    if (ptr_new == NULL) {
        printf("Memory allocation error!\n");
        return -1;
    }
    ptr_new->no = no;
    strncpy(ptr_new->name, name, sizeof(ptr_new->name) - 1);
    ptr_new->name[sizeof(ptr_new->name) - 1] = '\0';
    strncpy(ptr_new->addr, addr, sizeof(ptr_new->addr) - 1);
    ptr_new->addr[sizeof(ptr_new->addr) - 1] = '\0';
```

```c
        // まだデータが一件もなければ、新しい住所データを先頭にする
        if (address == NULL) {
            address = ptr_new;
        }
        // 新しい住所データの次ポインタに作業用ポインタ（挿入場所）を代入
        ptr_new->next = ptr_now;
        // 1つ前の住所データの次ポインタを新しい住所データにする
        if (ptr_before != NULL) {
            ptr_before->next = ptr_new;
        }

        if (address->no > ptr_new->no) {
            address = ptr_new;
        }

        return 0;
}

struct tag_address *
find(int no)
{
    struct tag_address *ptr;

    ptr = address;  // リストの先頭を作業用のポインタ変数に代入

    // リストを手繰るための繰り返し処理
    while (ptr != NULL) {
        // 指定された住所番号の住所が見つかったら、
        // その構造体のアドレスを返す
        if (no == ptr->no) {
            return ptr;
        }
        // 指定された住所番号より、現在みている住所番号が大きければ
        // これ以上検索しても見つからないので繰り返しを止める
        if (no < ptr->no) {
            break;
        }

        // 見つからなかった場合は、次のデータへのポインタを、
        // 作業用のポインタ変数に代入して繰り返す
        ptr = ptr->next;
    }

    // 見つからなかったら NULL を返す
    return NULL;
}

int
delete(int no)
{
```

```c
    struct tag_address *ptr_now, *ptr_before;

    ptr_now = address;  // リストの先頭を作業用のポインタ変数に代入

    // まだ一件もデータがないので削除できない
    if (ptr_now == NULL) {
        return -1;
    }

    // 削除データを探すためにリストを手繰る繰り返し処理
    while (ptr_now != NULL) {
        // 削除データが見つかったので繰り返しを止める
        if (no == ptr_now->no) {
            break;
        }

        // これ以上探しても削除データはない
        if (no < ptr_now->no) {
            return -1;
        }

        // 見つからなかった場合は、次のデータへのポインタを、
        // 作業用のポインタ変数に代入して、
        // 現在の作業用ポインタを保存して繰り返す
        ptr_before = ptr_now;
        ptr_now = ptr_now->next;
    }
    if (ptr_now == NULL) {
        return -1;
    }

    // ポインタの付け替え
    if (address == ptr_now) {
        address = ptr_now->next;
    } else {
        ptr_before->next = ptr_now->next;
    }

    // 削除されたデータのメモリを解放する
    free(ptr_now);

    return 0;
}

void
show_all(void)
{
    struct tag_address *ptr_now;

    ptr_now = address;  // リストの先頭を作業用のポインタ変数に代入
```

```c
    while (ptr_now != NULL) {
        printf("no = %d¥nname = %s¥naddress = %s¥n¥n¥n",
               ptr_now->no, ptr_now->name, ptr_now->addr);
        ptr_now = ptr_now->next;
    }
}

void
delete_all(void)
{
    struct tag_address *ptr_now, *ptr_before;

    ptr_now = address;  // リストの先頭を作業用のポインタ変数に代入

    while (ptr_now != NULL) {
        ptr_before = ptr_now;
        ptr_now = ptr_now->next;
        free(ptr_before);
    }
}
```

● Makefile.address

```
PROGRAM    =      address
OBJS       =      address.o
SRCS       =      $(OBJS:%.o=%.c)
CC         =      gcc
CFLAGS     =      -g -Wall
LDFLAGS    =

$(PROGRAM):$(OBJS)
    $(CC) $(CFLAGS) $(LDFLAGS) -o $(PROGRAM) $(OBJS) $(LDLIBS)
```

● ビルド

```
$ make -f Makefile.address
gcc -g -Wall   -c -o address.o address.c
gcc -g -Wall   -o address address.o
$
```

● 実行例

```
$ ./address
Input 1[ret] to enter, 2[ret] to search, 3[ret] to delete, 4[ret] to all, 9[ret] to quit.
Input menu number> 1          ← 新規住所録を登録したいので1[enter]
Input number> 1               ← 住所録番号は1
Input name> Motoki Taneda     ← 種田 元樹さんの名前を入力
Input address> Tokyo          ← 住所を入力
entered                       ← 登録が完了しました
```

```
Input 1[ret] to enter, 2[ret] to search, 3[ret] to delete, 4[ret] to all, 9[ret] to quit.
Input menu number> 1        ← 新規住所録を登録したいので1[enter]
Input number> 2             ← 住所録番号は2
Input name> Gijutsu Hyoron  ← 技術評論社さんの名前を入力
Input address> Sinjuku      ← 住所を入力
entered                     ← 登録が完了しました


Input 1[ret] to enter, 2[ret] to search, 3[ret] to delete, 4[ret] to all, 9[ret] to quit.
Input menu number> 1        ← 新規住所録を登録したいので1[enter]
Input number> 3             ← 住所録番号は3
Input name> Toilet Hanako   ← トイレの花子さんの名前を入力
Input address> Toilet       ← 住所を入力
entered


Input 1[ret] to enter, 2[ret] to search, 3[ret] to delete, 4[ret] to all, 9[ret] to quit.
Input menu number> 1        ← 新規住所録を登録したいので1[enter]
Input number> 4             ← 住所録番号は4
Input name> Taro Nippon     ← 日本 太郎さんの名前を入力
Input address> Japan        ← 住所を入力
entered


Input 1[ret] to enter, 2[ret] to search, 3[ret] to delete, 4[ret] to all, 9[ret] to quit.
Input menu number> 3        ← データを削除したいので3[enter]
Input number> 3             ← 花子さんのデータを削除
deleted                     ← 削除されました


Input 1[ret] to enter, 2[ret] to search, 3[ret] to delete, 4[ret] to all, 9[ret] to quit.
Input menu number> 2        ← データを検索したいので2[enter]
Input number> 1             ← 種田 元樹さんのデータを検索したい
no = 1
name = Motoki Taneda
address = Tokyo


Input 1[ret] to enter, 2[ret] to search, 3[ret] to delete, 4[ret] to all, 9[ret] to quit.
Input menu number> 4        ←データの全件表示
no = 1
name = Motoki Taneda
address = Tokyo


no = 2
name = Gijutsu Hyoron
address = Sinjuku
```

```
                    ←花子さんのデータはちゃんと消えていた
no = 4
name = Taro Nippon
address = Japan


Input 1[ret] to enter, 2[ret] to search, 3[ret] to delete, 4[ret] to all, 9[ret] to quit.
Input menu number> 9
$
```

　約250行にもなるサンプルプログラムになりましたが、いかがでしたでしょうか。よく理解できなかった場合は、ポインタを代入したりしているところにprintf("ptr_now=%p,ptr_before=%p¥n",ptr_now,ptr_before);などを挿入してアドレスの数値を見ながら絵を描いてみましょう。ゆっくり時間をかけてプログラムを追っていけば必ず動きがわかるはずです。

> **Note　メモリリークに注意**
>
> 　前節のような複雑なプログラムは、メモリリークを起こしやすい一例となります。メモリリークとは、使い終わったメモリを解放せずに放っておいてしまうことです。リスト構造でデータを削除したのにfree()関数を実行しないと、その領域は永久に参照されることはなくなりますので、登録や削除を繰り返すたびにどんどん使われていないのにシステムとしては利用したままになっている領域が増えていきます。そのまま放っておくと、システムのメモリが足りなくなって動作が不安定になるかもしれません。
>
> 　LLやJava、.NET Framework上で動くC#などの言語は、ガベージコレクションという仕組みが用意されていて、言語の枠組みの中で自動的に使われなくなったメモリを返却してくれます。そのため、C言語に比べて、メモリリークが起きにくいと言われています。
>
> 　メモリリークはかんたんにテストをしただけでは発見しにくいので、長期間の運用ではじめて発覚することも少なくありません。しかも、なんだか動作が遅くなったとか、具体的な症状もはっきりしないことが多いのでプログラミングの段階で発見しておくことが望ましいです。
>
> 　リスト10-8では、delete()関数の最後のfree()関数を忘れてしまうと、メモリリークとなります。確保の処理を行ったら、どこで解放されているか常に頭に入れながらプログラミングを行いましょう。

Chapter 11

データを保存して読み出す

11-1　ファイル入出力の基本 ——————————————————— 414

11-2　標準ファイル関数 ————————————————————— 416

11-3　ファイルの読み書きの例 ————————————————— 420

11-4　その他の標準ファイル関数 ———————————————— 427

11-1 ファイル入出力の基本

前章の住所録プログラムは、ファイルの保存に対応していないのでなんとも中途半端な感じでした。みなさんがプログラミングにチャレンジしようとしたときも、ファイルに関する学習をしてこなかったために歯がゆい思いをしたことがあるのではないでしょうか。

ファイルが扱えるようになると、処理結果や処理の途中の情報を保存したり、既存のファイルを読み込んで加工したりと、できることが大幅に広がります。

ファイル入出力を行うためには、必ず次の流れでプログラミングする必要があります。

- オープン（ファイルを開く）
- 読み書き（リード/ライト）
- クローズ（ファイルを閉じる）

アプリケーションプログラムには大抵「ファイルを開く」メニューがあることから、オープンについてはなんとなく必要性がわかると思います。オープンを行うことで、プログラムはそのファイルの内容を参照したり、新しい情報を保存することができるようになります。

少しわかりにくいのはクローズです。ワープロや表計算など、普段の作業ではファイルを保存したらアプリケーションごと終了させてしまうため、あまりクローズ（ファイルを閉じる）について意識しないかもしれませんが、これは重要なことです。

一般的にファイルが保存されているハードディスクなどの装置はメモリに比べて低速なので、バッファリングと呼ばれる処理が行われています。バッファリングとは入出力と処理との間で、処理速度の差を吸収・調整するために一時的にメモリを利用することを言います。バッファリングにより、実際にはディスクへの書き込みが完了していないにもかかわらず、プログラムには書き込みが完了したと見せかけ、全体としての動作が速くなるように見せかけていることがあります。バッファリング中にコンピュータの電源を切ってしまうと、未書き込みの情報が消えてしまうことがあります。ファイルのクローズを行うことで、バッファリングされている情報を実際のディスクに保存するフラッシュという動作が行われ、このような危険を減らすことができます。

また、ファイルをオープンするとOSは、どのプログラムがどのファイルを開いているかという情報を覚えておく必要が生じます。ファイルをクローズせずにどんどんオープンすると、この情報があふれてしまって、それ以上ファイルが開けなくなることがあります。このような状態を、「リソースリーク」と呼びます。「メモリリーク」のファイル版のようなものだと捉えてください。そのためにも、使い終わったファ

イルは必ずクローズする必要があります。
　もっとも、最近のOSでは、プログラムが終了すれば自動的にファイルがクローズされますし、バッファリングの有無も設定やOSの種類などにより変わってきますが、基本的に「ファイル入出力はオープン→リード／ライト→クローズという流れで行われる」と覚えておきましょう。

11-2 標準ファイル関数

　C言語のファイル関数は、stdio.hにプロトタイプやデータ型の定義があり、ほとんどの関数名がfからはじまります。

　C言語が生まれ育ったUnixではさまざまな入出力可能な装置をファイルとして抽象化するという考え方があります。キーボードや画面などのデータが流れる装置についても、ファイルのように扱っています。そのため、ファイルを「ストリーム（流れ＝データの流れ）」と呼ぶこともあります。

　これから紹介するf*系の関数は、たいていstdin、stdout、stderrなどの「標準ストリーム」を指定することが可能です。

clearerr	ストリームのEOF（end-of-file）指示子とエラー指示子をクリアする
fclose	ストリームを閉じる
feof	EOF指示子をテストする（ファイルが終端かチェックする）
ferror	ストリームのエラー指示子をテストする
fflush	ストリームをフラッシュする
fgetc	ストリームから次の1文字を読む
fgetpos	ストリームの位置を変更する
fgets	ストリームから文字列の入力
fopen	ストリームを開く
fprintf	ストリームへ指定された書式に変換して出力
fputc	ストリームへの1文字出力
fputs	ストリームへの1行出力
fread	ストリームからの読み込み
fscanf	ストリームからの書式付き入力
fseek	ストリームの位置を変更する
fsetpos	ストリームの位置を変更する
ftell	ストリームのファイル位置表示子の参照
fwrite	ストリームへの書き込み
getc	ストリームからの1文字入力
putc	ストリームへの1文字出力
rewind	ストリームの巻き戻し
setbuf	ストリームのバッファ設定
setvbuf	ストリームの詳細なバッファ設定

●表11-1　f*系関数一覧

fgets()関数はいままでも使ってきました。fgets()関数は、ファイルストリームを識別する変数としてstdinを指定すると、コンソール（＝キーボード）から1行入力してくれました。この章では、stdinではなくストリームを実際のファイルから開いて扱ってみます。

ファイルを開く

fopen()関数は、指定された名前のファイルを開き、ストリームと結びつけます。

```
FILE *fopen(const char *ファイルパス, const char *モード);
```

ファイルパスには、ファイル名を指定します。"/home/mtaneda/test.txt"や、"C:¥¥Users¥¥mtaneda¥¥test.txt"などOSによって若干指定の仕方は違います。モードには、ファイルをどのように開くかを文字列で指定します。

r	ファイルを読み出すために開く。読み出し開始はファイルの先頭から
r+	読み出しおよび書き込みするために開く。読み出し開始はファイルの先頭から
w	ファイルを書き込みのために開く。ファイルがすでに存在する場合には長さゼロに切り詰める。ファイルがなかった場合には新たに作成する
w+	読み出しおよび書き込みのために開く。ファイルがすでに存在する場合には長さゼロに切り詰める。ファイルがなかった場合には新たに作成する
a	ファイルの最後に書き込むために開く。ファイルが存在していない場合には新たに作成する。書き込み開始はファイル末尾から
a+	読み出しおよびファイルの最後に書き込むために開く。ファイルが存在していない場合には新たに作成する。読み出しの初期ファイル位置はファイルの先頭であるが、書き込みは常にファイルの最後に追加される

●表11-2　モード一覧

戻り値は、FILE型へのポインタです。そのため、FILE型の変数は実体ではなく、ポインタだけを宣言する必要があります。

このFILE型については、多くの実装では構造体ですが、C言語のライブラリ仕様としては構造体であることを明確に定めてはいません。単純にFILEというデータ型だと覚えておきましょう。処理に失敗した場合はNULLが返ります。

ポインタ変数にどこかから持ってきたメモリ領域を割り付けるというと、malloc()関数に似ていますが、内部的にはまったく違うことをしているので、fopen()関数で得たポインタをfree()してはいけません。代わりに不要になったら、fclose()関数で後始末を行います。

カレントディレクトリ（作業中のフォルダ）にあるtest.txtに、新たな内容を書き出したいときは次のようにします。

```
FILE *fp;

fp = fopen("test.txt", "w");
if (fp == NULL) {
    printf("Can't create file.¥n");
```

```
    }
```

ファイルを読み出したいときは、次のようにします。

```
FILE *fp;

fp = fopen("test.txt", "r");
if (fp == NULL) {
    printf("Can't open file.\n");
}
```

既存のファイルに追記したい場合は、次のようにします。

```
FILE *fp;

fp = fopen("test.txt", "a");
if (fp == NULL) {
    printf("Can't open file.\n");
}
```

ファイルを閉じる

fclose()関数は、指定されたストリームをフラッシュしてから、閉じます。

```
int fclose(FILE *ストリーム);
```

戻り値は、正常に処理が完了したときは0、失敗したときはEOFという値が返ってきます。

ファイルから読み出す

fread()関数は、ストリーム（ファイル）からデータを読み出します。

```
size_t fread(void *読み込み先, size_t 読み出し単位のサイズ, size_t 読み出し個数,
FILE *ストリーム);
```

読み込み先には、メモリ領域をポインタで指定します。読み出し単位のサイズは、どのような単位でファイルを読むか指定します。読み出し個数は、何個呼び出し単位のサイズで指定されたデータを読むかを指定します。calloc()関数の1要素あたりに必要なサイズと要素数の関係だと捉えるとわかりやすいでしょう。最後に、ストリーム（ファイル）と結びつけられたFILE型のポインタを指定します。

戻り値は読み出した個数となるので、すべて読み込めた場合は引数に指定した読み出し個数と同じ値になります。エラーや、すべて読み出す前にファイルの終わりに到達してしまった場合は、引数に指定した読み出し個数より小さい値か、0になります。この関数は、エラーかファイルの終わりに到達したかの区別ができないので、それらを厳密に区別したい場合はfeof()関数とferror()関数を併用する必要があ

ります。

たとえば、ファイルにint型のデータが16個書き込まれていて、それをすべて読み出す場合は次のようにします。

```
int array[16];
size_t read_num;

read_num = fread(array, sizeof(int), 16, fp);
if (read_num != 16) {
    if (feof(fp)) {
        printf("End of file\n");
    } else if (ferror(fp)) {
        printf("Error\n");
    }
}
```

この例のように、引数（16）と戻り値（read_num）を比較してエラーの有無のチェックを行うのは定石なので、覚えておいてください。

ファイルへ書き込む

fwrite()関数は、ストリーム（ファイル）へデータを書き込みます。

```
size_t fwrite(void *書き込みたい内容, size_t 書き込み単位のサイズ, size_t 書き込み個数, FILE *ストリーム);
```

書き込みたい内容には、メモリ領域をポインタで指定します。書き込みの単位や個数はfread()関数と同じです。

戻り値は書き込みに成功した個数となるので、すべてファイルに書き込めた場合は引数に指定した書き込み個数と同じ値になります。エラーが発生した場合は、引数に指定した書き込み個数より小さい値か、0になります。

ファイルにint型のデータを16個書き込みたい場合は、次のようにします。

```
int array[16] = {1, 2, 3, 4, 5, 6, 7, 8, 9, 10, 11, 12, 13, 14, 15, 16};
size_t write_num;

write_num = fwrite(array, sizeof(int), 16, fp);
if (write_num != 16) {
    printf("Error\n");
}
```

11-3 ファイルの読み書きの例

ファイルは、読み書きそろってはじめて役に立つので、まずはひととおりの説明を行いました。では、サンプルプログラムでファイルの読み書きについての実験を行ってみましょう。

書き込みプログラムと読み込みプログラムを作る

今回は、書き込むプログラムと読み込むプログラムの両方を作ります。

● リスト11-1　fwrite_test.c

```c
#include <stdio.h>

#define FILE_NAME   "test.dat"

int
main(int argc, char *argv[])
{
    int array[16] = {1, 2, 3, 4, 5, 6, 7, 8, 9, 10, 11, 12, 13, 14,
                     15, 16};
    size_t write_num;
    FILE *fp;

    fp = fopen(FILE_NAME, "w");
    if (fp == NULL) {
        printf("Can't create file\n");
        return -1;
    }

    write_num = fwrite(array, sizeof(int), 16, fp);
    if (write_num != 16) {
        printf("Error\n");
        fclose(fp);
        return -1;
    }

    printf("fwrite complete\n");

    fclose(fp);

    return 0;
```

}
```

● Makefile.fwrite_test

```
PROGRAM   =       fwrite_test
OBJS      =       fwrite_test.o
SRCS      =       $(OBJS:%.o=%.c)
CC        =       gcc
CFLAGS    =       -g -Wall
LDFLAGS   =

$(PROGRAM):$(OBJS)
    $(CC) $(CFLAGS) $(LDFLAGS) -o $(PROGRAM) $(OBJS) $(LDLIBS)
```

● ビルド

```
$ make -f Makefile.fwrite_test
gcc -g -Wall    -c -o fwrite_test.o fwrite_test.c
gcc -g -Wall    -o fwrite_test fwrite_test.o
$
```

● リスト11-2 fread_test.c

```c
#include <stdio.h>

#define FILE_NAME    "test.dat"

int
main(int argc, char *argv[])
{
    int array[16];
    int i;
    size_t read_num;
    FILE *fp;

    fp = fopen(FILE_NAME, "r");
    if (fp == NULL) {
        printf("Can't open file\n");
        return -1;
    }

    read_num = fread(array, sizeof(int), 16, fp);
    if (read_num != 16) {
        if (feof(fp)) {
            printf("End of file\n");
        } else if (ferror(fp)) {
            printf("Error\n");
        }
        fclose(fp);
        return -1;
    }
```
```

```
    for (i = 0; i < 16; i++) {
        printf("%d ", array[i]);
    }
    printf("\nfread complete\n");

    fclose(fp);

    return 0;
}
```

● **Makefile.fread_test**

```
PROGRAM    =      fread_test
OBJS       =      fread_test.o
SRCS       =      $(OBJS:%.o=%.c)
CC         =      gcc
CFLAGS     =      -g -Wall
LDFLAGS    =

$(PROGRAM):$(OBJS)
    $(CC) $(CFLAGS) $(LDFLAGS) -o $(PROGRAM) $(OBJS) $(LDLIBS)
```

● **ビルド**

```
$ make -f Makefile.fread_test
gcc -g -Wall   -c -o fread_test.o fread_test.c
gcc -g -Wall   -o fread_test fread_test.o
$
```

● **実行例**

```
$ ./fread_test        ← 真っ先にfread_testを実行してみる
Can't open file       ← ファイル test.dat がないので、エラーになりました
$
```

次にテキストエディタでtest.datという名前のファイルを作ります。
そして、hello, worldなどと適当な文字列を書き込んでおきましょう。

```
$ ./fread_test
End of file         ← hello, worldは12バイトですが、
$                     fread()関数には 16 * sizeof(int)読み込むように指定しましたので、エラーになりました

$ ./fwrite_test
fwrite complete
$ ./fread_test
1 2 3 4 5 6 7 8 9 10 11 12 13 14 15 16
fread complete      ← fwrite_testでtest.datを作ってから実行したので、正常にファイルが読めました
$
```

いかがでしょうか。これまでのサンプルプログラムは、一度実行したら結果はすべて失われてしまうものばかりでしたが、ファイルを扱えるようになると結果を残しておけるようになります。楽しいですね。

リソースリークの実験

ファイルをクローズせずにどんどんファイルをオープンすると、リソースリークが発生します。fopen()したら、fclose()する。この原則を守らないとどのようなことになるのでしょうか。

● リスト11-3　resource_leak.c

```c
#include <stdio.h>

#define FILE_NAME   "test.dat"

int
main(int argc, char *argv[])
{
    int i;
    FILE *fp;

    for (i = 1; i < 8192; i++) {
        fp = fopen(FILE_NAME, "r");
        if (fp == NULL) {
            printf("Can't open file\n");
            return -1;
        }
        printf("%d file opend.\n", i);
    }

    return 0;
}
```

● Makefile.resource_leak

```
PROGRAM =       resource_leak
OBJS    =       resource_leak.o
SRCS    =       $(OBJS:%.o=%.c)
CC      =       gcc
CFLAGS  =       -g -Wall
LDFLAGS =

$(PROGRAM):$(OBJS)
    $(CC) $(CFLAGS) $(LDFLAGS) -o $(PROGRAM) $(OBJS) $(LDLIBS)
```

● ビルド

```
$ make -f Makefile.resource_leak
gcc -g -Wall    -c -o resource_leak.o resource_leak.c
gcc -g -Wall    -o resource_leak resource_leak.o
$
```

●実行例

```
$ ./resource_leak
1 file opend.
2 file opend.
.
.
.
251 file opend.
252 file opend.
253 file opend.
Can't open file
$
```

　253個ファイルを開いたところで、エラーになりました。一般的なOSでは、256個弱のファイルを開くとそれ以上開けなくなってしまいます。ただし、開けなくなる影響を受けるのは、このプログラムだけです。Unixでは、スーパーユーザー権限（システム管理者権限＝root）で特殊な設定を行うと、これ以上開けるようになります。

　しかし、それを行ってもっとたくさんのファイルを開きすぎると、システム全体で開けるファイルの上限にあたってしまうことがあります。そうすると、他のプログラムも巻き込んでしまい、思わぬ事態となることがあります。メモリと同じように、fopen()したら必ずfclose()するようにしましょう。

> **Note** テキストファイルとバイナリファイル
>
> リスト11-3で作成したtest.datをテキストエディタで開いてみましょう。
>
> ●test.dat
>
> ^A^@^@^@^B^@^@^@^C^@^@^@^D^@^@^@^E^@^@^@^F^@^@^@^G^@^@^@^H^@^@^@　　^@^@^@
> ^@^@^@^K^@^@^@^L^@^@^@^M^@^@^@^N^@^@^@^O^@^@^@^P^@^@^@
>
> 　とても１２３…などのデータが入っているとは思えませんね。これは、ファイルにint型のデータを直接書き込んだからです。^@というのは、多くのエディタで文字ではない数値の0のときに表示する記号です。また、^Aは文字ではない数値の1のときに表示する記号です。そうすると、バイトの並びとしては01 00 00 00となります。これは、リトルエンディアンでは、数値の1です。
>
> 　このように、人間が見てもよくわからないファイルのことをバイナリファイルと呼びます。人間が読めるファイルをテキストファイルと呼びます。
>
> 　MS-DOS、Windows系のOSはfread()関数やfwrite()関数で明確にバイナリファイルとテキストファイルを区別するので、サンプルプログラムの動きが実行例と同じようにならなかった場合は、モード("r"や"w")を"rb"や"wb"と指定してみてください。"b"は、これらのOSでバイナリファイルを的確に扱うためのモードです。
>
> 　せっかくファイルを扱えるようになりましたので、復習も兼ねて、10-7節の住所録プログラム（リスト10-8）で入力したデータをファイルに書き出してみましょう。
>
> 　1つヒントを出しておきます。ファイルの書き出しはプログラムの最後に呼び出されるdelete_all()を次のように変更すればよいでしょう。

```
void
delete_all(void)
{
    struct tag_address *ptr_now, *ptr_before;
    FILE *fp;
    size_t write_size;

    ptr_now = address; // リストの先頭を作業用のポインタ変数に代入
    fp = fopen("address.dat", "w");
    if (fp == NULL) {
        printf("Can't create file\n");
    }

    while (ptr_now != NULL) {
        if (fp != NULL) {
            write_size =
            fwrite(ptr_now, sizeof(struct tag_address), 1, fp);
            if (write_size != 1) {
                printf("Error\n");
            }
        }
        ptr_before = ptr_now;
        ptr_now = ptr_now->next;
        free(ptr_before);
    }
    if (fp != NULL) {
        fclose(fp);
    }
}
```

この改造によって書き出したaddress.datです。文字列はそのままエディタで読める状態ですね。

● address.dat

```
^A^@^@^@Motoki Taneda^@^@^@^@^@^@^@^@^@^@^@^@^@^@^@^@^@^@^@^@^@
@^@^@^@^@^@^@^@^@^@^@^@^@^@^@^@^@^@^@^@^@^@^@^@^@^@^@^@^@^@^@^
@^@^@^@^@^@^@^@^@^@^@^@^@^@^@^@^@^@^@^@^@^@^@^@^@^@^@^@^@^@^@^
@^@^@^@^@^@^@^@^@^@^@^@^@^@^@^@^@^@^@^@^@^@^@^@^@^@^@^@^@^@^@^
@^@^@^@^@^@^@^@^@^@^@^@^@^@^@^@^@^@^@^@^@^@^@^@^@^@^@^@^@^@^@^
@^@^@^@^@^@^@^@^@^@^@^@^@^@^@^@^@^@^@^@^@^@^@^@^@^@^@^@^@^@^@^
@^@^@^@^@^@^@^@^@^@^@^@^@Tokyo^@^@^@^@^@^@^@^@^@^@^@^@^@^@^@^@
^@^@^@^@^@^@^@^@^@^@^@^@^@^@^@^@^@^@^@^@^@^@^@^@^@^@^@^@^@^@^@
^@^@^@^@^@^@^@^@^@^@^@^@^@^@^@^@^@^@^@^@^@^@^@^@^@^@^@^@^@^@^@
^@^@^@^@^@^@^@^@^@^@^@^@^@^@^@^@^@^@^@^@^@^@^@^@^@^@^@^@^@^@^@
^@^@^@^@^@^@^@^@^@^@^@^@^@^@^@^@^@^@^@^@^@^@^@^@^@^@^@^@^@^@^@
^@^@^@^@^@^@^@^@^@^@^@^@^@^@^@^@^@^@^@^@^@^@^@^@^@^@^@^@^@^@^@
^@^@^@^@^@^@^@^@^@^@^@^@^@^@^@^@^@^@^@^@^@^@^@^@^@^@^@^@^@¥260
P^O^A^@^@^@^B^@^@^@Gijutsu Hyoron^@^@^@^@^@^@^@^@^@^@^@^@^@^@^
@^@^@^@^@^@^@^@^@^@^@^@^@^@^@^@^@^@^@^@^@^@^@^@^@^@^@^@^@^@^@^
@^@^@^@^@^@^@^@^@^@^@^@^@^@^@^@^@^@^@^@^@^@^@^@^@^@^@^@^@^@^@^
```

```
@^@^@^@^@^@^@^@^@^@^@^@^@^@^@^@^@^@^@^@^@^@^@^@^@^@^@^@^@^@^@^@^
@^@^@^@^@^@^@^@^@^@^@^@^@^@^@^@^@^@^@^@^@^@^@^@^@^@^@^@^@^@^@^@^
@^@^@^@^@^@^@^@^@^@^@^@^@^@^@^@^@^@^@^@^@^@^@^@^@^@^@^@^@^@^@^@^
@^@^@^@^@^@^@^@^@^@^@^@^@^@^@^@^@^@^@Minatoku^@^@^@^@^@^@^@^@^@^@^
@^@^@^@^@^@^@^@^@^@^@^@^@^@^@^@^@^@^@^@^@^@^@^@^@^@^@^@^@^@^@^@^
@^@^@^@^@^@^@^@^@^@^@^@^@^@^@^@^@^@^@^@^@^@^@^@^@^@^@^@^@^@^@^@^
@^@^@^@^@^@^@^@^@^@^@^@^@^@^@^@^@^@^@^@^@^@^@^@^@^@^@^@^@^@^@^@^
@^@^@^@^@^@^@^@^@^@^@^@^@^@^@^@^@^@^@^@^@^@^@^@^@^@^@^@^@^@^@^@^
@^@^@^@^@^@^@^@^@^@^@^@^@^@^@^@^@^@^@^@^@^@^@^@^@^@^@^@^@¥320^NP
^O^A^@^@^@^D^@^@^@Taro Nippon^@^@^@^@^@^@^@^@^@^@^@^@^@^@^@^@^@^
@^@^@^@^@^@^@^@^@^@^@^@^@^@^@^@^@^@^@^@^@^@^@^@^@^@^@^@^@^@^@^@^
@^@^@^@^@^@^@^@^@^@^@^@^@^@^@^@^@^@^@^@^@^@^@^@^@^@^@^@^@^@^@^@^
@^@^@^@^@^@^@^@^@^@^@^@^@^@^@^@^@^@^@^@^@^@^@^@^@^@^@^@^@^@^@^@^
@^@^@^@^@^@^@^@^@^@^@^@^@^@^@^@^@^@^@^@^@^@^@^@^@^@^@^@^@^@^@^@^
@^@^@^@^@^@^@^@^@^@^@^@^@^@^@^@^@^@^@^@^@^@^@^@^@^@^@^@^@^@^@^@^
@^@^@^@^@^@^@^@^@^@^@^@^@^@^@^@Japan^@^@^@^@^@^@^@^@^@^@^@^@^@^@
^@^@^@^@^@^@^@^@^@^@^@^@^@^@^@^@^@^@^@^@^@^@^@^@^@^@^@^@^@^@^@^@
^@^@^@^@^@^@^@^@^@^@^@^@^@^@^@^@^@^@^@^@^@^@^@^@^@^@^@^@^@^@^@^@
^@^@^@^@^@^@^@^@^@^@^@^@^@^@^@^@^@^@^@^@^@^@^@^@^@^@^@^@^@^@^@^@
^@^@^@^@^@^@^@^@^@^@^@^@^@^@^@^@^@^@^@^@^@^@^@^@^@^@^@^@^@^@^@^@
^@^@^@^@^@^@^@^@^@^@^@^@^@^@^@^@^@^@^@^@^@^@^@^@^@^@^@^@^@^@^@^@
^@^@^@^@^@^@^@^@^@^@^@^@^@^@^@^@^@^@^@^@^@^@^@^@^@^@^@^@^@^@^@^@
^@^@^@^@^@
```

　読み込みは、プログラム起動時にリスト構造を作ればよいでしょう。少し難しいですが、enter()関数とにらめっこしながら頑張ってみてください。注意点としては、今回のdelete_all()関数は次ポインタも書き込んでしまっています。しかし、これは読み込むときは邪魔にしかならないので、無視してしまいましょう。

11-4 その他の標準ファイル関数

エラーをチェックする

サンプルプログラムでは、feof()関数とferror()関数を利用しました。これは、ファイルストリームの状態を教えてくれる関数です。

ファイルの末尾まで読み込んでしまうと、当然ながらそれ以上は読むことができなくなります。fread()関数は指定した数よりも小さな値か、0を返すでしょう。しかし、それでは末尾まで読み込んだのか、なんらかのエラーが発生したのかわかりません。そのような場合は、feof()関数を利用します。

```
int feof(FILE *ストリーム);
```

末尾（End of file=EOF）まで読み込み済みであったら0以外の数値を返します。
エラーが発生したかどうかは、ferror()関数でチェックします。

```
int ferror(FILE *ストリーム);
```

エラーが発生しているなら、0以外の数値を返します。

これらの状態をクリアするためには、clearerr()関数を利用します。クリアしたからといって、エラーから復旧するわけではありませんが、覚えておくとよいでしょう。

ファイルから1行読み込む

fgets()関数はもうすでに利用しているので、おなじみですね。

```
char *fgets(char *読み込み先, size_t サイズ, FILE *ストリーム);
```

今まではストリームにstdinを指定して、キーボードからの読み込みのみを行っていました。ストリームにfopen()関数で得たファイルストリームを指定すれば、ファイルから文字列1行を読み込むことができます。戻り値は読み込み先へのポインタか、エラーや1文字も読めなかった場合はNULLを返します。
おなじみの関数なので、さっそく応用してみましょう。

● リスト11-4　fgets_test.c
```
#include <stdio.h>
#include <string.h>
```

```c
int
main(int argc, char *argv[])
{
    char buf[8192];
    char *c;
    int line_no;
    FILE *fp;

    if (argc != 2) {
        printf("usage: %s [filename]\n", argv[0]);
        return -1;
    }

    fp = fopen(argv[1], "r");
    if (fp == NULL) {
        printf("Can't open file\n");
        return -1;
    }

    line_no = 0;
    while ((fgets(buf, sizeof(buf), fp)) != NULL) {
        c = strchr(buf, '\n');
        if (c != NULL) {
            *c = '\0';
        }
        // 読み込んだ文字列を行番号つきで表示
        printf("%04d: %s\n", line_no++, buf);
    }

    if (feof(fp)) {
        printf("End of file\n");
    } else if (ferror(fp)) {
        printf("Error\n");
    }

    fclose(fp);

    return 0;
}
```

● **Makefile.fgets_test**

```
PROGRAM =       fgets_test
OBJS    =       fgets_test.o
SRCS    =       $(OBJS:%.o=%.c)
CC      =       gcc
CFLAGS  =       -g -Wall
LDFLAGS =
```

```
$(PROGRAM):$(OBJS)
    $(CC) $(CFLAGS) $(LDFLAGS) -o $(PROGRAM) $(OBJS) $(LDLIBS)
```

◉ ビルド

```
$ make -f Makefile.fgets_test
gcc -g -Wall   -c -o fgets_test.o fgets_test.c
gcc -g -Wall   -o fgets_test fgets_test.o
$
```

◉ 実行例

```
$ ./fgets_test
usage: ./fgets_test [filename]    ← 引数無しで起動すると使い方が表示される
$ ./fgets_test fgets_test.c
0000: #include <stdio.h>
0001: #include <string.h>
0002:
0003: int
0004: main(int argc, char *argv[])
0005: {
0006:     char buf[8192];
0007:     char *c;
0008:     int line_no;
0009:     FILE *fp;
0010:
0011:     if (argc != 2) {
0012:         printf("usage: %s [filename]¥n", argv[0]);
0013:         return -1;
0014:     }
0015:
0016:     fp = fopen(argv[1], "r");
0017:     if (fp == NULL) {
0018:         printf("Can't open file¥n");
0019:         return -1;
0020:     }
0021:
0022:     line_no = 0;
0023:     while ((fgets(buf, sizeof(buf), fp)) != NULL) {
0024:         c = strchr(buf, '¥n');
0025:         if (c != NULL) {
0026:             *c = '¥0';
0027:         }
0028:         // 読み込んだ文字列を行番号つきで表示
0029:         printf("%04d: %s¥n", line_no++, buf);
0030:     }
0031:
0032:     if (feof(fp)) {
0033:         printf("End of file¥n");
0034:     } else if (ferror(fp)) {
0035:         printf("Error¥n");
```

```
0036:     }
0037:
0038:     fclose(fp);
0039:
0040:     return 0;
0041: }
End of file
$
```

テキストファイルの内容を行番号付きで表示するサンプルプログラムです。今まで説明していませんでしたが、main()関数のargc変数とargv[]変数はプログラム起動時に利用者からの引数を受け取るためのものです。argc変数には、引数の数が入っています。argv[]配列には、引数の文字列が入っています。argv[]配列は、自分自身のプログラム名が先頭要素に入りますので、何も引数を指定しなければ、argvは1、argv[0]は"./fgets_test"になります。今回のサンプルプログラムでは、必ず読み出したいファイルを指定して欲しいので、argcが2ではない場合はエラーとして画面にメッセージを出力するようにしました。

fgets()関数は、改行文字である'\n'まで読み込むので、strchr()関数も利用しています。

■**ストリームの現在位置を操作する**

これまでのサンプルは、すべてファイルを終わりまで読み切る作りでした。小さなファイルはそれでもよいですが、大きなファイルを読み切るためには膨大なメモリが必要になったり、非常に時間がかかったりしてしまいます。また、ファイルの途中からデータを読みたいことがあるかもしれません。FILE型のストリームは、現在ファイルのどの位置にいるかなどをきちんと覚えているので、その位置を操作することにより読み出したり書き出したりする現在位置の変更が可能です。

```
long ftell(FILE *ストリーム);

int fseek(FILE *ストリーム, long 場所, int どこから);
```

ftell()関数は、現在ストリームのどの場所にいるかを教えてくれます。戻り値はlong型の数値です。エラーが発生した場合は、－1を返します。

fseek()関数は、指定した場所まで位置を変更します。どこからには、ファイルの先頭からであればSEEK_SET、現在の場所からの相対位置ならSEEK_CUR、ファイルの末尾からならSEEK_ENDを指定します。成功した場合は0を、エラーが発生した場合は－1を返します。

ファイルの先頭に戻りたい場合は、fseek(fp, 0, SEEK_SET);ファイルの末尾に行きたい場合はfseek(fp, 0, SEEK_END); とします。

これを応用して、リスト11-1が書き出したtest.datを逆から読み込みプログラムを作ってみましょう。

●リスト11-5　file_pos.c
```
#include <stdio.h>
```

```c
#define FILE_NAME    "test.dat"

int
main(int argc, char *argv[])
{
    int array[16] = {0};
    int i;
    size_t read_num;
    FILE *fp;

    fp = fopen(FILE_NAME, "r");
    if (fp == NULL) {
        printf("Can't open file\n");
        return -1;
    }

    fseek(fp, -sizeof(int), SEEK_END);
    for (i = 0; i < 16; i++) {
        read_num = fread(&array[i], sizeof(int), 1, fp);
        if (read_num != 1) {
            if (feof(fp)) {
                printf("End of file\n");
            } else if (ferror(fp)) {
                printf("Error\n");
            }
            fclose(fp);
            return -1;
        }
        fseek(fp, -(sizeof(int) * 2), SEEK_CUR);
    }

    for (i = 0; i < 16; i++) {
        printf("%d ", array[i]);
    }
    printf("\n");

    return 0;
}
```

◉ **Makefile.file_pos**

```
PROGRAM    =    file_pos
OBJS       =    file_pos.o
SRCS       =    $(OBJS:%.o=%.c)
CC         =    gcc
CFLAGS     =    -g -Wall
LDFLAGS    =

$(PROGRAM):$(OBJS)
```

```
        $(CC) $(CFLAGS) $(LDFLAGS) -o $(PROGRAM) $(OBJS) $(LDLIBS)
```

● ビルド

```
$ make -f Makefile.file_pos
gcc -g -Wall   -c -o file_pos.o file_pos.c
gcc -g -Wall   -o file_pos file_pos.o
$
```

● 実行例

```
$ ./fwrite_test
fwrite complete
$ ./file_pos
16 15 14 13 12 11 10 9 8 7 6 5 4 3 2 1
$
```

　test.datは、すべてint型のデータが書き込まれているので、必ずsizeof(int)ごとにしか場所は移動しませんので、かんたんに逆順に表示することができました。しかし、テキストファイルの文字列の長さは読んでみるまでわかりません（'¥n'や'¥0'までという基準のため）。そのため、逆順に表示することは結構難しいです。

ファイルに書式付きで出力する

　標準ファイル関数で最後に紹介するのは、fprintf()関数です。こちらは、printf()関数のファイル版だと思っていただいて結構です。第1引数にストリームを指定すること以外、printf()関数とまったく同じです。

　さっそく実験してみましょう。

● リスト11-6　fprintf_test.c

```c
#include <stdio.h>
#include <string.h>

int
main(int argc, char *argv[])
{
    char buf[8192];
    char *c;
    int line_no;
    FILE *fp_read, *fp_write;

    if (argc != 2) {
        printf("usage: %s [filename]¥n", argv[0]);
        return -1;
    }
```

```c
        fp_read = fopen(argv[1], "r");
        if (fp_read == NULL) {
            printf("Can't open file\n");
            return -1;
        }

        fp_write = fopen("out.txt", "w");
        if (fp_write == NULL) {
            printf("Can't create file\n");
            fclose(fp_read);
            return -1;
        }

        line_no = 0;
        while ((fgets(buf, sizeof(buf), fp_read)) != NULL) {
            c = strchr(buf, '\n');
            if (c != NULL) {
                *c = '\0';
            }
            if (fprintf(fp_write, "%04d: %s\n", line_no++, buf) < 0) {
                if (ferror(fp_write)) {
                    printf("Error\n");
                    fclose(fp_write);
                    fclose(fp_read);
                }
            }
        }

        if (feof(fp_read)) {
            printf("End of file\n");
        } else if (ferror(fp_read)) {
            printf("Error\n");
        }

        fclose(fp_write);
        fclose(fp_read);

        return 0;
}
```

● Makefile.fprintf_test

```
PROGRAM   =       fprintf_test
OBJS      =       fprintf_test.o
SRCS      =       $(OBJS:%.o=%.c)
CC        =       gcc
CFLAGS    =       -g -Wall
LDFLAGS   =

$(PROGRAM):$(OBJS)
```

```
       $(CC) $(CFLAGS) $(LDFLAGS) -o $(PROGRAM) $(OBJS) $(LDLIBS)
```

● ビルド

```
$ make -f Makefile.fprintf_test
gcc -g -Wall    -c -o fprintf_test.o fprintf_test.c
gcc -g -Wall    -o fprintf_test fprintf_test.o
$
```

● 実行例

```
$ ./fprintf_test fprintf_test.c
End of file
$
```

　このプログラムは、リスト11-4のようにテキストファイルを読み込んで行番号付きにします。しかし、画面には表示せずout.txtというファイルに書き出しています。

● out.txt

```
0000: #include <stdio.h>
0001: #include <string.h>
0002:
0003: int
0004: main(int argc, char *argv[])
0005: {
0006:     char buf[8192];
0007:     char *c;
0008:     int line_no;
0009:     FILE *fp_read, *fp_write;
0010:
0011:     if (argc != 2) {
0012:         printf("usage: %s [filename]¥n", argv[0]);
0013:         return -1;
0014:     }
0015:
0016:     fp_read = fopen(argv[1], "r");
0017:     if (fp_read == NULL) {
0018:         printf("Can't open file¥n");
0019:         return -1;
0020:     }
0021:
0022:     fp_write = fopen("out.txt", "w");
0023:     if (fp_write == NULL) {
0024:         printf("Can't create file¥n");
0025:         fclose(fp_read);
0026:         return -1;
0027:     }
0028:
0029:     line_no = 0;
```

```
0030:       while ((fgets(buf, sizeof(buf), fp_read)) != NULL) {
0031:           c = strchr(buf, '\n');
0032:           if (c != NULL) {
0033:               *c = '\0';
0034:           }
0035:           if (fprintf(fp_write, "%04d: %s\n", line_no++, buf) < 0) {
0036:               if (ferror(fp_write)) {
0037:                   printf("Error\n");
0038:                   fclose(fp_write);
0039:                   fclose(fp_read);
0040:               }
0041:           }
0042:       }
0043:
0044:       if (feof(fp_read)) {
0045:           printf("End of file\n");
0046:       } else if (ferror(fp_read)) {
0047:           printf("Error\n");
0048:       }
0049:
0050:       fclose(fp_write);
0051:       fclose(fp_read);
0052:
0053:       return 0;
0054:   }
```

しっかり出力されていますね。

Note　低水準入出力関数

　ファイル関数には高水準入出力関数と低水準入出力関数の2種類があると記載されているC言語の教科書があります。これはいったいどういうことなのでしょうか。実際には、C言語の標準として規格にあるものは先に説明したf*系のファイル関数だけです。しかし、C言語はUnix環境から発祥しているのでUnixのシステムコール（OSの機能を呼び出すためのAPI）をC言語の準標準として考えることがあります。そのように考えたとき、C言語のライブラリとして提供されている便利なf*系の標準ファイル関数を「高水準入出力関数」、OSの機能そのものであるシステムコールを「低水準入出力関数」と呼ぶことがあります。

	高水準入出力関数	低水準入出力関数	Windows API
	C言語の標準	Unixのシステムコール	
ファイルを開く	fopen()	open()	CreateFile()
ファイルに書き出す	fwrite()	write()	WriteFile()
ファイルから読み込む	fread()	read()	ReadFile()

●表11-3　OS毎ファイル操作の関数

　WindowsにもUnixのシステムコール同様、CreateFile()などの専用のAPI（アプリケーション・

プログラミング・インタフェース）が用意されていますが、open()なども使えます。Windowsの前身であるMS-DOSはUnixを参考にして作られているので、昔はここでいう低水準入出力関数を使っていたからです。おそらく、たくさんの利用者がいたMS-DOSでもUnixのようにfopen()とopen()、fwrite()とwrite()、fread()とread()とそれぞれに2つの選択肢があったので「高水準入出力関数」と「低水準入出力関数」という呼び名が定着したのでしょう。

　MS-DOS時代は、高水準入出力関数と低水準入出力関数の違いは、バッファリングの有無くらいでした。これまでのサンプルプログラムを振り返るとわかりますが、fgets()関数やfprintf()関数は行を意識したプログラミングができます。しかし、低水準入出力関数は基本的にバイト単位のやり取りになります。行単位のやり取りを行おうとすると、データをバッファリングして、1行溜まったらプログラムに渡すなどという処理が必要になります。

　CPUやメモリに比べて、ハードディスクは非常に低速です。バッファリングしないと、プログラムはハードディスクが書き込みを完了するまで次の処理に移れません。しかし、メモリに書き込んだ時点でプログラムとしてはディスクに書き込みが完了することにすれば、次の処理に移ることができます。そして、暇になったらメモリの内容をディスクに書き込めばよいのです。

　このように、高水準入出力関数はバッファリング処理を行うため、比較的処理が速いという特徴がありました。

　しかしUnixやWindowsではそれ以上に重要なことがあります。それは、OSに密着した制御ができるという点です。fopen()関数は、ファイルを作る、開くくらいしかできませんでした。しかし、open()関数はどのような権限のファイルを作るか、どのような方式でディスクに書き込むのかなど、事細かに指定することができます。Windowsにいたっては、かなり細かなセキュリティ条件の指定などもできます。

```
    HANDLE CreateFile(LPCTSTR, DWORD, DWORD, LPSECURITY_ATTRIBUTES, DWORD,
DWORD, HANDLE);
    BOOL WriteFile(HANDLE, LPCVOID, DWORD, LPDWORD, LPOVERLAPPED);
    BOOL ReadFile(HANDLE, LPVOID, DWORD, LPDWORD, LPOVERLAPPED);
```

　引数の数を見ると、いかにも細かい指定ができそうな感じですね。

　現在では、あまり高水準入出力関数や低水準入出力関数とは言わず、ライブラリ関数とシステムコールやAPIといった言い方をしますが、歴史的な経緯があったことを覚えておくと、今後新たな参考書を読む際に役に立つと思います。

Chapter 12

避けて通れない応用

12-1　C言語のお作法 ——————————————— 438

12-2　OSの機能を呼び出すシステムコール ——————— 444

12-3　オープンソースを読んでみよう ————————— 458

12-1 C言語のお作法

　本節では、よくあるC言語のお作法について説明します。C言語はフリースタイルの言語のため、プログラムの最小単位である「文」さえきちんと規則どおりに書けていれば、どのようなコーディングスタイルで書いてもコンパイルエラーになりません。
　「文」は、；（セミコロン）で終わる一連の文字列や、制御文のことです。

```
printf("hello, world¥n");

if (color == RED)
```

コーディングスタイル、インデントとコメント

本書のサンプルプログラムでは、次のようなスタイルを採用しました。

```
#include <stdio.h>

int
main(int argc, char *argv[])
{
    printf("hello, world¥n");

    return 0;
}
```

実は、このプログラムは次のように書いても問題なくコンパイルできてしまいます。

```
#include <stdio.h>

int main(int argc, char *argv[]) {
    printf    (
        "hello, world¥n"
          )
      ;return
      0;
                           }
```

それから、こんな風に書いても問題ありません。

```
#include <stdio.h>
int main(int argc,char*argv[]){printf("hello, world¥n");return 0;}
```

　C言語の文字列定数は続けて書くと1つの文字列定数として連続したメモリに確保されるので、このような書き方もできます。

```
#include <stdio.h>
int main(int argc,char*argv[]){printf("h"
"e"
"l"
"l"
"o"
","
"w"
"o"
"r"
"l"
"d"
"¥n");return 0;}
```

　しかし、面白がってこのような書き方をしていると、後から修正することが困難になりますし、チームワークでプログラミングしているときは、書き方を統一しておいたほうが何かと便利です。この書き方のことを「コーディングスタイル」と呼びます。
　コーディングスタイルで重要になるのは、「インデント（字下げ）」です。インデントとは、プログラムを人間が読んだときにわかりやすくするために意図的に入れるスペースのことです。一般的にはブロックが深くなるごとにスペース4つ〜8つ、またはタブを入れることが多いです。

よくあるスタイル

●K&Rスタイル

```
int main(argc, argv)
        int argc;
        char *argv[];
{
....
        pnumber = number_array;
        answer = 0;

        while (*pnumber != -1) {
                answer += *pnumber;
                pnumber++;
        }
        printf("pnumber = %d¥n", pnumber);
....
}
```

●BSD/オールマンのスタイル

```
int main(int argc, char *argv[])
{
….
        pnumber = number_array;
        answer = 0;

        while (*pnumber != -1)
        {
                answer += *pnumber;
                pnumber++;
        }
        printf("pnumber = %d¥n", pnumber);
….
}
```

●BSD/KNFスタイル

```
int
main(int argc, char *argv[])
{
….
        pnumber = number_array;
        answer = 0;

        while (*pnumber != -1) {
                answer += *pnumber;
                pnumber++;
        }
        printf("pnumber = %d¥n", pnumber);
….
}
```

その他もいろいろなスタイルがありますので、是非調べてみてください。

プログラムに命を吹き込む言霊

　C言語の変数や関数は、規約に違反していなければ、どのような名前をつけることもできます。たとえば8-4節のカレンダーを作るプログラム（リスト8-11）に登場したget_week_of_day()関数は、gwod()という名前でもコンパイルは通りますし、正常に動作します。

　しかし、他人がこのプログラムを読んだとき「ぐぅぉっど？なんじゃこりゃ」となってしまったりしますので、基本的にはわかりやすい名前をつける必要があります。

●リスト12-1　calendar.c

```
#include <stdio.h>

enum tag_month {
```

```c
    JAN = 1, FEB, MAR, APR,
    MAY,    JUN, JUL, AUG,
    SEP,    OCT, NOV, DEC,
};

enum tag_week_of_day {
    SUN,
    MON,
    TUE,
    WED,
    THR,
    FRI,
    SAT,
};

enum tag_week_of_day gwod(int, enum tag_month, int);

int
main(int argc, char *argv[])
{
    enum tag_week_of_day week_of_day;
    enum tag_month month;
    int monthlength[] = {-1, 31, 28, 31, 30, 31, 30, 31, 31, 30, 31,
                         30, 31};
    int year;
    int day;

    year = 2017;

    // 閏年判定
    if (((year % 4 == 0) && (year % 100 != 0)) || (year % 400 == 0)) {
        monthlength[FEB] = 29;
    }

    for (month = JAN; month <= DEC; month++) {
        day = 1;
        week_of_day = gwod(year, month, day);
        day -= week_of_day;

        printf(" Sun Mon Tue Wed Thr Fri Sat¥n");
        for (;day <= monthlength[month]; day++) {
            if (day <= 0 ) {
                printf("    ");
                continue;
            }
            printf("% 3d ", day);
            week_of_day = get_week_of_day(year, month, day);
            if (week_of_day == SAT) {
                printf("¥n");
            }
```

```
            }
            printf("¥n¥n");
        }

        return 0;
}

enum tag_week_of_day
gwod(int year, enum tag_month month, int day)
{
    if (month == JAN ||
        month == FEB) {
        year--;
        month += 12;
    }

    return ((year + year / 4 - year / 100 +
            year / 400 + (13 * month + 8) / 5 + day) % 7);
}
```

　プログラミングを続けていると、しっくりくる「名前」をつけた場合と、適当につけた場合とで、プログラムの出来が全然違うと実感することがあります。それは当然で、しっくりくる名前をつけられるということは、その変数や関数が持つべき機能が自分の頭の中でしっかり整理できているということなので、思ったとおりの動きをしてくれます。しかし名前が思いつかないときは、頭の中で機能が整理できていないということなので、中途半端な実装になったりしてしまいます。

　これを筆者の仲間内では「言霊」と呼んだりして、重要視しています。

▍記法について

　さて、いい加減な名前を避けるため、一般的なプロジェクトでは、コーディング規約に命名の規則まで含まれていることが多いです。今回はその一例を紹介しましょう。

■キャメル記法

　変数や関数に使われている単語を大文字と小文字で区別する記法です。

```
GetWeekOfDay
```

　例のように、単語の区切りで大文字を使うため、ラクダのこぶのように見えるのでキャメル記法と呼ばれます。余計な区切り文字がないため、横長にならなくてすっきりしているという特徴があります。

■スネーク記法

　変数や関数に使われている単語を _ （アンダースコア）で区切る記法です。

```
    get_week_of_day
```

_の分横に長くなってしまいますが、単語の区切りがわかりやすいという特徴があります。

■ハンガリアン記法

変数名の先頭に、そのデータ型を示す1文字〜数文字を加えて、コーディングを間違った場合、それに気づきやすくするという記法です。

bOptionFlag	bool型	bool型 は C99以降のC言語で使える
nCountOfPepole	int型	n または i
dwSize	DWORD型	Windowsにおける 32ビット符号無し整数
szFileName	文字列	String terminated with Zeroの略
tag_week_of_day	構造体など	

●表12-1　ハンガリアン記法

キャメル記法と組み合わせて使うことが多いです。Microsoft Windows系のコーディング規約でよく見かけます。

12-2 OSの機能を呼び出すシステムコール

　本書で紹介したようなレベルのプログラムが自力で書けるようになってきたとしても、なかなか実用的なプログラムを書くことは難しいです。今まで学習した知識でも、ファイルの読み書きはできるので、当然何をもって実用的とするかは微妙ですが、一般的に実用的なプログラムは、ネットワークで通信をしたり、綺麗なウィンドウが表示されたりするものが大多数でしょう。これはどのように実現しているのでしょうか。

　ネットワークや、グラフィックスも当然プログラミングによって実現されているのですが、ほとんどの場合、OSの機能を使って実現されています。OSの機能は、macOSやLinuxなどのUnix系のOSの場合は、「システムコール」と呼ばれることがほとんどです。Windowsの場合は、「API（Application Programming Interface）」と呼ばれることが多いです。厳密な定義は本書の範囲を超えてしまうので割愛しますが、C言語の勉強の延長としてOSの機能を使ったプログラミングの様子を見てみましょう。

ソケットを使ったネットワークプログラミング

　ソケットとは、C言語によるプログラミングでのコンピュータネットワークに関するAPIのことです。macOSやLinuxなどのUnix系OSではシステムコールとして実装されています。

　ソケットを使ったプログラミングは、はじめてC言語を学習しようとしている人にとってはかなり難しいです。というのは、C言語の知識だけではなく、使っているOSの知識（同じシステムコール関数でもOSの種類やバージョンによっていろいろと異なることがある）はもちろん、ネットワークやソケットについての知識も必要だからです。

　本書はC言語の入門書であって、OSやネットワークの入門書ではないので、サンプルプログラムの内部について細かな解説は行いません。しかし、いじって実験する際のポイントや覚えておくとよいことについては書いておきますので、コンパイルして実行だけでもしていただければと思います。

　またこのプログラムを読んでみて、C言語としては読み進められるけど、プログラムの全体像は把握できないという感覚を得たら、それはC言語を習得し始めていることだと思って喜んでください。よくこのような難しいプログラムを見て「だからC言語は難しい……」と言って敬遠する人がいますが、それはC言語が難しいのではなくて、使っているOSのシステムコールやライブラリ、フレームワークなどが難しいのです。その場合は、C言語の基本的な学習が終わって、次はOSなどの勉強に進めばよいだけのことなので、本書をきっかけに新たな学習にチャレンジしていただければ大変嬉しく思います。

■リアルタイムチャットのサンプル（サーバー）

● リスト12-2　server.c

```c
#include <sys/socket.h>

#include <arpa/inet.h>
#include <netinet/in.h>
#include <netdb.h>

#include <errno.h>
#include <stdio.h>
#include <string.h>
#include <sysexits.h>
#include <unistd.h>

// 最大同時処理数
#define     MAX_CHILD     (20)

static int server_socket(const char *portnm);
static int send_recv(int *child, int child_no);
static void accept_loop(int soc);

//
// サーバーソケット準備
//    portnm: 待ち受けるポート番号またはサービスの名前
static int
server_socket(const char *portnm)
{
    char nbuf[NI_MAXHOST], sbuf[NI_MAXSERV];
    struct addrinfo hints, *res0;
    int soc, opt, errcode;
    socklen_t opt_len;

    // アドレス情報のヒントをゼロクリア
    memset(&hints, 0, sizeof(hints));
    hints.ai_family = AF_INET;
    hints.ai_socktype = SOCK_STREAM;
    hints.ai_flags = AI_PASSIVE;

    // アドレス情報の決定
    if ((errcode = getaddrinfo(NULL, portnm, &hints, &res0)) != 0) {
        fprintf(stderr, "getaddrinfo():%s\n", gai_strerror(errcode));
        return -1;
    }
    if ((errcode = getnameinfo(res0->ai_addr, res0->ai_addrlen,
                                nbuf, sizeof(nbuf),
                                sbuf, sizeof(sbuf),
                                NI_NUMERICHOST | NI_NUMERICSERV)) != 0) {
        fprintf(stderr, "getnameinfo():%s\n", gai_strerror(errcode));
        freeaddrinfo(res0);
```

```c
            return -1;
        }
        fprintf(stderr, "port=%s\n", sbuf);

        // ソケットの生成
        if ((soc = socket(res0->ai_family, res0->ai_socktype, res0->ai_protocol)) == -1) {
            perror("socket");
            freeaddrinfo(res0);
            return -1;
        }
        // ソケットオプション（再利用フラグ）設定
        opt = 1;
        opt_len = sizeof(opt);
        if (setsockopt(soc, SOL_SOCKET, SO_REUSEADDR, &opt, opt_len) == -1) {
            perror("setsockopt");
            close(soc);
            freeaddrinfo(res0);
            return -1;
        }
        // ソケットにアドレスを指定
        if (bind(soc, res0->ai_addr, res0->ai_addrlen) == -1) {
            perror("bind");
            close(soc);
            freeaddrinfo(res0);
            return -1;
        }
        // アクセスバックログの指定
        if (listen(soc, SOMAXCONN) == -1) {
            perror("listen");
            close(soc);
            freeaddrinfo(res0);
            return -1;
        }
        freeaddrinfo(res0);

        return soc;
}

//
// 送受信処理
//   *child  : child配列
//   child_no: 受信したchildのインデックス
static int
send_recv(int *child, int child_no)
{
        char buf[512];
        ssize_t len;
        int i;

        // 受信
```

```c
        if ((len = recv(child[child_no], buf, sizeof(buf), 0)) == -1) {
            perror("recv");
            return -1;
        }
        if (len == 0) {
            // 切断
            fprintf(stderr, "[child%d]recv:EOF\n", child_no);
            return -1;
        }
        // 文字列化
        buf[len] = '\0';

        for (i = 0; i < MAX_CHILD; i++) {
            if (i != child_no && child[i] != -1) {
                // 他のchild達に送信
                if ((len = send(child[i], buf, len, 0)) == -1) {
                    perror("send");
                }
            }
        }
    }
    return 0;
}

//
// 接続待ちループ
//   soc: 待ち受けソケット
static void
accept_loop(int soc)
{
    char hbuf[NI_MAXHOST], sbuf[NI_MAXSERV];
    int child[MAX_CHILD];
    struct timeval timeout;
    struct sockaddr_storage from;
    int acc, child_no, width, i, count, pos, ret;
    socklen_t len;
    fd_set mask;

    // child配列の初期化
    for (i = 0; i < MAX_CHILD; i++) {
        child[i] = -1;
    }
    child_no = 0;

    for (;;) {
        // select()用マスクの作成
        FD_ZERO(&mask);
        FD_SET(soc, &mask);
        width = soc + 1;
        count = 0;
        for (i = 0; i < child_no; i++) {
```

```c
            if (child[i] != -1) {
                FD_SET(child[i], &mask);
                if (child[i] + 1 > width) {
                    width = child[i] + 1;
                    count++;
                }
            }
        }

        // select()用タイムアウト値のセット
        timeout.tv_sec = 10;
        timeout.tv_usec = 0;
        switch (select(width, (fd_set *) &mask, NULL, NULL, &timeout)) {
        case -1:
            // エラー
            perror("select");
            break;
        case 0:
            // タイムアウト
            break;
        default:
            // 着信あり
            if (FD_ISSET(soc, &mask)) {
                // 接続受付
                len = (socklen_t) sizeof(from);
                if ((acc = accept(soc, (struct sockaddr *)&from, &len)) == -1) {
                    if(errno!=EINTR){
                        perror("accept");
                    }
                } else {
                    getnameinfo((struct sockaddr *) &from, len,
                                hbuf, sizeof(hbuf),
                                sbuf, sizeof(sbuf),
                                NI_NUMERICHOST | NI_NUMERICSERV);
                    fprintf(stderr, "accept:%s:%s\n", hbuf, sbuf);
                    // childの空きを検索
                    pos = -1;
                    for (i = 0; i < child_no; i++) {
                        if (child[i] == -1) {
                            pos = i;
                            break;
                        }
                    }
                    if (pos == -1) {
                        // 空きが無い(childにこれ以上格納できない)
                        if (child_no + 1 >= MAX_CHILD) {
                            fprintf(stderr, "child is full : cannot accept\n");
                            // 切断
                            close(acc);
                        } else {
```

```c
                            child_no++;
                            pos = child_no - 1;
                        }
                    }
                    if (pos != -1) {
                        // childに格納
                        child[pos] = acc;
                        fprintf(stderr, "<<child count:%d>>\n", count + 1);
                    }
                }
            }

            // child から受信あり
            for (i = 0; i < child_no; i++) {
                if (child[i] != -1) {
                    if (FD_ISSET(child[i], &mask)) {
                        // 送受信処理
                        if ((ret = send_recv(child, i)) == -1) {
                            // エラーまたは切断
                            close(child[i]);
                            // childを空きに更新
                            child[i] = -1;
                        }
                    }
                }
            }
            break;
        }
    }
}

int
main(int argc, char *argv[])
{
    int soc;
    char *port;

    // 引数にポート番号が指定されているか？
    if (argc <= 1) {
        port = "20023";
    } else {
        port = argv[1];
    }

    // サーバソケットの準備
    if ((soc = server_socket(port)) == -1) {
        fprintf(stderr, "server_socket(%s):error\n", argv[1]);
        return EX_UNAVAILABLE;
    }
    fprintf(stderr, "ready for accept\n");
```

```c
    // 送受信ループ
    accept_loop(soc);

    // ソケットクローズ
    close(soc);

    return EX_OK;
}
```

●Makefile.server

```
PROGRAM =       server
OBJS    =       server.o
SRCS    =       $(OBJS:%.o=%.c)
CC      =       gcc
CFLAGS  =       -g -Wall
LDFLAGS =

$(PROGRAM):$(OBJS)
    $(CC) $(CFLAGS) $(LDFLAGS) -o $(PROGRAM) $(OBJS) $(LDLIBS)
```

●ビルド

```
$ make -f Makefile.server
gcc -g -Wall    -c -o server.o server.c
gcc -g -Wall    -o server server.o
$
```

■リアルタイムチャットのサンプル（クライアント）

●リスト12-3　client.c

```c
#include <sys/param.h>
#include <sys/socket.h>
#include <sys/types.h>

#include <arpa/inet.h>
#include <arpa/telnet.h>
#include <netinet/in.h>
#include <netdb.h>

#include <ctype.h>
#include <errno.h>
#include <poll.h>
#include <stdio.h>
#include <stdlib.h>
#include <string.h>
#include <sysexits.h>
#include <unistd.h>
#include <termios.h>
```

```c
// ソケット
static int g_soc = -1;

// 終了フラグ
static int  g_end = 0;

static int client_socket(const char *hostnm, const char *portnm);
static void send_recv_loop(void);

//
// サーバーソケットに接続する関数
//    hostnm: ホスト名またはIPアドレスの文字列
//    portnm: ポート番号またはサービス名の文字列
static int
client_socket(const char *hostnm, const char *portnm)
{
    char nbuf[NI_MAXHOST], sbuf[NI_MAXSERV];
    struct addrinfo hints, *res0;
    int soc, errcode;

    // アドレス情報のヒントをゼロクリア
    memset(&hints, 0, sizeof(hints));
    hints.ai_family = AF_INET;
    hints.ai_socktype = SOCK_STREAM;

    // アドレス情報の決定
    if ((errcode = getaddrinfo(hostnm, portnm, &hints, &res0)) != 0) {
        fprintf(stderr, "getaddrinfo():%s\n", gai_strerror(errcode));
        return -1;
    }
    if ((errcode = getnameinfo(res0->ai_addr, res0->ai_addrlen,
                               nbuf, sizeof(nbuf),
                               sbuf, sizeof(sbuf),
                               NI_NUMERICHOST | NI_NUMERICSERV)) != 0) {
        fprintf(stderr, "getnameinfo():%s\n", gai_strerror(errcode));
        freeaddrinfo(res0);
        return -1;
    }
    fprintf(stderr, "addr=%s\n", nbuf);
    fprintf(stderr, "port=%s\n", sbuf);

    // ソケットの生成
    if ((soc = socket(res0->ai_family, res0->ai_socktype, res0->ai_protocol)) == -1) {
        perror("socket");
        freeaddrinfo(res0);
        return -1;
    }

    // 接続
```

```c
        if (connect(soc, res0->ai_addr, res0->ai_addrlen) == -1) {
            perror("connect");
            close(soc);
            freeaddrinfo(res0);
            return -1;
        }
        freeaddrinfo(res0);

        return soc;
}

//
// 送受信処理
static void
send_recv_loop(void)
{
    struct pollfd targets[2];
    char c;

    // バッファリングOFF
    setbuf(stdin, NULL);
    setbuf(stdout, NULL);

    // poll()用データの作成
    targets[0].fd = g_soc;
    targets[0].events = POLLIN;
    targets[1].fd = 0;
    targets[1].events = POLLIN;
    for (;;) {
        switch (poll(targets, sizeof targets / sizeof targets[0], 1 * 1000)) {
        case -1:
            if (errno != EINTR) {
                perror("poll");
                g_end = 1;
            }
            break;
        case 0:
            // タイムアウト
            break;
        default:
            // 受信データあり
            if (targets[0].revents & (POLLIN | POLLERR)) {
                // ソケットから受信
                if (recv(g_soc, &c, 1, 0) <= 0) {
                    g_end = 1;
                    break;
                }
                // 画面に表示
                fputc(c, stdout);
            }
```

```c
            // キーボードからの入力あり
            if (targets[1].revents & (POLLIN | POLLERR)) {
                c = getchar();
                // サーバーに送信
                if (send(g_soc, &c, 1, 0) == -1) {
                    perror("send");
                    g_end = 1;
                    break;
                }
            }
            break;
        }
        // g_endフラグが0以外ならループを終了させる
        if (g_end) {
            break;
        }
    }
}

int
main(int argc,char *argv[])
{
    struct termios term, default_term;
    char *port;

    if (argc <= 1) {
        fprintf(stderr, "client hostname [port]\n");
        return EX_USAGE;
    } else if (argc <= 2) {
        port = "20023";
    } else {
        port = argv[2];
    }

    // 端末を非カノニカルモード(1文字単位で入力できるよう)にする
    tcgetattr(fileno(stdin), &term);
    default_term = term;
    term.c_lflag &= ~ICANON;
    tcsetattr(fileno(stdin), TCSANOW, &term);

    // ソケット接続
    if ((g_soc = client_socket(argv[1], port)) == -1) {
        return EX_IOERR;
    }

    // 送受信処理
    send_recv_loop();

    fprintf(stderr, "Connection Closed.\n");
    close(g_soc);
```

```
    // 端末設定を元に戻す
    tcsetattr(fileno(stdin), TCSANOW, &default_term);

    return EX_OK;
}
```

◉ Makefile.client

```
PROGRAM     =       client
OBJS        =       client.o
SRCS        =       $(OBJS:%.o=%.c)
CC          =       gcc
CFLAGS      =       -g -Wall
LDFLAGS =

$(PROGRAM):$(OBJS)
    $(CC) $(CFLAGS) $(LDFLAGS) -o $(PROGRAM) $(OBJS) $(LDLIBS)
```

◉ ビルド

```
$ make -f Makefile.client
gcc -g -Wall   -c -o client.o client.c
gcc -g -Wall   -o client client.o
$
```

　いかがでしょうか。突然プログラムの行数が一気に増えたのでびっくりしたと思います。これでもソケットプログラミングのサンプルとしては短いほうです。
　では、早速動かしてみましょう。これは誰かが入力した文字が、別のコンピュータの画面にも表示されるというかんたんなチャットプログラムの例です。
　ターミナルを3枚開いての実験となります。

◉ 実行例（端末1）

```
$ ./server
port=20023
ready for accept
```

　まず、端末1でserverプログラムを起動すると、クライアントからの接続待ち状態になります。ここで、端末2でclientプログラムを起動してみましょう。localhostとは、ネットワークプログラムにおいて、そのコンピュータ自身を示す名前（アドレス）です。

◉ 実行例（端末2）

```
$ ./client localhost
addr=127.0.0.1
port=20023
```

すると、端末1に以下のような表示が現れます。

```
accept:127.0.0.1:57408 <- 57408 は接続のたびに変わる番号です。
<<child count:1>>
```

ここでさらに、端末3でもう1つclientプログラムを起動してみましょう。

● 実行例（端末3）

```
$ ./client localhost
addr=127.0.0.1
port=20023


accept:127.0.0.1:58013
<<child count:2>>
```

これで準備完了です。あとは、端末2や端末3に何らかの文字を入力してみましょう。リアルタイムで別の端末に入力した文字が表示されるはずです。

■ポイント

このプログラムを眺めてみて、いきなりびっくりするのはincludeがたくさん並んでいることだと思います。これはなぜでしょうか？

OSの機能を呼び出すためには、さまざまなデータ型や関数定義が必要です。それらが役割ごとに別ファイルになっていたりするので、OSのマニュアルを調べて1つ1つ書いていく必要があります。

ソケットに関することが以下のものです。

```c
#include <sys/socket.h>

#include <arpa/inet.h>
#include <netinet/in.h>
#include <netdb.h>
```

C言語の規格の範囲内が以下のものです。

```c
#include <errno.h>
#include <stdio.h>
#include <string.h>
```

最後にOS（Unix系）に関するのが以下のものです。

```c
#include <sysexits.h>
#include <unistd.h>
```

errno.hをインクルードすると、errnoというグローバル変数が使えるようになります。errnoには、C言語のライブラリ関数やシステムコールが失敗した際にどのような理由で失敗したかを示す定数が入ります。また、perror()というエラー番号を英語でコンソールに表示してくれる関数も使えるようになります。

```
if ((acc = accept(soc, (struct sockaddr *)&from, &len)) == -1) {
    if(errno!=EINTR){
        perror("accept");
    }
```

こちらは、サーバ側の接続受付でaccept()という関数が−1を返し、さらにerrnoがEINTRではない場合に、エラーメッセージを表示するという意味になります。

sysexits.hをインクルードすると、OS（利用者）にどのような理由でプログラムが終了したか教えることができます。

```
return EX_USAGE;
```

これは「コマンドラインの引数が違っているよ」と利用者に知らせるエラーです。何もエラーがなく終了した場合は、

```
return EX_OK;
```

とします。

clientプログラムで実験してみます。

◉実行例
```
$ ./client
client hostname [port]
$ echo $?
64
```

localhostを指定せずに実行すると、使い方を表示して終了してしまいます。その次にecho $?（プログラムの終了コードを表示するコマンド）を実行すると、64と表示されました。この64が、EX_USAGEです。

98行目のswitch文に、sizeof targets / sizeof targets[0]というよくわからない割り算がありますが、これは何でしょうか？　実は構造体の配列の要素数を得るためによく使う方法です。全体を1つの要素のサイズで割ったら要素数になります。

■改造してみよう

このプログラムは、これまでのサンプルプログラムと違って難しいですが、ソケット以外の処理は単純

で、getchar（1文字入力）と、fputc（画面への表示）をしているだけです。そこでもう少しチャットプログラムっぽくなるように、最初に名前を入力させて、改行がきたら名前とともに表示という改造をしてみましょう。

　それなりに難しいので、まずは腕試しだと思って自力で取り組んでみてください。正解例は、本書のサポートサイトに掲載しています。

http://gihyo.jp/book/2018/978-4-7741-9616-9

12-3 オープンソースを読んでみよう

　本書の内容を理解して、さらに学習を進めようとするならば、OSのシステムコールやAPIに取り組むのがよいですが、一気にハードルが上がり、難しい場合もあります。その場合、少し慣れるためにオープンソースで公開されているC言語のソースコードを読むのもおすすめです。

　オープンソースと言うと、難しくて自分には縁がないと思ってしまうかもしれませんが、難しいものから、かんたんなものまでたくさんあります。そこで、本節ではオープンソースを読むためのヒントになる情報を紹介したいと思います。

最初に読むべきはlibc

　いきなり大きなプロダクトから読んでも、長続きしません。実はオープンソースで公開されているUnix系OSであるFreeBSD[1]は、最新のソースコードをWeb上で見ることができます。OSのソースというとたいへんなことだと思うかもしれませんが、その中でも標準C言語ライブラリであるlibcの、文字列関連のソースコードはほんの数行なので大変参考になります。

　では、少し読んでみましょう。FreeBSDのlibcの文字列関連のソースコードは以下のURLから閲覧可能です。

※1　FreeBSDはBSDライセンスで配布されているため、誰もが自由にソースコード及びプログラムを利用、改変、再配布できます。参考情報として、本書に利用させていただきました。

https://svnweb.freebsd.org/base/head/lib/libc/string/

　Rev. 列の数値のリンクをクリックすることで、ソースコードが表示されます。では、7-2節のリスト7-11とほぼ同じ働きをする標準ライブラリのstrcpyは、FreeBSDではどのような実装になっているのでしょうか？　2018年1月現在のソースコードは以下のようになっています。

```
/*
 * Copyright (c) 1988, 1993
 *	The Regents of the University of California.  All rights reserved.
 *
 * Redistribution and use in source and binary forms, with or without
 * modification, are permitted provided that the following conditions
 * are met:
 * 1. Redistributions of source code must retain the above copyright
 *    notice, this list of conditions and the following disclaimer.
 * 2. Redistributions in binary form must reproduce the above copyright
```

```
 *    notice, this list of conditions and the following disclaimer in the
 *    documentation and/or other materials provided with the distribution.
 * 3. Neither the name of the University nor the names of its contributors
 *    may be used to endorse or promote products derived from this software
 *    without specific prior written permission.
 *
 * THIS SOFTWARE IS PROVIDED BY THE REGENTS AND CONTRIBUTORS ``AS IS'' AND
 * ANY EXPRESS OR IMPLIED WARRANTIES, INCLUDING, BUT NOT LIMITED TO, THE
 * IMPLIED WARRANTIES OF MERCHANTABILITY AND FITNESS FOR A PARTICULAR PURPOSE
 * ARE DISCLAIMED.  IN NO EVENT SHALL THE REGENTS OR CONTRIBUTORS BE LIABLE
 * FOR ANY DIRECT, INDIRECT, INCIDENTAL, SPECIAL, EXEMPLARY, OR CONSEQUENTIAL
 * DAMAGES (INCLUDING, BUT NOT LIMITED TO, PROCUREMENT OF SUBSTITUTE GOODS
 * OR SERVICES; LOSS OF USE, DATA, OR PROFITS; OR BUSINESS INTERRUPTION)
 * HOWEVER CAUSED AND ON ANY THEORY OF LIABILITY, WHETHER IN CONTRACT, STRICT
 * LIABILITY, OR TORT (INCLUDING NEGLIGENCE OR OTHERWISE) ARISING IN ANY WAY
 * OUT OF THE USE OF THIS SOFTWARE, EVEN IF ADVISED OF THE POSSIBILITY OF
 * SUCH DAMAGE.
 */

#if defined(LIBC_SCCS) && !defined(lint)
static char sccsid[] = "@(#)strcpy.c    8.1 (Berkeley) 6/4/93";
#endif /* LIBC_SCCS and not lint */
#include <sys/cdefs.h>
__FBSDID("$FreeBSD$");

#include <string.h>

char *
strcpy(char * __restrict to, const char * __restrict from)
{
        char *save = to;

        for (; (*to = *from); ++from, ++to);
        return(save);
}
```

ライセンス表示が長いのと、少しバージョン情報のための変数などもありますが、本質はchar *strcpy(char * __restrict to, const char * __restrict from)の部分です。

本書のサンプル（リスト7-11）では以下のように書きました。

```
    for (i = 0; i < sizeof(string_2)-1 && string_1[i] != '¥0'; i++) {
        string_2[i] = string_1[i];
    }
    string_2[i] = '¥0';
```

FreeBSDのlibcは、たったこれだけです。

```
    for (; (*to = *from); ++from, ++to);
```

終了条件が(*to = *from)とは、どういうことでしょうか？　C言語では、式は値を持ちますので、*fromが'\0'になった時点で、(*to = *from)の値も'\0'となります。FreeBSDでは（というか、筆者が知っているC言語の環境すべてで）'\0'は0と同じで、偽となります。だからこれだけで文字列のコピーができるのですね。

　似たようなソースで、strcmpを読んでみましょう。

```
/*-
 * Copyright (c) 1990, 1993
 *      The Regents of the University of California.  All rights reserved.
 *
 * This code is derived from software contributed to Berkeley by
 * Chris Torek.
 *
 * Redistribution and use in source and binary forms, with or without
 * modification, are permitted provided that the following conditions
 * are met:
 * 1. Redistributions of source code must retain the above copyright
 *    notice, this list of conditions and the following disclaimer.
 * 2. Redistributions in binary form must reproduce the above copyright
 *    notice, this list of conditions and the following disclaimer in the
 *    documentation and/or other materials provided with the distribution.
 * 3. Neither the name of the University nor the names of its contributors
 *    may be used to endorse or promote products derived from this software
 *    without specific prior written permission.
 *
 * THIS SOFTWARE IS PROVIDED BY THE REGENTS AND CONTRIBUTORS ``AS IS'' AND
 * ANY EXPRESS OR IMPLIED WARRANTIES, INCLUDING, BUT NOT LIMITED TO, THE
 * IMPLIED WARRANTIES OF MERCHANTABILITY AND FITNESS FOR A PARTICULAR PURPOSE
 * ARE DISCLAIMED.  IN NO EVENT SHALL THE REGENTS OR CONTRIBUTORS BE LIABLE
 * FOR ANY DIRECT, INDIRECT, INCIDENTAL, SPECIAL, EXEMPLARY, OR CONSEQUENTIAL
 * DAMAGES (INCLUDING, BUT NOT LIMITED TO, PROCUREMENT OF SUBSTITUTE GOODS
 * OR SERVICES; LOSS OF USE, DATA, OR PROFITS; OR BUSINESS INTERRUPTION)
 * HOWEVER CAUSED AND ON ANY THEORY OF LIABILITY, WHETHER IN CONTRACT, STRICT
 * LIABILITY, OR TORT (INCLUDING NEGLIGENCE OR OTHERWISE) ARISING IN ANY WAY
 * OUT OF THE USE OF THIS SOFTWARE, EVEN IF ADVISED OF THE POSSIBILITY OF
 * SUCH DAMAGE.
 */

#if defined(LIBC_SCCS) && !defined(lint)
static char sccsid[] = "@(#)strcmp.c    8.1 (Berkeley) 6/4/93";
#endif /* LIBC_SCCS and not lint */
#include <sys/cdefs.h>
__FBSDID("$FreeBSD$");

#include <string.h>

/*
 * Compare strings.
 */
```

```
int
strcmp(const char *s1, const char *s2)
{
        while (*s1 == *s2++)
                if (*s1++ == '\0')
                        return (0);
        return (*(const unsigned char *)s1 - *(const unsigned char *)(s2 - 1));
}
```

　これもwhile (*s1 == *s2++)で、(*s1 == *s2++)の式自体の値が偽になるまでループするという条件になっています。s1とs2をインクリメントするタイミングが違うので、ややこしいですね。頭でプログラムの動きがピンとこなかった方は、是非紙に書いて、トレースしてみてください。

　このような難しい書き方が良いか悪いかはさておいて、慣れるといろいろなソースを読む際の力になりますので、是非チャレンジしてみましょう。

　その他にもlibcディレクトリには面白いものがたくさんあります。たとえば、strtokはどのような仕組みになっているか参考になりますし、printfのような、C言語において一番基本的な関数がたいへん複雑な実装になっていることも興味を惹かれると思います。

コマンドも読んでみる

　libcを少し眺めたあとは、コマンドも見てみましょう。コマンドは、次のページに含まれています。

https://svnweb.freebsd.org/base/head/bin/
https://svnweb.freebsd.org/base/head/usr.bin/

　今回取り上げるのは「head」というコマンドです。ほとんどのUnix系OSに存在するコマンドで、テキストファイルの先頭10行だけ表示してくれます。

● 実行例

```
$ head zeller.c
#include <stdio.h>

int
main(int argc, char *argv[])
{
    int year;
    int month;
    int day;
    int week;
```

　また、-nという引数に行数を指定すれば、その行数まで表示してくれます。

●実行例

```
$ head -n 15 zeller.c
#include <stdio.h>

int
main(int argc, char *argv[])
{
    int year;
    int month;
    int day;
    int week;

    year = 2017;
    month = 8;
    day = 19;

    week = (year + year / 4 - year / 100 + year / 400 + (13 * month + 8) / 5 + day) % 7;
```

　FreeBSDでの実装を見てみましょう。headコマンドがそうかんたんに変わるとは思えませんが、オープンソースは常にバージョンアップしていきますので、念のためソースコードを掲載しておきます。

```
/*
 * Copyright (c) 1980, 1987, 1992, 1993
 *      The Regents of the University of California.  All rights reserved.
 *
 * Redistribution and use in source and binary forms, with or without
 * modification, are permitted provided that the following conditions
 * are met:
 * 1. Redistributions of source code must retain the above copyright
 *    notice, this list of conditions and the following disclaimer.
 * 2. Redistributions in binary form must reproduce the above copyright
 *    notice, this list of conditions and the following disclaimer in the
 *    documentation and/or other materials provided with the distribution.
 * 4. Neither the name of the University nor the names of its contributors
 *    may be used to endorse or promote products derived from this software
 *    without specific prior written permission.
 *
 * THIS SOFTWARE IS PROVIDED BY THE REGENTS AND CONTRIBUTORS ``AS IS'' AND
 * ANY EXPRESS OR IMPLIED WARRANTIES, INCLUDING, BUT NOT LIMITED TO, THE
 * IMPLIED WARRANTIES OF MERCHANTABILITY AND FITNESS FOR A PARTICULAR PURPOSE
 * ARE DISCLAIMED.  IN NO EVENT SHALL THE REGENTS OR CONTRIBUTORS BE LIABLE
 * FOR ANY DIRECT, INDIRECT, INCIDENTAL, SPECIAL, EXEMPLARY, OR CONSEQUENTIAL
 * DAMAGES (INCLUDING, BUT NOT LIMITED TO, PROCUREMENT OF SUBSTITUTE GOODS
 * OR SERVICES; LOSS OF USE, DATA, OR PROFITS; OR BUSINESS INTERRUPTION)
 * HOWEVER CAUSED AND ON ANY THEORY OF LIABILITY, WHETHER IN CONTRACT, STRICT
 * LIABILITY, OR TORT (INCLUDING NEGLIGENCE OR OTHERWISE) ARISING IN ANY WAY
 * OUT OF THE USE OF THIS SOFTWARE, EVEN IF ADVISED OF THE POSSIBILITY OF
 * SUCH DAMAGE.
 */
```

```
#ifndef lint
static const char copyright[] =
"@(#) Copyright (c) 1980, 1987, 1992, 1993\n\
        The Regents of the University of California.  All rights reserved.\n";
#endif /* not lint */

#ifndef lint
#if 0
static char sccsid[] = "@(#)head.c      8.2 (Berkeley) 5/4/95";
#endif
#endif /* not lint */
#include <sys/cdefs.h>
__FBSDID("$FreeBSD$");


#include <sys/types.h>

#include <ctype.h>
#include <err.h>
#include <inttypes.h>
#include <stdio.h>
#include <stdlib.h>
#include <string.h>
#include <unistd.h>

/*
 * head - give the first few lines of a stream or of each of a set of files
 *
 * Bill Joy UCB August 24, 1977
 */

static void head(FILE *, int);
static void head_bytes(FILE *, off_t);
static void obsolete(char *[]);
static void usage(void);

int
main(int argc, char *argv[])
{
        int ch;
        FILE *fp;
        int first, linecnt = -1, eval = 0;
        off_t bytecnt = -1;
        char *ep;

        obsolete(argv);
        while ((ch = getopt(argc, argv, "n:c:")) != -1)
                switch(ch) {
                case 'c':
                        bytecnt = strtoimax(optarg, &ep, 10);
```

```c
                                if (*ep || bytecnt <= 0)
                                        errx(1, "illegal byte count -- %s", optarg);
                                break;
                        case 'n':
                                linecnt = strtol(optarg, &ep, 10);
                                if (*ep || linecnt <= 0)
                                        errx(1, "illegal line count -- %s", optarg);
                                break;
                        case '?':
                        default:
                                usage();
                        }
        argc -= optind;
        argv += optind;

        if (linecnt != -1 && bytecnt != -1)
                errx(1, "can't combine line and byte counts");
        if (linecnt == -1 )
                linecnt = 10;
        if (*argv) {
                for (first = 1; *argv; ++argv) {
                        if ((fp = fopen(*argv, "r")) == NULL) {
                                warn("%s", *argv);
                                eval = 1;
                                continue;
                        }
                        if (argc > 1) {
                                (void)printf("%s==> %s <==\n",
                                    first ? "" : "\n", *argv);
                                first = 0;
                        }
                        if (bytecnt == -1)
                                head(fp, linecnt);
                        else
                                head_bytes(fp, bytecnt);
                        (void)fclose(fp);
                }
        } else if (bytecnt == -1)
                head(stdin, linecnt);
        else
                head_bytes(stdin, bytecnt);

        exit(eval);
}

static void
head(FILE *fp, int cnt)
{
        char *cp;
        size_t error, readlen;
```

```c
                while (cnt && (cp = fgetln(fp, &readlen)) != NULL) {
                        error = fwrite(cp, sizeof(char), readlen, stdout);
                        if (error != readlen)
                                err(1, "stdout");
                        cnt--;
                }
        }

        static void
        head_bytes(FILE *fp, off_t cnt)
        {
                char buf[4096];
                size_t readlen;

                while (cnt) {
                        if ((uintmax_t)cnt < sizeof(buf))
                                readlen = cnt;
                        else
                                readlen = sizeof(buf);
                        readlen = fread(buf, sizeof(char), readlen, fp);
                        if (readlen == 0)
                                break;
                        if (fwrite(buf, sizeof(char), readlen, stdout) != readlen)
                                err(1, "stdout");
                        cnt -= readlen;
                }
        }

        static void
        obsolete(char *argv[])
        {
                char *ap;

                while ((ap = *++argv)) {
                        /* Return if "--" or not "-[0-9]*". */
                        if (ap[0] != '-' || ap[1] == '-' || !isdigit(ap[1]))
                                return;
                        if ((ap = malloc(strlen(*argv) + 2)) == NULL)
                                err(1, NULL);
                        ap[0] = '-';
                        ap[1] = 'n';
                        (void)strcpy(ap + 2, *argv + 1);
                        *argv = ap;
                }
        }

        static void
        usage(void)
        {
```

```
            (void)fprintf(stderr, "usage: head [-n lines | -c bytes] [file ...]¥n");
            exit(1);
}
```

当然このソースコードにもMakefileはありますが、FreeBSD全体をビルドする特殊なものになっていますので、筆者が作ったMakefileのサンプルも掲載しておきます。

● Makefile.head

```
PROGRAM  =      head
OBJS     =      head.o
SRCS     =      $(OBJS:%.o=%.c)
CC       =      gcc
CFLAGS   =      -g -Wall
LDFLAGS =

$(PROGRAM):$(OBJS)
    $(CC) $(CFLAGS) $(LDFLAGS) -o $(PROGRAM) $(OBJS) $(LDLIBS)
```

● ビルド

```
$ make -f Makefile.head
gcc -g -Wall    -c -o head.o head.c
head.c:31:19: warning: unused variable 'copyright' [-Wunused-const-variable]
static const char copyright[] =
                  ^
1 warning generated.
gcc -g -Wall    -o head head.o
$
```

copyrightという変数が利用されていないという警告が出ましたが、問題なくコンパイルできました。実行してみましょう。

● 実行例

```
$ ./head head.c
/*
 * Copyright (c) 1980, 1987, 1992, 1993
 *  The Regents of the University of California.  All rights reserved.
 *
 * Redistribution and use in source and binary forms, with or without
 * modification, are permitted provided that the following conditions
 * are met:
 * 1. Redistributions of source code must retain the above copyright
 *    notice, this list of conditions and the following disclaimer.
 * 2. Redistributions in binary form must reproduce the above copyright
```

ちゃんと動きますね。

それでは、実際にhead.cの中身を読んでみましょう。200行近くあるので、どこから読めば……と思いますが、そんなときはmain()関数を探してみます。本書では登場しない関数もありますが、ゆっくり実験しながら読んでいけば理解は難しくないソースのはずです。

headコマンドは-cや-nといった対応しているパラメータ以外が指定されると、使い方を表示して終了します。それを表示しているのが、usage()関数です。usage()関数の中を見てみると、単純にfprintf()関数で使い方を表示しているだけですね。

試しに、"usage: head [-n lines | -c bytes] [file ...]\n"を書き換えて、コンパイルしてみましょう。そして、./head -hogeのようにしてみると、書き換えたとおりのメッセージが表示されることがわかります。

次に、headコマンドの処理のキーポイントを見てみましょう。head()関数もしくは、head_bytes()関数です。head()関数は、行数で指定されたとき（-n）、head_bytes()関数はバイト数で指定されたときの処理になります。先ほどの実行例では-n 15としましたので、その中を見てみましょう。

```
while (cnt && (cp = fgetln(fp, &readlen)) != NULL) {
        error = fwrite(cp, sizeof(char), readlen, stdout);
        if (error != readlen)
                err(1, "stdout");
        cnt--;
}
```

fgetln()関数は、fpから1行分まるっと取得して返してくれる関数ですが、戻ってきた1行は'\0'で終端された文字列ではなく、何バイトあるかという情報をreadlenに格納してよこします。そのことを踏まえてソースを読んでみると、cnt（指定された行数）分を、fgetln()してfwrite()しているだけということがわかりますね。

では、せっかくなので実用的な改造として、行番号を表示するようにしてみましょう。

```
int max_line = cnt;
while (cnt && (cp = fgetln(fp, &readlen)) != NULL) {
        error = fprintf(stdout, "%04d ", max_line - cnt + 1);
        if (error <= 0)
                err(1, "stdout");
        error = fwrite(cp, sizeof(char), readlen, stdout);
        if (error != readlen)
                err(1, "stdout");
        cnt--;
}
```

●実行例

```
$ ./head head.c
0001 /*
0002  * Copyright (c) 1980, 1987, 1992, 1993
0003  * The Regents of the University of California.  All rights reserved.
```

```
0004  *
0005  * Redistribution and use in source and binary forms, with or without
0006  * modification, are permitted provided that the following conditions
0007  * are met:
0008  * 1. Redistributions of source code must retain the above copyright
0009  *    notice, this list of conditions and the following disclaimer.
0010  * 2. Redistributions in binary form must reproduce the above copyright
```

目的どおりになりましたね。

　かんたんな改造でしたが、実際にいじってみると達成感があるものです。このように、プログラムを改造しながら読んでいくと、理解が深まるきっかけにもなります。head以外にもteeコマンドなどはかんたんなソースなので、読みながら改造して、実験を繰り返してみましょう。

　今回使用したFreeBSDの開発者の方々に敬意を表すとともに、以下にオリジナルのライセンス条項を掲載します。

```
Copyright 1992-2018 The FreeBSD Project. All rights reserved.

Redistribution and use in source and binary forms, with or without modification, are
permitted provided that the following conditions are
met:

1. Redistributions of source code must retain the above copyright notice, this list of
conditions and the following disclaimer.
2. Redistributions in binary form must reproduce the above copyright notice, this list
of conditions and the following disclaimer in the documentation and/or other materials
provided with the distribution.

THIS SOFTWARE IS PROVIDED BY THE AUTHOR AND CONTRIBUTORS ``AS IS'' AND ANY EXPRESS OR
IMPLIED WARRANTIES, INCLUDING, BUT NOT LIMITED TO, THE IMPLIED WARRANTIES OF
MERCHANTABILITY AND FITNESS FOR A PARTICULAR PURPOSE ARE DISCLAIMED. IN NO EVENT SHALL
THE AUTHOR OR CONTRIBUTORS BE LIABLE FOR ANY DIRECT, INDIRECT, INCIDENTAL, SPECIAL,
EXEMPLARY, OR CONSEQUENTIAL DAMAGES (INCLUDING, BUT NOT LIMITED TO, PROCUREMENT OF
SUBSTITUTE GOODS OR SERVICES; LOSS OF USE, DATA, OR PROFITS; OR BUSINESS INTERRUPTION)
HOWEVER CAUSED AND ON ANY THEORY OF LIABILITY, WHETHER IN CONTRACT, STRICT LIABILITY, OR
TORT (INCLUDING NEGLIGENCE OR OTHERWISE) ARISING IN ANY WAY OUT OF THE USE OF THIS
SOFTWARE, EVEN IF ADVISED OF THE POSSIBILITY OF SUCH DAMAGE.

The views and conclusions contained in the software and documentation are those of the
authors and should not be interpreted as representing official policies, either expressed
or implied, of the FreeBSD Project.
```

Appendix

Appendix 1　優先順位表 —————————————————————————— 470

Appendix 2　コンパイラオプション一覧 ———————————————— 471

Appendix 3　Makefileの書き方 ———————————————————— 472

Appendix 1　優先順位表

演算子の優先順位を正確に覚えることは難しいので、自信がなければ()で括って、間違いがないようにしましょう。

グループ	演算子	優先度
	() [] -> . 後置++ 後置--	優先度高い
	! ~ () キャスト &アドレス *間接 sizeof 前置++ 前置-- 単項+ 単項-	↑
乗除算	* / %	
加減算	+ -	
シフト	<< >>	
比較	< <= > >=	
等価	== !=	
論理積ビット	&	
排他的論理和ビット	^	
論理和ビット	|	
論理積条件	&&	
論理和条件	||	
三項演算子	? :	↓
代入演算子	= += -= *= /= %= <<= >>= &= ^= |=	優先度低い
,演算子	,	

● 表A-1　優先順位表

Appendix 2　コンパイラオプション一覧

gccやclangでよく使うオプションの一覧です。

-c	ソースファイルのコンパイル、アセンブルを行うが、リンクを行わない。入力がhogehoge.cというファイルであれば、出力はhogehoge.oというファイルになる。Makefileを使って、複数のソースファイルから1個の実行ファイルを作りたいときに多用する
-S	ソースファイルのコンパイルのみを行い、アセンブル以降の処理を行わない。入力がhogehoge.cというファイルであれば、出力はhogehoge.sというファイルになる。C言語のソースファイルが、どのようなアセンブラのソースにコンパイルされるか確認するために使うことがある
-E	ソースファイルのプリプロセスのみを行い、コンパイル以降の処理を行わない。「標準出力」に出力されるので、ファイルが欲しければ、「gcc -E hogehoge.c > hogehoge.txt」などとする必要がある
-o	出力ファイル名を指定する
-g	出力ファイルにデバッグ情報を付加する。これがないとデバッグ時に変数名などがわからなくなってしまう。gdbやlldbを使うときはほぼ必須のオプション
-O0	出力ファイルの最適化を無効化する。-gオプションを使ってデバッグをしたいときに、これがないと、一部の変数名などがわからなくなってデバッグが難しくなることがある。リリースプログラムは、-O2（強い最適化）を使うことが多い
-D*HOGE*	#define *HOGE* と同じ効果
-D*HOGE*=hoge	#define *HOGE* hoge と同じ効果
-Wall	細かな警告を出力するようにする
-ansi	ソースファイルをANSI C規格としてコンパイルする
-std=c99	ソースファイルをC99規格としてコンパイルする
-std=c11	ソースファイルをC11規格としてコンパイルする
--version	コンパイラのバージョン情報を表示する
--help	コンパイラの使用方法を表示する

●表A-2　コンパイラオプション

Appendix 3　Makefileの書き方

　［ソースファイル名1.c］［ソースファイル名2.c］［ソースファイル名3.c］という3つのソースファイルから、［プログラム名］というプログラムを生成する際の例です。

```
PROGRAM  =      プログラム名
OBJS     =      ソースファイル名1.o ソースファイル名2.o ソースファイル名3.o
SRCS     =      $(OBJS:%.o=%.c)
CC       =      gcc  ← macOSなら、clang
LD       =      gcc  ← macOSなら、clang
CFLAGS   =      -g -O0 -Wall
LDFLAGS  =      -lm

all:$(PROGRAM)

clean:
    rm -rf $(PROGRAMS) *.o

$(PROGRAM):$(OBJS)
    $(LD) $(OBJS) $(LDFLAGS) -o $@

.c.o:
    $(CC) $(CFLAGS) -c $< -o $@
```

　Makefileにはいろいろな書き方がありますが、本編より若干複雑な書き方の例です。深く理解したい場合は、makeのマニュアルやmakeの解説書をご参照ください。また、Makefileは難しいので、最近はMakefileを生成するAutomakeもよく使われています。興味のある方は調べてみましょう。

PROGRAM	実行ファイルの名前
OBJS	リンクするオブジェクトファイル名をスペース区切りで列挙する
SRCS	ソースコードのファイル名を指定する。この例ではOBJSの拡張子を「.c」に置き換えて使っている
CC	Cコンパイラのコマンド名
LD	リンカのコマンド名（ldコマンドを使えなくはないが、面倒なのでgccやclangを使うことが多い）
CFLAGS	コンパイルのオプションを指定する。この例ではデバッガ用の「-g」と、最適化を無効化する「-O0」、警告を厳しく発する「-Wall」オプションを指定している
LDFLAGS	リンカのオプションを指定する。この例では -lmを指定して、<math.h>に含まれている数値演算用の関数が含まれているライブラリをリンクするように指定している
all: $(PROGRAM)	make allと言われたら、makeは、$(PROGRAM)、すなわち、［プログラム名］をビルドするのだと判断する。一般的にmake allで必要なプログラムを全部makeすることが多いので、「all」というルールを指定している
clean:	make cleanと入力されると、その次の行のコマンドが実行される。一般的にmake cleanとすると、ビルドしたプログラムや中間ファイル（*.oなど）を一斉削除することが多いので、clean というルールを指定している
$(PROGRAM)	プログラムの生成方法を記述する。プログラムはOBJSで指定したものが構成対象ファイルで、プログラムの生成は次の行にタブ文字の後に記述する。この例では、gcc -g -O2 -Wall
$(PROGRAM):$(OBJS)	$(PROGRAM) をビルドするということは、まず最初に$(OBJS)を作って、その後に次の行の$(LD) $(OBJS) $(LDFLAGS) -o $@でプログラムをビルドするという意味。$@とは、$(PROGRAM) に置き換えられるので、［実行ファイル名］となる
.c.o:	.oというファイルが必要ならば、それの元になるソースファイルは.cであるという意味。そのためには、次の行の $(CC) $(CFLAGS) -c $< -o $@ が実行される。$<は作るために必要なファイル、$@はターゲットとなる.cファイル

●表A-3　一般的なMakefileの要素

あとがき

　C言語の学習にチャレンジしてみていかがでしたでしょうか。
　難しかった箇所もあったかもしれませんが、C言語によるプログラミングの楽しさはお伝えできたのではないかと思います。本書を最後まで読み切って理解したということは、それなりのC言語の知識が身についたということです。
　本書に出てくるレベルのサンプルプログラムは、まだ実用になるものではないかもしれません。しかし、次のステップに進むための力はついているはずなので、是非次は、アルゴリズムやOS（システムコール、API）、それから組み込みCPUボードの学習に挑戦してみてください。入門書の域を超えたプログラムも作れるようになるはずです。そうすれば、ますますC言語によるプログラミングが楽しくなることでしょう。

索引

記号

^@	424
//FALLTHRU	164
//NOT REACHED	165
->演算子	310
!演算子	121
&演算子	130, 132, 243
|演算子	132
~演算子	119, 133
.（ドット）演算子	304

数字

2の補数	55

A

API	444
argc	430
argv[]	430
ASCIIコード	55, 70

B

BASIC	20
break	149

C

C#	16, 17
C++	17, 18
C11	16, 27, 471
C99	27, 91, 212, 443, 471
char	59, 60, 70, 94, 186
Clang	27, 30, 471
COBOL	12, 14, 20
Common Lisp	23
const指定子	92
continue	152
CotEditor	33
CPU	12
CreateFile	435
CSV	363
ctime	206
C言語	12
Cランタイム	43, 45

D

define命令	223, 225
do while	146, 160
double	60, 96, 126

E

else	141
Emacs	33
EOF	416, 418
errno	456
extern指定子	90

F

fclose()	416, 418
feof()	416, 418, 427
ferror()	416, 418, 427
fgets()	192
float	59, 96
fopen()	417
for	146, 157
Fortran	12, 14, 20
fprintf()	416, 432
free()	381
fwrite()	419

G

gcc	27, 31, 43, 471
gedit テキストエディタ	32
getchar()	161, 192, 200
GNU Compiler Collection	29, 41, 43
gnupack	29, 32
goto	169
GVim	32

H
Haskel 23
hello, world 22, 34
htonl() 280

I
IEEE754 136
ifdef 227
ifndef 227
if文 106, 140
if命令 226
include命令 216, 221
int 25, 49, 59, 60, 94
isalnum() 368
isalpha() 368
isascii() 368
isblank() 368
iscntrl() 368
isdigit() 368
isgraph() 368
islower() 368
isprint() 368
ispunct() 368
isspace() 368
isupper() 368
isxdigit() 368

J
Java 16, 174, 213

L
libc 43, 45, 458
Lightweight Language 17
LL 17
localhost 454
long 60, 64
long double 186
long long 60, 64

M
make 58
Makefile 58
malloc() 379

memcmp() 399
memcpy() 79, 340, 397
memmove() 399
memset() 394
Mono 17

N
ntohl() 280
NULL 48, 196, 200, 273, 343, 379, 396
NULLポインタ参照 273

O
open() 435

P
PHP 16, 17
printf() 48, 184
pthread 27, 139, 300
Python 16, 17

R
rand() 156, 208
read 435
ReadFile 435, 436
realloc() 385

S
scanf() 192
Segmentation fault 80, 283
short 60, 64, 98, 186
sizeof演算子 125
size_t 186, 337, 346
srand() 155, 160, 205, 209
stderr 193, 416
stdin 192, 200, 416
stdio.h 41, 48, 176, 416
stdout 193, 416
strcat() 340, 348
strchr() 340, 357
strcmp() 340, 352
strcpy() 79, 274, 340, 342, 344
strlcpy() 345
strlen() 340, 346

Index

strncat() 340, 350
strncmp 340, 356
strpbrk() 340, 358
strstr() 340, 360
strtok() 340, 363, 461
strtok_r() 367
strtol() 196
struct 303, 323
switch文 162

T
time() 203
time_t 203
tolower() 371
toupper() 371
typedef 336

U
union 321
Unix.. 12, 14

V
vi 32
void 208

W
while 146
Win32API 27
Windows API 27
write 435
WriteFile.. 435

あ行
アセンブリ言語..13
アセンブル........................... 13, 37, 41, 219, 471
アドレス 18, 68, 130, 180, 238, 243
アライメント 314
アルゴリズム 24, 138
暗黙の型変換.. 94, 182
インクリメント....................... 113, 159, 258, 263
インデックス 239
インデント 50, 439
エスケープシーケンス.................................... 294

エディタ 32
演算子 100, 470
円周率 155
オーバーフロー... 64, 80
オープンソース.............................. 12, 27, 43, 458
オブジェクトファイル 42, 88, 473

か行
カウンタ... 159
加算 101
仮想機械 16
型変換 94
ガベージコレクション.................................... 412
関数 48, 176, 212, 378
関数ポインタ 296
間接参照演算子 255, 258, 266
カンマ演算子... 127
記憶クラス指定子 69, 92
機械語 12, 16
疑似乱数 209
キャスト 25, 94, 155, 208, 277, 300, 470
キャスト演算子 97, 470
キャメル記法... 442
共用体 321
局所変数 65
繰り返し 138, 146
グローバル変数 86
減算 101
高水準言語 13
高水準入出力関数... 435
構造体 302, 425
コーディングスタイル.................................... 439
言霊 442
コピーオンライト 388
コメント 50, 51, 80, 165, 166
コメントアウト 143, 144
コレクションクラス 213, 340
コンパイラ 14
コンパイル 14, 35, 36, 37, 216

さ行
サクラエディタ 33
三項演算子 113, 123

477

字句 363
字下げ 50, 439
システムコール 27, 435, 444
自動変数 82, 378
シフト演算 134
シフト演算子 134, 470
ジャンプ 169
条件式 121
乗算 .... 101, 128、136
剰余算 101, 102, 128
初期化 26, 65, 209
除算 .... 101, 104, 128、136
シンタックスシュガー 267
スコープ 91
スタートアップルーチン 43, 49, 68, 180
スタック 67, 84, 180, 378
スタティックリンク 45
ストリーム 193, 416
スネーク記法 442
制御構造 138
整数 25, 49, 55, 57, 95
静的型付け 25
静的にリンク 45
静的変数 82, 207, 271, 378
ゼロ除算 104
先頭アドレス 79, 81, 248, 261, 284
添え字 239
ソースコード 32, 88, 216
ソケット 444
素数 151

た行

ターミナル 30, 32, 35
大域変数 86, 88, 91, 207, 378
ダイナミックリンク 45
代入 65, 94, 101, 112, 117
多次元配列 286, 292
ダブルポインタ 284
単項演算子 113
端末 35, 294
逐次実行 138, 139
注釈 50, 51, 80, 143
ツェラーの公式 103

低水準言語 14, 16
低水準入出力関数 435
データ型 54
テキストファイル 32, 100, 222, 424
デクリメント 113
デバイスドライバ 18
デバッガ 58, 330, 473
糖衣構文 267
動的型付け 25
動的にリンク 45
トークン 363
トリプルポインタ 284

な行

何もしないプログラム 36
ニーモニック 13
二項演算子 113, 117
ぬるぽ 273

は行

ハードウェア乱数発生器 211
排他的論理和 128, 132, 470
バイトオーダ 279
バイナリファイル 424
配列 74, 80, 193, 213, 238, 284
配列の先頭アドレス 248, 261
配列の配列 287
バグ 46, 88, 148, 169, 338
バッファオーバーフロー 194
パラメータ 49, 176
ハンガリアン記法 443
番地 18, 57, 79, 249, 284
反転 113, 119, 133
番兵 240, 257
ヒープ領域 68, 378
比較演算子 106, 470
引数 49, 176
ビッグエンディアン 280
ビット演算 19, 130
ビットフィールド 325
否定 113, 121
標準Cライブラリ 212, 219
標準関数 48, 176, 212

Index

ビルド 37, 59
ファイル 193, 414
複合演算子 128
複数ファイル 88
負数 55, 396
浮動小数点 14, 49, 59, 60, 96, 136, 186
フラグ 19, 151, 185
フラッシュ 414, 416, 418
フリースタンディング環境 212
プリプロセス 37, 39, 41, 216, 228, 471
プリプロセッサ 39, 41, 48, 216, 227
振り分け 162
プログラムローダー 45
ブロック 23, 48, 50, 91, 140, 142
プロトタイプ宣言 48, 176, 180, 220
分割コンパイル 219
分岐 138, 140
ヘッダファイル 176, 220
変数 18, 54, 57, 65, 67
ポインタ 18, 25, 26, 243
ポインタのポインタ 284
ポインタ変数 250
補数演算子 133

ま行

マクロ関数 231
マルチスレッド 27, 139, 207, 298, 300
無限ループ 148
明示的な型変換 96
メイン関数 48
メモ帳 32
メモリ 18, 54, 68, 136, 180, 378
メモリリーク 412, 414
メンバ 305, 310
文字列 73, 80, 213, 241, 249, 340
文字列定数 77, 93, 126
モンテカルロ法 156

ら行

ライブラリ 20, 24, 37, 41, 45
ラベル 163
ラベル名 169
乱数 155, 208

リスト構造 404
リソースリーク 414, 423
リダイレクト 39
リトルエンディアン 279, 424
リンク 36, 37, 42, 219
ループカウンタ 159
レジスタ 13, 69
列挙型 329
ローカル変数 82, 86
論理積 112, 128, 130, 470
論理和 112, 128, 132, 470

■ **著者略歴**

種田元樹（たねだ　もとき）

日本シー・エー・ディー株式会社 製品開発事業部 開発部 部長

2007年に日本シー・エー・ディー株式会社に入社以来、C言語プログラマとして勤務。
現在はC言語の他に、C#やPythonも使って、自社製品開発を行っている。
プログラミング以外にも簡単なハードウェアの設計や、自社製品の設置現場に出かけたりすることも多い。
比較的多趣味で、週末はロードバイクやランニング、楽器の演奏など、いろいろ取り組んでいて、最近は真空管アンプ作りに熱中している。
バグ好き。

ブログ：http://blogs.itmedia.co.jp/mtaneda/

◆装丁：石間淳
◆本文デザイン／レイアウト：SeaGrape
◆編集：山﨑香

C言語本格入門
～基礎知識からコンピュータの本質まで

2018年3月22日　初版　第1刷発行
2021年5月21日　初版　第2刷発行

著　者　種田元樹（たねだ もとき）
発行者　片岡巌
発行所　株式会社技術評論社
　　　　東京都新宿区市谷左内町21-13
　　　　電話　03-3513-6150　販売促進部
　　　　　　　03-3513-6166　書籍編集部

印刷／製本　港北出版印刷株式会社

定価はカバーに印刷してあります

本書の一部または全部を著作権法の定める範囲を越え、無断で複写、複製、転載、テープ化、ファイルに落とすことを禁じます。

©2018　種田元樹

造本には細心の注意を払っておりますが、万一、乱丁（ページの乱れ）や落丁（ページの抜け）がございましたら、小社販売促進部までお送りください。送料小社負担にてお取り替えいたします。

ISBN978-4-7741-9616-9　C3055
Printed in Japan

●問い合わせについて
　本書に関するご質問は、FAXか書面でお願いいたします。電話での直接のお問い合わせにはお答えできませんので、あらかじめご了承ください。また、下記のWebサイトでもご質問用フォームを用意しておりますので、ご利用ください。
　ご質問の際には、書籍名と質問される該当ページ、返信先を明記してください。e-mailをお使いになられる方は、メールアドレスの併記をお願いいたします。ご質問の際に記載いただいた個人情報は質問の返答以外の目的には使用いたしません。
　お送りいただいたご質問には、できる限り迅速にお答えするよう努力しておりますが、場合によってはお時間をいただくこともございます。なお、ご質問は、本書に記載されている内容に関するもののみとさせていただきます。

◆問い合わせ先
〒162-0846
東京都新宿区市谷左内町21-13
株式会社技術評論社　書籍編集部
「C言語本格入門」係
FAX：03-3513-6183
Web：https://gihyo.jp/book/2018/
　　　978-4-7741-9616-9